POUR LA SCIENCE

シリーズ〈数学のエッセンス〉1

L'univers des nombres
イアン・スチュアートの
数の世界

Ian Stewart 著

松原 望 監訳　藤野邦夫 訳

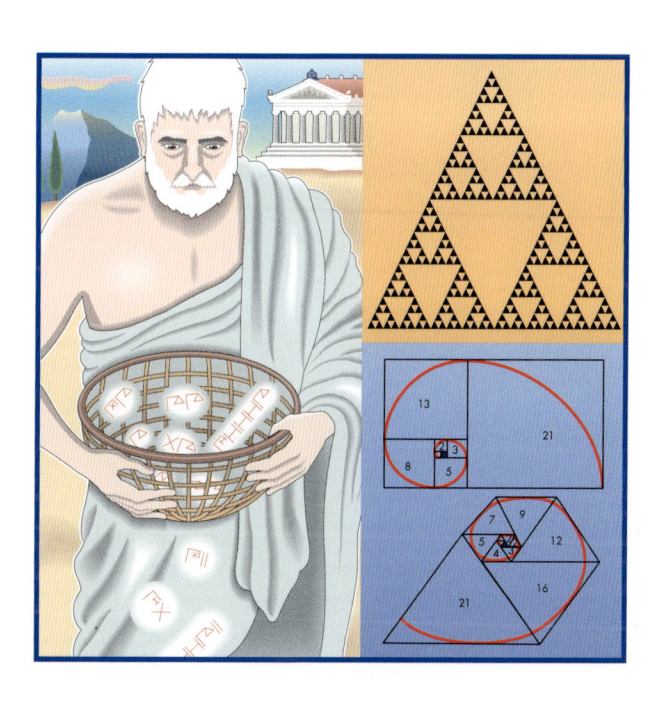

朝倉書店

Ian Stewart

L'univers
des nombres

Original edition:
L'univers des nombres
© Pour la Science - Paris, 2000

This Japanese edition is published by arrangement with

Pour la Science.

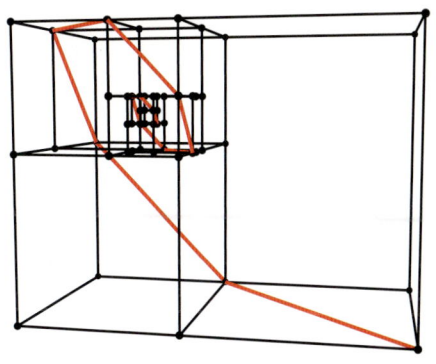

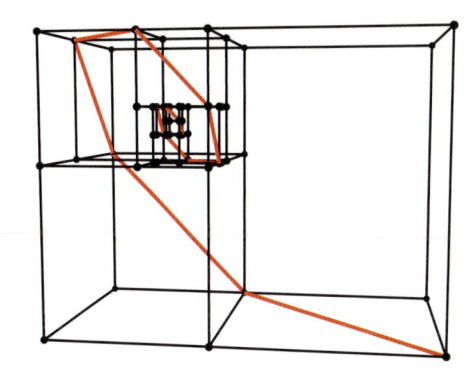

口絵 1　パドヴァン数．直方体の並置によって形成されるスパイラルにより得られる（「彫刻と数」p.16, 図2）．原著の図版が若干ゆがんでいるようなので再作成した．左図を右目，右図を左目で見ると立体に見えるように作成したもの．

口絵 2　パスカルの三角形．右は本文掲載のもの「(パスカルのフラクタル」p.85）．下は本文で言及されていた「野心的な彩色」（同 p.82）の例．$C(n, k) = 0 \pmod 5$ のとき白，1のとき赤，2のとき黄，3のとき青，4のとき黒としたもの．この図では三角形の0列目から100列目までを示している．いちばん下の列は C (100,0), C (100,1), ……, C (100,100) に対応し，C (100,0), C (100,25), C (100,50), C (100,75), C (100,100) 以外はすべて白（つまり5の倍数）になっている．

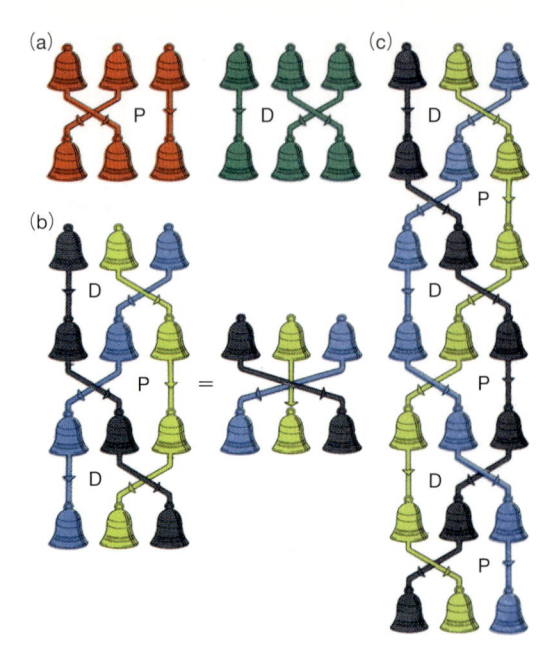

口絵3 鐘の置換1（「連打される鐘」p.163, 図5）
(a) 置換 P と D　(b) 置換 DPD　(c) 証明 PDPDPD＝I

口絵4 置換の結果（同 p.165, 図6）

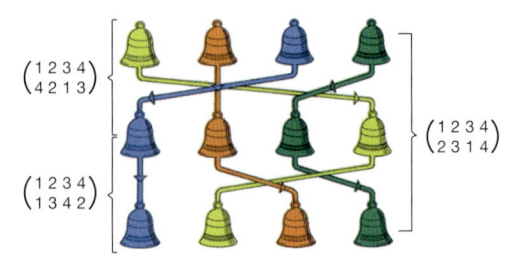

口絵5 2つの置換の積は，第3の置換をあたえる（同 p.165, 図7）

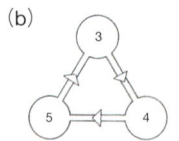

口絵6（上）置換としての循環 (a)．それはそれ自体で再編される (b)．（同 p.165, 図8）

口絵7（下）次に向かう連打の正当な置換には，隣接する鐘の共通要素のないペアを代えなけばならない．ここでは7つの鐘の (12)(45)(67)．（同 p.165, 図9）

口絵8 アラバマ・パラドックスの図解（「議員は代表しているか」p.49, 図5）

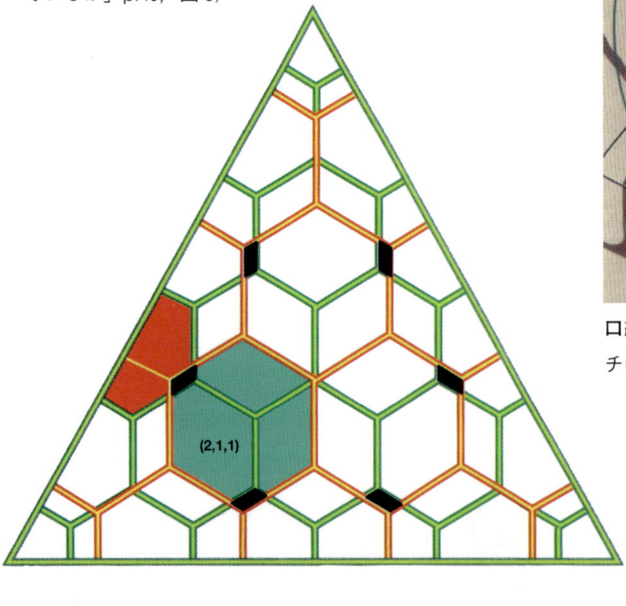

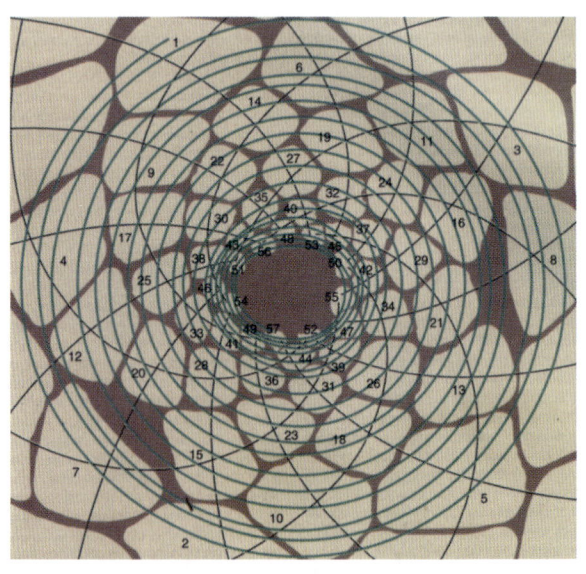

口絵9 植物の原基はスパイラル状にあらわれる（「フィボナッチにならって『少しずつ』と『多数へ』」p.11, 図2）

はじめに

　宇宙人が太陽系にやってきて，何日間か地球を観察したとしよう．彼らはたぶん，数が人間社会を支配していると結論するだろう．われわれは電話をかけるのに番号を使うし，キャッシュカードを使って支払いをするにも，暗証番号を使用する．また送金をするときにも，金額や銀行口座や銀行コードを数字で明記する．しかし，宇宙人はなによりも全世界の人間が，毎日，数字でコード化された数知れないメッセージを送りあっていることに気づくだろう．人間は数字の流れに「呑みこまれている」のである．

　とはいえ，数字は宇宙人が見たよりはるかに深く，われわれの生活に浸透している．数字は数学という深くて概念的な思考様式の中心にある．数学は人間の大きな発明品の1つである．数学は発明されたのか，それとも発見されたのだろうか．認識論者はその問題で論争しているが，たぶん，どちらでもないのだろう．はっきりしているのは，われわれは数学のおかげで動きまわることができるし，まもなく星へもいけることである．われわれには言葉も，社会的な相互作用も，建築能力もあるので，数学がただ1つの力ではない．しかし，かけがえのない切り札である．

　逆説的にいって，数は数学の表面（もっともわかりやすい部分）であると同時に基礎である．数学者が数理的創造の頂点に達しようとすれば，基礎となる数から出発しなければならない．数は数学者に特有の関心の対象であり，ときには人間の心を，どうしようもなく引きつける．また，数に関係するいろいろな迷信が，われわれの心を引きつける．13という数字が幸運なのか不幸なのか，だれにもよくわからない．

　おもしろがって考えれば，数はとてもおもしろい．数は自然の構造を明らかにしてくれるので，世界を理解する助けになる．数は自然の構造を証明し，それがどこから生じて，なにを意味するかを説明してくれる．さらに数が証明する構造は，現在のわれわれの世界をつくりだす科学と技術の基礎になっている．

　本書は栄光と多様性につつまれた数の讃歌である．どうか楽しんでいただきたい．

イアン・スチュアート

目　　　次

はじめに……………………………………………………………（イアン・スチュアート）…i

I　自然の規則正しさ

ピラミッドの頂きから―三角数，正方数，多面数―………………………………………… 2
フィボナッチにならって「少しずつ」と「多数へ」―フィボナッチ数は植物の成長過程に
　　自然にあらわれる―……………………………………………………………………………… 9
彫刻と数―プラスチック数は黄金比のように彫刻家を刺激する―………………………… 15
1 001 の符合―1 001 という数の予言的性質とパスカルの三角形の一致―………………… 18
偽フィボナッチ―数列のはじまりの項が等しいだけで結論を出すことは危険―………… 25
平均律音階の計算―音階の数学―……………………………………………………………… 32

II　世界の理解

議員は代表しているか―不完全な選挙制度を深く検討する．制度の欺瞞的な適用は可能か？
　　それは可能だ―………………………………………………………………………………… 44
選挙の政治権力と比例代表制による投票―新しい選挙制度も，どうやらあまり民主的では
　　なさそうだ―…………………………………………………………………………………… 51
なんという偶然の一致―ときには思っている以上に一致することがある―……………… 57
かくも長き旅路を―膨張する宇宙内の追跡―………………………………………………… 60
1 は 9 より出やすいですって！―大半の数値データの最初の数字では，最小の整数がより
　　頻出する―……………………………………………………………………………………… 66
ラクダが足りない―分子 1 のエジプトの分数による群れ分割の解決法は？―…………… 73

III　数には数を

パスカルのフラクタル―パスカルの三角形の整数論からあらわれる意外な幾何学的性質―……… 80
分けて，そして統一せよ―オイラーを訪ねれば完全数のメリットに気づかされる―………… 88
多完全数―フェルマーのエラーを通じた視点とデカルトの洞察―………………………… 98
素数国の探検―数の国では素数は最後の数ではありえない―……………………………… 107
ファクトゥリの砂金採り―因数分解のアルゴリズム―……………………………………… 111
フェルマーの国への旅―フェルマーの最終定理が証明されたことは，彼を驚かせたように

思えない— ……………………………………………………………………………… 115
クリスマス定理―素数がいつ2つの平方の和に等しいか，ストゥージの3体の精霊が識別に
　貢献する— …………………………………………………………………………… 122
水滴のアルゴリズム―アルゴリズムのおかげで，πやeのような超越数の桁を1つ1つ
　計算することができる— …………………………………………………………… 130

IV　プレーヤーのための数

ジュニパーグリーン・ゲーム―約数と倍数のゲームに勝つ戦略を探そう— ………………… 138
クラップス・プレーヤーの破産―数学は勝たせることができなくても，負けない理由を
　説明できる— ………………………………………………………………………… 142
地獄の計算―数の文字に対応する数の全体が，その数に等しくなるように数を文字に
　結びつける— ………………………………………………………………………… 149
アルファベット魔方陣―数的・言語的な魔方陣の美しさ— ………………………………… 155
連打される鐘―ノートルダムの鐘撞き係カジモデュロは，群論の専門家だった— ………… 159
必勝戦略はある―数学のおかげでリスクを冒さずに勝つことができる．
　これは数学の栄光である— ………………………………………………………… 169

索　　引 ………………………………………………………………………………………… 179
監訳者あとがき ………………………………………………………（松原　望）… 185

I 自然の規則正しさ

ピラミッドの頂きから[*1]

―三角数，正方数，多面体数―

　スポーツ専用のボールをつくるビル・ブール・バル＆バロン[*2]（BBBB）社は，会社のイメージを変えたかった．テニスボールの包装用品の係をしていたレオン・ル・ブーリックは，生産性向上のための監督に昇進し，アシスタントだったジャック・ルルタは，こんどは最終製品の検査係になった．

　BBBB社は，社のイメージを変えるために「プルミエール・フォルス」（「一流のスキル」の意）というコンサルタント事務所に協力を求めた（「一流のいたずら」（プルミエール・ファルス）[*3]とルルタは皮肉った．事実はそれを否定しなかった）．彼らの最初の仕事はあらゆるポストの名称を変えることだったので，社員はほかの人の仕事ばかりか，自分の仕事さえわからなくなるしまつだった．弁護士事務所は大がかりな再編成の準備をしていて，社名入りの便箋まで変えるらしいといううわさが流れた．彼らが一変させたがったのは包装用品だった．L・ル・ブーリックとJ・ルルタは，会議でこの問題について意見を聞かれることになった．

　「プルミエール・フォルス社」の顧客サービス部門の責任者ユグ・エトロヴァトー[*4]はいった．

　「議事日程の最初の議題は包装（梱包）です．私はとくにBBBB社がふだん使われる包装のリストを準備しました．この分け方でいくと，主要商品はボール紙の筒で，企業分析の専門家はこれをライン包装システム[*5]といっています．これがじつに時代遅れなんですね．この種類のユニットは，たいてい種別に一括して包装されます．ところが，あなた方は三角形と正方形という2種類の平らな包装をしています」（図1）

　BBBB社の新しいマーケットにたいする生産開発グループの責任者，エルネスト・J・S・ブレーは口ごもった．

　「ううむ，わが社はビリヤードの球が15個で三角形になるので，一括して三角形になる包装を導入してきました．つまりポケットゲームでは，ゲームのはじめに15個の球を並べますからね．また正方形の包装は，プレーヤーがそれぞれに4個ずつのボールを使うペタンク[*6]に向いてます」

　「でも，あなた方は，ほかにもたくさんのボールの包装をつくっていますよ」

　「そのとおりです．われわれは使用される可能性のあるものは全種類生産しておきたいのです」

　H・エトロヴァトーはリストを眺めた．

　「それに，200×200という正方形の箱は何ですか？　だれが4万個ものボールを使うのですか」

　「テニス連盟ですよ．トーナメントのときになると，山ほどボールを使います．われわれはこのマーケットのリーダーでありたいんです」

　「このようなパッケージを，これまでに，どのくらい売ったんですか」

　「ええと……ちょっと見せてください……うーむ……ひとつも売れていませんね」

　「7×7のパッケージにいたるまで，199×199のパッケージも，198×198のパッケージも売れていないですよ」

　「そうですね．でも，わが社は不完全な範囲のパッケージで済ますことはできないのです」

　「ブレーさん，あなた方の製品の範囲の全体に，1つの欠陥がありますよ．それは利益の大きな逸

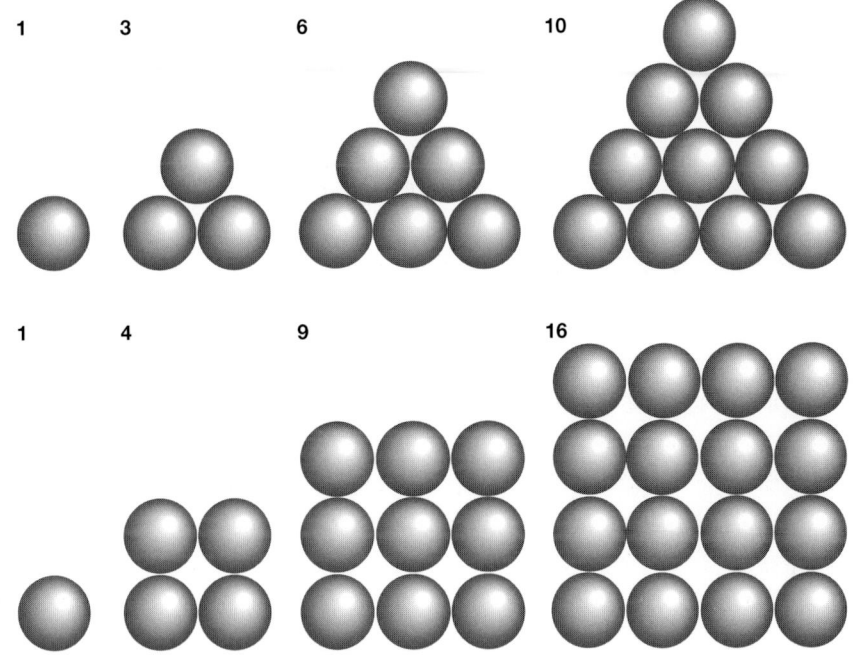

図1 三角数1, 3, 6, 10（上）と正方数1, 4, 9, 16（下）

失です．倉庫料だけを考えても，大きな予算が必要でしょう」

エトロヴァトーはさげすむようにリストを振った．

「それに平面の包装は完全に時代遅れです」

E・ブレーはほほえみをついた．

「それじゃ，どんな提案があるんですか」

「超空間包装です．ついに翅を得た中生代の昆虫が実行したように，2次元から3次元へと大きく飛躍しましょう．ライト兄弟が飛行機をつくるまで，人間には未知の世界でした」

「包装はそんなに高く飛べませんよ」

L・ル・ブーリックはJ・ルルタに，うっかりいってしまった．H・エトロヴァトーは聞き手の虚をつくようにつづけた．

「3次元から4次元と5次元ばかりか，1000次元や，グーゴルプレックス次元〔訳注；10の10^{100}乗した天文学的次元〕にまでいきましょうよ」

L・ル・ブーリックが聞いた．

「テニスのボールの包装を，どのようにして4次元にもっていくんですか」

H・エトロヴァトーはいった．

「最初に，みんなでいっしょに3次元の可能性を考えてみましょう．そのあと，製品の次元を増やす方法を説明します．3次元の包装の適切なシステムは，底辺を正方形にしたピラミッド型です．ご存じのように，ピラミッド型は古代エジプトにまでさかのぼる強力なシンボルで，科学者は独特の生理学的特性を広く証明してきました．ピラミッド型が腐敗を防ぐことや，ワインの熟成を促進することはご存じですね」

L・ル・ブーリックは悲しげに首をふったが，H・エトロヴァトーはつづけた．

「つぎつぎと小さくなる正方形の集まりを積み重ねれば，ピラミッド型の包装をつくることができますよ（図2）．このようにすれば，いまある包装用品のストックも使えるでしょう」

E・ブレーはそれを見ていった．

「でも，そんなに単純ではないですね．倉庫には，正方形の包装用品のさまざまなモデルの多様な量の在庫が必要になりますので，ある大きさの包装用品が不足するでしょう．いまある包装用品を開けて，ピラミッド型に組みなおすのはだめで

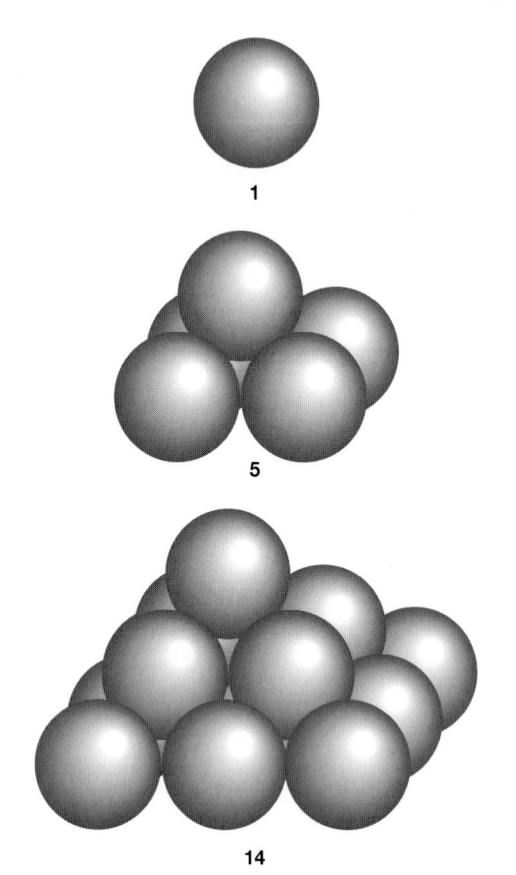

図2 小さくなる正方形を重ねたピラミッド数

すか？」

「たくさんのパッケージを同時に開ければ，無理になりますね．みんなが何もかもゴッチャにするでしょうから，時間がかかりすぎますよ．一度に1種類のパッケージだけに取り組むようお勧めします」

L・ル・ブーリックは困ったようにいった．

「1種類だけですか……でも……見てください．底面が正方形のピラミッド型に積み重ねたボールの数を，計算してみました．正方形の集まりが正方数〔訳注；平方数，四角数ともいう〕といわれ，三角形の集まりが三角数といわれるように，これをピラミッド数とよぶことにしましょう．ピラミッド数はつぎのようにはじまります．

$$P_1=1, \quad P_2=1+4=5$$
$$P_3=1+4+9=14+, \cdots\cdots$$

これ以上になると，計算が長くなりすぎますが，短くした形式に注目してみましょう．おなじように，n番目の正方形にたいする単純な公式があります」

「どんな公式かね」

と，E・ブレーが聞いた．

「そうですね，もちろん，n^2ですよ．n番めの3角数は，$n(n+1)/2$です．つぎの記号を使うことができるんです．

$$\square_n = n^2 \quad \triangle_n = n(n+1)/2$$

そこで，いくつかの計算をしてみましたら，n番めのピラミッド数が，つぎのようになることに気づきました．

$$P_n = n(n+1)(2n+1)/6$$

また，P_{24}は$24 \times 25 \times 49/6$に等しく，つまり4900で，これは完全平方です．実際にnが24に等しければ，3つの数$n/6, n+1, 2n+1$は完全平方で，これは奇妙な偶然ですね．いずれにしても，以下のようになります．

$$P_{24} = 1^2 + 2^2 + 3^2 + \cdots\cdots + 24^2 = 4900 = 70^2$$

つまり，70×70のパッケージを1つひとつ開けて，ピラミッド型にボールをつめなおします．24×24の正方形を下にして，つぎに23×23の正方形をおき，さらに22×22の正方形をおけば，最後に1個のボールが頂点にきて，ピラミッド型にボールを組みなおすことができますよ」

「ほかのどの正方形梱包のばあいも，おなじようにできるのかね」

「ええと，1×1の包装は，高さ1のピラミッド型になります」

「すばらしい．でも，ほかには？」

J・ルルタが割ってはいった．

「それ以外にはありませんよ．数学者のG・N・ワトソン[7]が，P_1とP_{24}をただ二つの完全平方のピラミッド数として証明しましたから．この古い予想は，ずっと証明されませんでした」

出席者はびっくりして彼を見た．H・エトロヴァトーは息もできないほど驚いたが，また話しだした．

「もちろん，70×70のパッケージしか使わなければ，倉庫は早々と品不足になります．ほかの解決方法を探さなければなりません」

L・ル・ブーリックがいった．

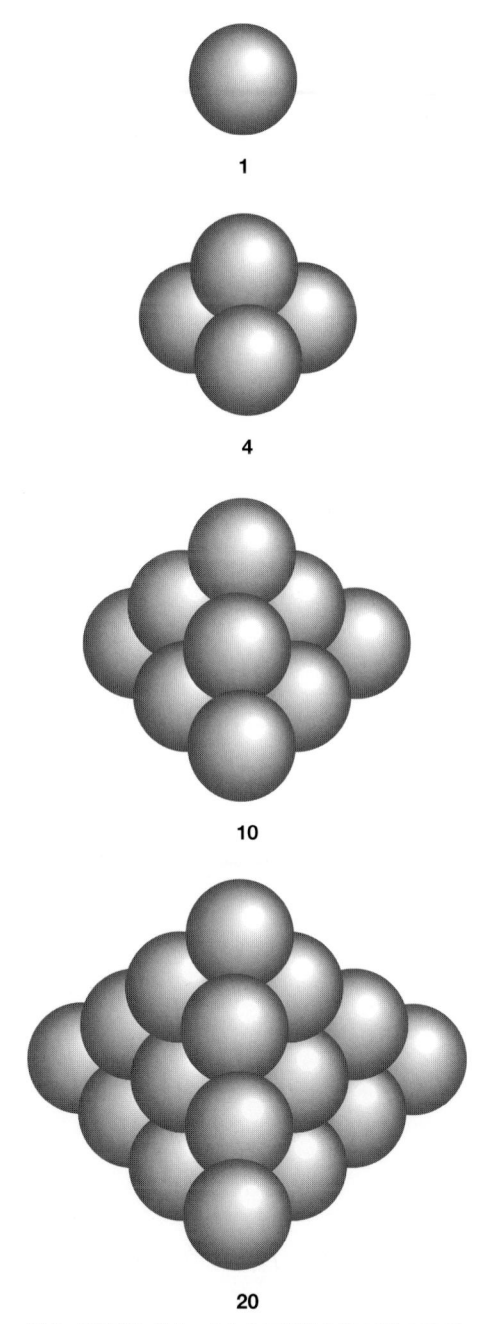

図3 連続的に数をへらした三角数を積み重ねてできる 1, 4, 10, 20 という四面体数

「三角形のピラミッドはどうですか．正三角形に積みあげていくんです．これを四面体数 T_n とよぶことにしましょう（図3）．

$T_1=1$, $T_2=1+3=4$, $T_3=1+3+6=10$
$T_4=1+3+6+10=20$,
$T_5=1+3+6+10+15=35$, etc

などになります」
「公式があるのかね」
「はい．$T_n = n(n+1)(n+2)/6$ です．最初の2個の四面体数が完全平方で，私は少なくとも，別の四面体数を見つけています」

問1 あなたも見つけましたか．$n=50$ より前にあります．答えは節の最後にあります．

H・エトロヴァトーがいった．
「別のアイデアが必要か，それとも倉庫をさらに空っぽにするかですね」
E・ブレーが聞いた．
「たとえば，どんなアイデアかね」
「4次元の包装です」
「すまないけど，私にはそんなシステムはわからないね」
「私の古い友人のアルベルト・アインシュタインが指摘したように，時間が4次元目[*8]を与えます」
「アインシュタインを知ってるんですか」
「知ってますよ」
「ヒエーッ！」
「あのアインシュタインじゃなくて，アルベルト・ジャン＝ジャック・アインシュタイン[*9]ですよ．彼はディジョン[*10]でパブを経営していて，いつも自分の同名異人の言葉を引用します．髪の毛をくしゃくしゃにした，おもしろい老人です」
「なあーんだ」
「クライアントが7日間にわたって，オファーを出したと仮定してみましょう．彼は1日めに，最初の四面体数 T_1 に等しいボールが入ったパッケージを受けとります．2日めには T_2 のボールを受けとり，それが7日めの T_7 のボールまでつづきます．つまり，4次元の"超四面体"が作られ，規則的に反復される売買が成立します」

L・ル・ブーリックがいった．
「結構ですね．それを7番めの4次元四面体とよんで，T_7^4 と書くことができるでしょう．

$T_7^4 = T_1 + T_2 + T_3 + T_4 + T_5 + T_6 + T_7$
$= 1 + 4 + 10 + 20 + 35 + 56 + 84$
$= 210$

さらに，
$$T_n^4 = n(n+1)(n+2)(n+3)/24$$
という公式になります」

E・ブレーが聞いた．

「こうした4次元四面体数のいくつかは，完全平方なのかね」

H・エトロヴァトーがいった．

「最初以外に，まったくわかっていません．たぶん，5次元の四面体数に移らなければならないんでしょうよ」

L・ル・ブーリックがいった．

「T_n^5であれば，つぎのように定義しましょう．
$$T_n^5 = T_1^4 + T_2^4 + T_3^4 + \cdots + T_n^4$$
これには公式があります．
$$T_n^5 = n(n+1)(n+2)(n+3)(n+4)/120$$
という公式です」

「5次元のパッケージを，どのようにして渡すのですか」

「毎月，しだいに大きくなっていく，4次元のパッケージを渡すことができるでしょう．もちろん，それぞれのパッケージが何日か連続して届くでしょうね」

「違う2つの時間の目盛りの使い方ですね」

「そのとおりです」

とE・ブレーが，プログラミングの問題を予想しながらいった．H・エトロヴァトーが気分転換のために聞いた．

「これらの数のいくつかは完全平方ですか」

L・ル・ブーリックは電卓をとりだして，探しはじめた．そして，20分後にいった．

「ちぇっ！」

「うまくいきませんか」

「なんとまあ，$T_{120}^5 = 225\,150\,025$ですね」

「それで，どうだっていうんですか」

「1をたせば，$15\,005^2$なんですが」

彼はつぶやいた．

「ボールを1個は捨てる方法はありますが」

E・ブレーがいった．

「捨てたっていいよ．いずれにしても，数が大きすぎるからね．それに，わが社にはこの大きさのたいらな包装用品のストックはないよ」

そこで彼らは以下のような公式で成立する6次元，7次元，8次元の四面体数を検討した．
$$T_n^6 = \frac{n(n+1)(n+2)(n+3)(n+4)(n+5)}{720}$$
$$T_n^7 = \frac{n(n+1)(n+2)(n+3)(n+4)(n+5)(n+6)}{5\,040}$$
$$T_n^8 = \frac{n(n+1)(n+2)(n+3)(n+4)(n+5)(n+6)(n+7)}{40\,320}$$

720，5040，40320という数が階乗であることがわかると，一般化の方法がわかりやすくなった．$720 = 1 \times 2 \times 3 \times \cdots \times 6$，$5\,040 = 1 \times 2 \times 3 \times \cdots \times 7$，$40\,320 = 1 \times 2 \times 3 \times \cdots \times 8$だった．この性質は，これより低い次元にも成り立っている．

問2 高次元の四面体数のなかにも，1以外に正方数があります．それは何でしょう．

H・エトロヴァトーにある考えがひらめいた．

「われわれは完全平方を探しましたが，どうして三角数ではだめなんでしょう．三角形の包装用品だって開拓することができますよ．いくつかの高（多）次元の四面体数も三角数なんですね」

E・ブレーがすぐに計算した．

「あえていえば，あるパッケージがあります．$T_3 = 10 = \varDelta_4$，$T_8 = 120 = \varDelta_{15}$，$T_{20} = 1\,540 = \varDelta_{55}$．きっと，ほかにもありますよ」

問3 たしかに，三角数の$n \leq 1\,000$をもつT_nが，もうひとつあります．なんでしょう．さらに大きいものもありますか．

L・ル・ブーリックがいった．

「いくつかの三角数のT_n^4があります．高次元の，とくに5，6，7，8，9次元にもありますね」

問4 あなたはどれかを見つけることができますか．

H・エトロヴァトーがいった．

「これはどれも，三角形の包装用品を解体するプランでした．もういちど，底面が正方形のピラミッド型という最初の考えにもどってもいいでしょう」

問5 三角数になるピラミッド数はありますか．どれでしょう．

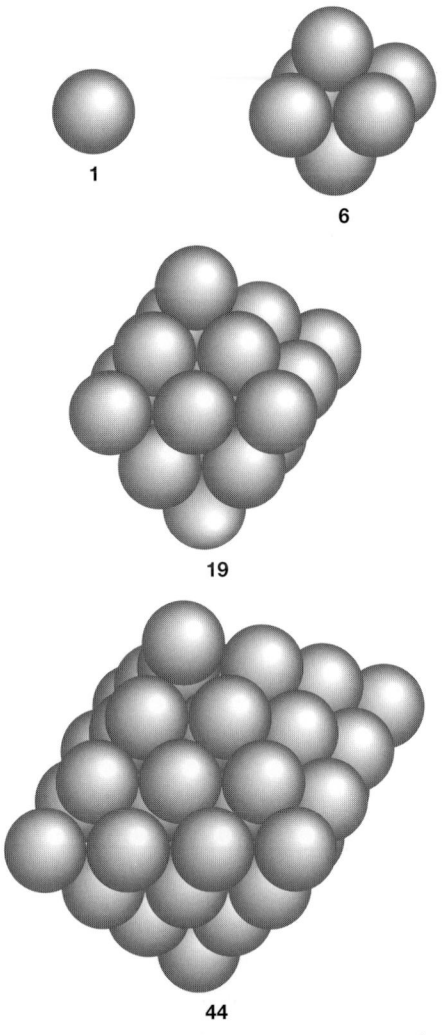

図4 連続的な順番の，底面が正方形の，2つのピラミッドの底辺をあわせて得られた八面体数 1, 6, 19, 44.

L・ル・ブーリックがいった．
「ひとつの考えがあります．底面が正方形のピラミッドを2つあわせて，八面体をつくれますよ．1つを上にして，1つを下にするんです．そうすれば，八面体数 O_n（図4）ができて，
$$O_n = P_n + P_{n-1}$$
と書けるでしょう」

問6 O_n をあたえるのはどんな公式でしょうか．三角数になる八面体数はあるのでしょうか．完全平方になる八面体数はありますか．

数時間，なごやかにつづいた会議で，数えきれないほどの数のふしぎな構造がさぐりだされた．最後に，H・エトロヴァトーが議事日程を思いだした．
「最初の予定議題については，うまく進行できたと思います．こんどは，2つめに移ることにしましょう」
「どんな議題でしたっけ」
と，L・ル・ブーリックが質問した．H・エトロヴァトーがいった．
「会社のロゴの色を変える問題です．青と赤はすごく時代遅れになっています．私は赤紫色とサーモンピンクを提案します．もちろん，どなたかがつぎのシーズンの流行色を追って，ベージュとマスタード色を推薦されなければの話ですけどね」

▶解答
　問1 完全平方の四面体数．$T_{48} = 19\,600 = 140^2$．これは $T_1 = 1^2$ と $T_2 = 2^2$ 以外のただひとつの実例です．
　問2 完全平方の高次元の四面体数．$T^5_3 = 36 = 6^2$．
　問3 三角数の四面体数．$T_{34} = 7\,140 = \Delta_{119}$．これより大きなものがあるのでしょうか．私には考えられません．
　問4 三角数の T^d．以下にいくつかのものがあります．ほかにもあるかもしれません．
　$T^4_3 = 15 = \Delta_5$, $T^4_7 = 210 = \Delta_{20}$, $T^5_2 = 6 = \Delta_3$, $T^5_3 = 21 = \Delta_6$, $T^5_{11} = 3\,003 = \Delta_{77}$, $T^5_{15} = 11\,628 = \Delta_{152}$, $T^6_3 = 28 = \Delta_7$, $T^6_5 = 210 = \Delta_{20}$, $T^6_9 = 3\,003 = \Delta_{77}$, $T^7_3 = 36 = \Delta_8 = \square_6$, $T^7_4 = 120 = \Delta_{15}$, $T^8_3 = 45 = \Delta_9$, $T^8_7 = 3\,003 = \Delta_{77}$, $T^8_{10} = 24\,310 = \Delta_{220}$, $T^9_2 = 10 = \Delta_4$, $T^9_9 = 24\,310 = \Delta_{220}$．

　3 003 と 24 310 のような，いくつかの数が反復する様子を観察してみましょう．これらの数がこんなふうに目だつ理由はわかりませんが，16ページの「1001の符合」を参照．
　問5 三角数のピラミッド数．
　いくつかあります．ほかにもあるかもしれません．
　$P_5 = 55 = \Delta_{10}$, $P_6 = 91 = \Delta_{13}$, $P_{85} = 208\,555 = \Delta_{645}$．
　問6 八面体数．
　公式は $O_n = P_n + P_{n-1}$ で，$O_n = n(n+1)(2n+1)/6 + (n-1)n(2n-1)/6$，すなわち $O_n = n(2n^2+1)/3$．
　だから，興味深いことに，つぎのようになります．
　$O_2 = 6 = \Delta_3$, $O_7 = 231 = \Delta_{21}$, $O_{12} = 1\,156 = \square_{34}$．

▶訳注
* 1 原題には，「から」(du) がついており，「諸君，ピラミッドの頂から，4000年の歴史が諸君を見つめてい

* 2 bille（玉突き用），boule（球），balle（ボール，まり），ballon（大型の球技用ボール），といずれもフランス語のボール用語を社名にもじっている．人名もブーリック（＝球屋）とルルタ（＝転がし屋）というニュアンス．
* 3 それぞれ，Premiere Force, と Premiere Farce. Premiere Farce は「一度目の茶番」とも訳せ，マルクスの「一度目は悲劇として二度目は茶番として」（『ルイ・バナパルトのブリュメール18日』）も想起させる．
* 4 ユグは英語表記ではヒューズ（Hughes）となり，アメリカの有名な発明家，技術者，実業家，飛行家ハワード・ヒューズ（Howard Robard Hughes, Jr., 1905-1976）をもじった人名か．彼には，数学科に在籍した経歴もある．ヒューズは屈指の飛行家であり，かつては世界最強の航空会社 TWA を保有していた．
* 5 ようするに，ボールを筒の中に一列直線状に収める方式．テニスボールはこのような筒の容器（金属製）に入っていることが多い．
* 6 金属製のボールを投げ合って，標的のボールとの近さを競うゲーム．フランス発祥．
* 7 George Neville Watson (1886-1965)．イギリスの数学者．ホイッタカー（E. T. Whittaker）との共著の解析学テキスト（*A Course of Modern Analysis*, 1902年）は古典とされる．
* 8 アインシュタインの時空は (x, y, z, t) の座標で記述される．（t は ct とも表示される）．
* 9 アインシュタインと同じスイス（ジュネーブ）生まれのフランスの思想家ジャン・ジャック・ルソー（Jean-Jacques Rousseau, 1712-1778）とかけた名前にしている．ジュネーブはディジョンに近い．なお，ここでの風貌はアインシュタインのそれをイメージさせるもの．
* 10 Dijon．フランス南西部ブルゴーニュ地方の中心都市．英国風に「パブ（バー）」といっているが，いうまでもなくブルゴーニュ・ワインの産地．

（p.42 より訳注の続き）
* 18 和声と対位法．音楽理論の二大支柱．
* 19 Vincenzo Galilei (1520-1591)．音楽家，商人．
* 20 Marin Mersenne (1588-1648)．フランスの僧侶．数学や物理の研究もしていた．
* 21 平方根は定規とコンパスで作図できる．
* 22 Daniel Strähle
* 23 Jacob Faggot (1699-1777)
* 24 Carl von Linné (1707-1778)．スウェーデンの博物学者，生物学者，植物学者．「分類学の父」とされる．
* 25 $\cos(\angle OQP) = 1/4$ からこれは正しい．
* 26 △PQR に余弦定理を使うと，$RP = \sqrt{151} = 12.29$ を得て，これから再び余弦定理を使うと $\angle PRQ = 33°29'$ で本文にも小さな計算誤差がある．
* 27 計算（上記）ではなく，実測の意味か．
* 28 O から QR 上の各点へ向かう光は，PR 上の"ついたて"に影を落とす．この性質を元にした「射影幾何学」をさす．
* 29 射影幾何学では「射影変換」．代数的には「一次分数変換」といわれる．「保型形式」の理論，ひいてはフェルマーの最終定理の証明で重要な役割を果たす．
* 30 $y = 2^x$ そのものではなく，それに近く代替として用いられる近似式．
* 31 $58/41 = 1.1414634146\cdots$，一方，$\sqrt{2} = 1.41421356\cdots$，である．
* 32 この展開は，$\sqrt{2}$ が無理数であることの証明の一部である．
* 33 ただし，シェーンベルグのほうが $\sqrt{2}$ の近似値としてすぐれている．

フィボナッチにならって「少しずつ」と「多数へ」

―フィボナッチ数は植物の成長過程に自然にあらわれる―

　ミツバチがものうげに飛びまわり，太陽はのんびりと光をそそぎ，ヒマワリは微風のなかでゆれていた．ヒツジ飼いのアベル[*1]は木の下で眠りこけ，ガチョウの番人のヴルールはデイジーの花で花環を編んでいた．彼女は急に手をとめた．
「アベル！　ふつうの34枚の花びらのデイジーじゃなくて，31枚の花びらのデイジーを見つけたわ」
　アベルは立ちあがりながら，大きな声でいった．
「ほんとうかい．決まった数があるなんて，おもしろいね．花の遺伝子は決まってると思うけどさ」
「どうしてそうなるのか，わからないわ．つまり，遺伝子は植物に『葉緑素をつくれ』って命令しても，『葉緑素を緑にしろ』っていってないじゃない．それって遺伝子じゃなくて，化学なんじゃないの」
　2人はもうそのことで，いいあったことがあった．アベルは請け合った．
「それはたしかだよ．ニュートンの影響を受けた博物学者のビュフォン[*2]が，はじめて物理的な力が生命体を組織できるって認めたんだ．生物の形態学のなかには，遺伝子に起源をもつものもあれば，物理学や化学や成長のダイナミクスの結果によるものもあるのさ」
　ヴルールがいった．
「そのとおりね．遺伝子が何かに導くのにたいして，物理学と化学と力学は数学的な規則正しさをもちこむのよ」
　アベルがいった．

「その点では，34枚がびっくりするような規則正しさを表しているとは思わないな」
　ヴルールはデイジーの花びらをちぎった．
「デイジーは違うけど，花びらだけじゃなく，植物のあらゆる器官にあらわれる数は，すごく特別じゃない？　ユリの花びらは3枚，ミヤマキンポウゲは5枚，大多数のキンセンカは13枚，シオンは21枚，デイジーの仲間はたいていは34枚か，55枚，89枚．いちばん有名な特例とされる，同じ種で2倍の花びらをつけた花や，異常数列といわれる3，4，7，11，18…のような枚数の花びらをつけた花は，めったに見つからないよ」[*3]
　アベルは軽く頭をかいた．
「どこかで，そんな数を見たことがあるな」
「もちろん，3，5，8，13，21，34，55，89は……」
「……フィボナッチ数列だ！　3と5以外のそれぞれの数は，前の2つの数の合計に等しい[*4]．『異常数列』にも，おなじ性質があるんだ」
　と，アベルは勝ちほこったようにいった．ヴルールがいった．
「そのとおりだわ．フィボナッチ数を考えついたのは，フィボナッチとよばれたイタリアの数学者ピサのレオナルド[*5]よ．彼はこの数列がウサギの頭数の変化をあらわすと主張したんだけど，ほかの領域にも見られるわ．ヒマワリの"頭状花序"[*6]を見てごらん」
　アベルは顔を近づけて花をよく眺めた．
「ほんとだ，スパイラル状だよ（図1）．21のス

図1 デイジーやほかの多くの花のように，ヒマワリの頭状花は相互にいりくんだ2組のスパイラルをあらわし，巻き方の方向は反対になっている．モデルの絵が示すのは，この規則的な配置が植物の成長の最適化という力学の結果だということである．

パイラルが時計回りに巻いてるけど，カーブしてるし，34が反対方向に巻いてる」

ヴルールがつけくわえていった．

「2つの連続するフィボナッチ数よ．正確な数はヒマワリの種によって違うけど，かならず21と34か，34と55か，55と89か，さらには89と144になってるわ．パイナップルの鱗片では，この菱形の部分は8列が左向きに巻いていて，13列が反対向きに巻いてるのよ．トウヒは5列がある方向に向いていて，8列が反対方向に向いてる．きまってフィボナッチの組合せよ」*7

「ふしぎだね」

と，アベルがいった．

ヴルールはあいずちをうった．

「ほんとうね．遺伝子が花に『好み』の枚数の花びらを選ばせたり，マツカサに『望み』の数の鱗片をつけさせたりするんだったら，どうして，このようにフィボナッチ数が優先されるわけ？」

アベルはパチリと指を鳴らした．

「あなたはこうした数が，ある数理的過程の結果だっていおうとしてるんじゃない？　物理的な過程とか，化学的な過程とか……」

「……力学的な過程とかね」

「実際に植物の成長が，フィボナッチ数になる方法を説明した人がいなかったかなあ」

「大勢の人たちが，さまざまなタイプの解答を提案したわ．私の考えじゃ，高等師範学校（エコール・ノルマル・シュペリウール）のステファン・ドゥアディとイヴ・クデールの解答が，いちばん妥当ね．ふたりは情報科学のモデルと研究室の実験を活用して，植物の成長の力学がフィボナッチ数と，ほかの多くの数を説明することを示したのよ*8」

ヴルールはつづけた．

「基本的な考え方は新しいわけじゃないのよ．植物の成長点を見れば，あなたにも植物のおもな器官になる部分がわかるわ．葉，花びら，萼，管状花*9なんかがね．成長点の中心に，目だった特徴もない組織の丸い部分があるでしょう．その先端のまわりに原基*10という小さな突起が，1つひとつ顔を出してる．それぞれの原基は先端を離れて，最終的に葉や花びらなんかになるのよ．そこで，スパイラルという形状と原基のなかに，フィボナッチ数があることが説明されるってわけ」

アベルはびっくりしていった．

「どうして，そうなるんかなあ」

「第1段階は，いちばん目につくスパイラルが基本じゃない，って考えることね．もっとも大切なスパイラルは，出現の順序によって原基のなかでできるってことよ（図2）．もっとも古い原基は中心からいちばん遠くにあるから，出現の順序は先端からの距離でわかるわね．原基は生成スパイラルという，目のつんだスパイラルの上で距離をおいているわけよ．わかった，アベル」*11

「わかったよ．でも，どうして原基はスパイラル状なんだ」

「初期の結晶学者の1人のオーギュスト・ブラヴェ*12と弟のルイが，1837年に，いちばん大切な細部を観察したのよ．彼らは先端の中心を原基の中心に結びつける半直線を描き，先端から見た連続的な2つの原基を分ける角度を測ったってわけ．29と30か，30と31という原基の中心のあいだの角度を見てごらん．何かに気づかない？」

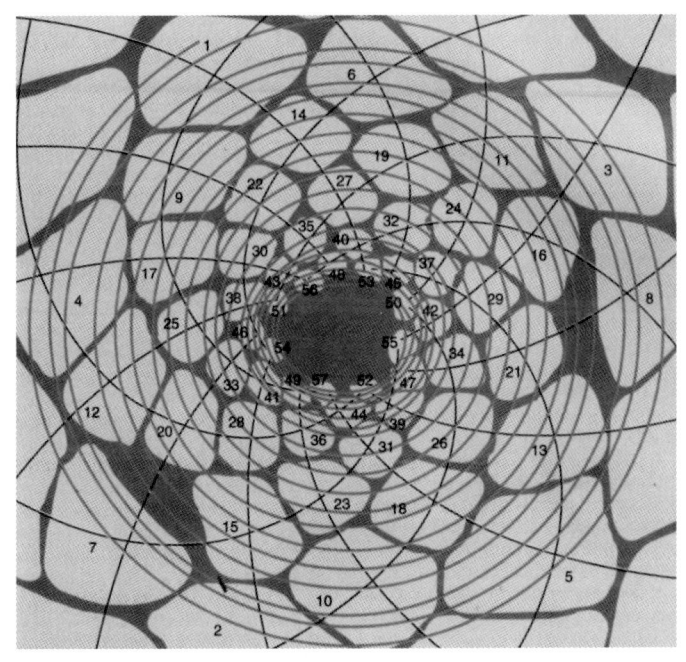

図2 1から57までの番号をつけた原基（濃い色の壁でかこった色のうすい部分）は連続的に出現し，目のつんだスパイラル（灰色の線）状に配置される．斜列という21の別のスパイラルは，さらに目につきやすい．8つのスパイラルが時計回りに巻いていて，13のスパイラルが反対方向に巻いている（黒線）．
（訳注：原基を1, 2, 3…と確認し，さらに右巻き8個，左巻き13個をこの目で確認し，(8, 13)がフィボナッチ数列の隣り合う2項であることを確認のこと．）

アベルはしばらく見てからいった．
「角度が等しいみたいだね」
「そのとおりよ．連続する角度はほとんどおなじで，その共通の値は発散角っていわれてるわ．角度からいえば，原基は生成スパイラルの上に規則的な間隔をおいてるわけね．発散角はどれくらいだと思う？」
「かなり大きいな……直角より大きいんじゃないかなあ」
「そうよ．ふつうは137.5°に近いわ」

ヴルールは満足そうな様子だったが，アベルには理由がわからなかった．ヴルールは説明しはじめた．
「2つの連続するフィボナッチ数を考えてごらんよ」
「34と55でいいのかい？」
「34/55という分数にして，それに360°を掛けるのよ」

アベルはポケットから，いつもヒツジの餌の準備の計算に使う電卓をだした．
「ふーん……222.5°とちょっとだな」
「1つの角の角度は，内側からも外側からも測れるわ．あなたの答えは180°をこえてるから，360°から引いてごらん」
「137.5°だよ」
「いいじゃない．2つの連続するフィボナッチ数比は，2つの数が大きくなるにつれて，だんだん0.618033……に近づくのよ[*13]．これがまさに黄金比 $(\sqrt{5}-1)/2$ で，ギリシア文字の φ（ファイ）で表されるんだわ」
「黄金比は $(\sqrt{5}+1)/2$ だと思ってたんだけどな」
「それだと，1.618033……になるわ．φ は同時に $1+\varphi$ でも $1/\varphi$ でもいいから，おなじことだわね[*14]．あなたがこれらの比の順序を逆にして，つまり $55/34=1.6176$……とすれば，フィボナッチの数が大きくなるときに，これらの比の極限値は1.618034……になる．いずれにしても，すべての問題のキーは『黄金角』[*15]，つまり $360(1-\varphi)°=137.50776$……° よ．ブラヴェ兄弟が観察したのは，2つの連続的な原基のあいだの角度が，黄金角にすごく近いってことだったのね」
「すげえや！」
「1907年に植物学者のG・ファン・イテルソンは，目のつんだスパイラルの上に，スパイラルの中心から137.5°の点をおくと，何が起こるかを研究したの．隣あう点が整然と並ぶ方法だと，交

差する2つのグループのスパイラルができるという結果になったのよ．フィボナッチ数と黄金比の関係で，2つのグループのスパイラルの数が，連続するフィボナッチ数になるわけね」

　アベルは草原を飛んでいたチョウを見つめた．
「すると，このぜんぶのおかげで，連続的な原基が黄金角で離れることを説明できるんだな」
「そうよ．ヴィルヘルム・ホーフマイスターが1868年に暗示したように，連続的な原基が先端のへりのまわりにあらわれて，そのあと完全に離れることを認めれば，のこりのすべては，そこから生じるのよ」
「速度はあんまり重要じゃないんかなあ」
「重要よ．植物の成長は放射の線の成長にそって原基の移動を加速させるので，成長の速度は放射の線に比例するわ」
「それがS・ドゥアディとY・クデールの理論によって，導入されたことなんかい？」
「そのとおり．彼らは1979年のH・ヴォーゲルの研究にもとづいて，考えの基礎をつくったの．ヴォーゲルは定まった放射組織の円盤によって，植物の種子をモデル化し，137.5°という発散角を維持して，種子をできるだけ緻密に配置しようとしたのよ．彼が気づいたのは，n番目の種子（もっとも若い種子から，もっとも古い種子へと数えて）が，nの平方根に比例する距離におかれるにちがいないということだった．つまり，彼は黄金角のおかげで，種子がひじょうに効率的につめやすくなると結論したわけよ」
「もういちど，いってくれよ」
「いいわ．あなたがなにかおろかなこと*16をして，360°をピッタリ分ける180°の発散角を使ったとするわね．すると連続的な原基は，反対側の2本の半直線上に配置されるでしょう．それが90°の発散角なら，似たような4本の半直線になるでしょうね．あなたが発散角として360°の有理数倍，つまり整数pとqについて$360 p/q$の形の数を使えば，先端から種子の広い空白地帯を分けるq本の半直線が得られるじゃない」

　アベルは分別くさそうに首をふった．
「そうすりゃ，種子はうまいぐあいに集まらないんだ」
「そうそう．うまく集めようとすれば，360°の無理数倍になる発散角が必要で*17，より無理的になればなるほど，いっそう効果的になるわ．数論の専門家はずっと前から，もっとも無理的な黄金比になることを知ってたのよ」

　アベルはうろたえていた．
「『より無理的な』っていうのは，どういうことなんだい．数は無理数かそうでないかのどちらかだろう？」*18
「そうよ．でも，なかにはほかの数よりもっと無理的なものがあるわ．連続するフィボナッチ数の比が数φに向かうこと，つまりφは数列2/3，3/5，5/8などの極限値であることを思いだしてよ．それが近づいても，決して等しくはならないφの近似値なの．おなじく使うべき数をあたえられた大きさにたいして，それがφの有理的な最良の近似値であることが証明されているわ．そのとき，αと最高の近似値の差が0に向かう速度で，無理的なαの『無理度』を計れば，差がφにたいしては，ほかのすべての無理数にたいするより遅く0に向かうこと，つまりφが無理数のなかでも，もっとも無理的なことを証明することができるのよ」
「そうすると，黄金比がこの数理的性質によって，ほかのすべての数と区別されるってわけだ」

　ヴルールはいった．
「わかったじゃない．S・ドゥアディとY・クデールのほうは，H・ヴォーゲルのように効率的な集まり方の基礎について直接的に仮定しないで，黄金角が力学の帰結であることを証明したのよ．彼らは原基をあらわす連続的な要素が，先端をあらわす小さな円周のどこかに，時間的に等しい間隔をおいて形成されると仮定したの．つぎに，これらの要素が最初のある速度で完全に移動し，たがいに反発しあうと仮定した…これが連続的な運動と，すぐ前の要素からできるだけ離れた新しい要素の出現を保証する条件だわね」
「それぞれの要素が，できるだけ大きなすき間から顔を出すといいたいんだね」

「アベル，あなたは短縮するすばらしい感覚をもってるじゃない．H・ヴォーゲルの効率的な集まり方の基準が，このようなシステムで満たされることはほぼ間違いないし，黄金角が自然に出現することを予測できるわ．そして，それが彼のしたことなのよ，ちょっとした興味深い言い落としがないわけじゃないけどね」

「つまり，どういうことなんだ」

「起こることを理解するのに，2つの方法があるわ．1つはS・ドゥアディとY・クデールのように，実験をしてみることだけど，彼らは植物を使うかわりに，丸い金属の薄板にシリコン油を満たして，それを垂直の磁場の中においたのよ．つぎに円盤の中央に，磁気を帯びた少量の液体を規則的にしたたらせた．磁場はしずく（液滴）に極性をあたえ，しずくはそのときから相互に反発したのね．彼らはしずくを完全に引き離すために，円盤の縁にいくほど磁場を強めた．得られたパターンは，連続して落ちる2滴のしずくの間隔で決まったけど，たいてい137.5°にひじょうに近い発散角で離れたスパイラルに分かれたのよ」

「黄金角だ！」

と，アベルは大声でいった．

「S・ドゥアディとY・クデールは，コンピュータを使った計算からも，おなじ結果を得られたわけ．より正確にいえば，彼らは発散角がしずく（液滴）の放出をへだてる間隔に左右されることと，複雑な樹枝状の一群の曲線になることに気づいたのよ（図3）．方向のふたつの変化のあいだの曲線のそれぞれの枝は，一群のスパイラルの特定の一対の数に対応していた．おもな枝は137.5°に近い発散角を受けいれるし，ひとつづきの数値として，枝に付随して連続するフィボナッチ数の可能なあらゆる組みあわせがあるのよ．枝のあいだの空間は，力学が大きな変化をする"分岐"[*19]をあらわしているのね」

アベルはしばらく考えていた．

「でも，137.5°に近くない枝もあるよ」

「そうよ．さっきもいったように，おもな枝は異常数列に対応してるわ．選ばれた補充のリズムに従うおなじモデルで，フィボナッチの法則にもっとも一般的な例外があたえられるし，この法則自体が，こうした例外があらわれる理由を示しながら，これがすべての例外でないことを，はっきり示しているのよ．でももちろん，植物学でこのモデルほど単純なことを示した人はだれもいないわ．多くの植物では，原基の出現が早まったり遅れたりすることがあるわけね．実際には葉とか花びらで起こる原基の修正に，たいていこのような変移が付随してるのよ」

「きっと植物の遺伝子が，原基の出現のリズムに作用してるんだろうね」

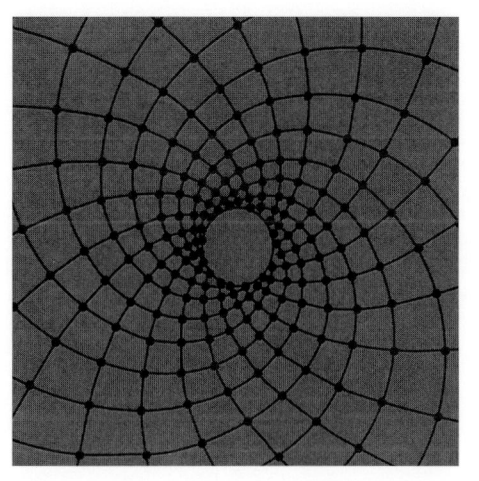

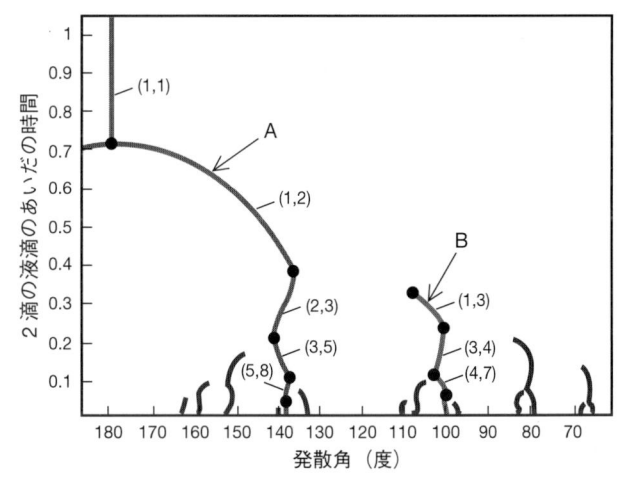

図3 ここで表現されている原基の配置は，スパイラルの黄金角によって各点が離れるときに獲得される（左）．この配置の結果としての斜列の数は，連続的な2つの原基の出現のあいだを流れる時間に左右される（右）．主要な曲線はフィボナッチの連続数の組みあわせに対応する（A）．副次的な曲線は異常数列をあたえる（B）．

「そうかもしれない．でも遺伝子には，どのように間隔をあけるかをはっきりさせる必要はないわ．こうしたすべてをおこなうのは力学よ．これは物理学と遺伝学に共通した仕事なんだね」

▶訳注

*1 アベルは旧約聖書の昔から「羊飼い」．ヴルール（ヴェロア）の名は，日本語で言うビロード（天鵞絨），（ガチョウの）羽毛のような手触りの織物を連想させる．

*2 Georges-Louis Leclerc, Comte de Buffon (1707-1788)．フランスの博物学者，数学者，植物学者．数学（確率論）では，円周率πの算出実験である「ビュフォンの針」で知られる．

*3 フィボナッチ数の例として，「花びらの数」があげられているが，以下の例（スパイラル数）とは直接の関係はない．

*4 漸化式では，$a_0=1$, $a_1=1$, $a_n=a_{n-1}+a_{n-2}$ ($n≧2$) で，0, 1, 1, 2, 3, 5, 8…のすべてが得られる．

*5 Leonardo Pisano (1170頃-1250頃)．イタリアの数学者．レオナルド・ピサーノとよぶこともある．『算盤の書』の出版を通じてアラビア数字のシステムをヨーロッパに導入した．

*6 一個の花に見えるが，実際には多数の花が集まって一つの花の形を作っているもの．キク科によく見られる花序．

*7 本章の中心テーマであり，以後，これが植物の生長の効率性に起因することが述べられる．

*8 原書に注記はないが，次の論文のことと思われる．
S. Douady and Y. Couder (1996)：Phyllotaxis as a Dynamical Self-Organizing Process Part I : The Spiral Modes Resulting from Time-Periodic Iterations. *Journal of Theoretical Biology*, **178**：255-274.

*9 筒状花（とうじょうか）ともいう．花弁が互いにくっついていて，管状または筒状の形になっている．

*10 葉，枝や根のような器官の前駆体として働く初期の細胞群のこと．

*11 図2において，原基を1，2，3…と自らたどってみること．

*12 Auguste Bravais (1811-1863)．フランスの数学者．著名な結晶学者．「ブラヴェ格子」で知られる．

*13 隣接するフィボナッチ数の比の収束 $a_n/a_{n+1} → φ$ ($n → ∞$) は容易に証明される．

*14 フィボナッチ数列から得られる方程式 $1+φ=1/φ$ を解けばよい．

*15 「黄金分割」という意味でも用いられる．$(φ+1)：1=1：φ$ なので，「比」の言い方によっては，$φ$, $φ+1$ ともに黄金比といってよい．図形的には，線分AB上にCをとり，AC=1，CB=$φ$ となるようにすれば，AB：AC=AC：CBで，全体が大，小の2部分に分かれるとき，部分（大）の全体に対する比は部分（小）の部分（大）に対する比に等しくなる．この分割が黄金分割といわれ，「ミロのビーナス」などの美術作品に用いられてることは知られている．

*16 以下，重なってしまう（1/2なら2回転，1/3なら3回転，…ということを，「おろかな」「うまいぐあいに定まらない」と表現してる．

*17 有理数（整数の比 p/q）なら，いつかは必ず重なるから，これを避けるためには，無理数（有理数でない数）が用いられる．

*18 数学的には，有理数か無理数のいずれかで「無理的」との表現は本来的ではない．以下，「無理数に近いこと」をいったもの．$\sqrt{5}$ や $φ$ は，無理数である．

*19 バイファーケーション（bifurcation）．複雑系，カオスの領域で見られる現象で，ある安定な状態から，複数の可能な安定な状態が不連続的に現出すること．図示すると「枝分かれ」状になることから「分岐」という．カオス，複雑系は作者の研究領域の一つ．

*補注；本パートのタイトルはフランスの花占いをもじっている

彫 刻 と 数

―プラスチック数は黄金比のように
彫刻家を刺激する―

　引退したイギリスの建築家アラン・セイント・ジョージは，ポルトガルに住んで数学的な彫刻を制作している．彼は黄金比とともに，建築家リチャード・パドヴァン[*1]のおかげで見つけたプラスチック数をよく活用する．プラスチック数の歴史は建築学では短くても，数学的な起源は少なくとも数学とおなじくらい古い．自然界では黄金比とはちがって，それほど頻繁に発見されなかったが，だれも本気でさがさなかったという事情もある．

　まず黄金比からはじめよう．黄金比は方程式[*2] $\varphi=1+1/\varphi$ を満たし，$\varphi=1.618033\cdots\cdots$ である．この数は正方形からスパイラル（らせん）を形成し，幾何学的に構成されるフィボナッチ数と関係する（図1の上）．最初の正方形（グレー）の1辺の長さは，左隣の白い正方形とおなじく1に等しい．この2つの正方形の上に，1辺の長さが2に等しい正方形を乗せ，さらに図のように正方形を追加していこう．1辺の長さは $3, 5, 8, 13, 21$ ……という数列に従って増大し，数列のそれぞれの数は前の2つの数の合計になる．これはフィボナッチの数列という数列である．となりあう2つの数の比は，黄金比 φ に近づく傾向がある．たとえば，$5/3=1.6666\cdots\cdots$ で，$21/13=1.615384\cdots\cdots$ である．

　この性質はフィボナッチ数を生成する規則から生みだされ，この規則は大きな数にたいして $\varphi=1+1/\varphi$ という方程式をみちびく[*3]．先行する正方形のそれぞれの内側に四分円（円の1/4）を描けば，弧は調和のとれたスパイラルを形成する．このスパイラルは対数らせんに近づき，おなじように巻くヒマワリの種子やオウムガイの殻のような性質を示す．スパイラルの回転は黄金比程度に大きくなる[*4]．

　こんどはプラスチック数に移ることにしよう．おなじ原理を使えばスパイラルが構成されるが，ここでは正方形でなく，正三角形を使うことにしよう（図1の下）．最初の正三角形（グレー）に，時計回りに連続的に正三角形を追加すれば，こんどのスパイラルも，ほぼ対数らせんになるだろう[*5]．最初の3つの正三角形の1辺の長さは1に

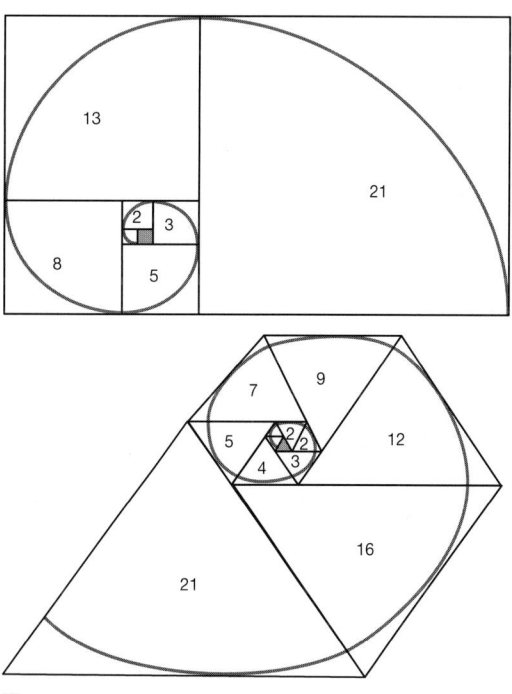

図1　フィボナッチ数の幾何学的構成（上）と，パドヴァン数の幾何学的構成（下）

等しい．つづく2つの正三角形の1辺の長さは2に等しい．それにつづく三角形の辺の長さは，3, 4, 5, 7, 9, 12, 16, 21…に等しい．ここでもまた数列を構成するルールは単純である．それぞれの数は直前の数を無視して，その前の2つの数を合計すれば，成立する．たとえば21は9+12に等しい．この数列にこれを研究したリチャード・パドヴァンという名称をつけたい（幸運な符号によって「パドヴァン」は，フィボナッチの故郷ピサに近い都市「パドヴァ」に生まれたことで似通っている）．

代数的に見るとフィボナッチ数列 $F(n)$ とパドヴァン数列 $P(n)$ は，つぎのようになる．すなわち $F(0) = F(1) = 1$ で $F(n+1) = F(n) + F(n-1)$．$P(0) = P(1) = P(2) = 1$ で $P(n+1) = P(n-1) + P(n-2)$ となる．パドヴァン数列にたいしても黄金比の定義を使用すれば，プラスチック数 P が得られる．これは連続するパドヴァン数の比の極限値 $1.324718\cdots$ である．代数的な記法では $p = 1/p + 1/p^2$ つまり $p^3 - p - 1 = 0$ という方程式を立てることができ，P はこの方程式の解である唯一の実数である．

パドヴァン数列はフィボナッチ数列ほど急激に増大しないし，p は φ よりも小さい．p は，数多くの興味深い性質をもっている．たとえば，図1は三角形で $21 = 16 + 5$ という等式を明らかにする．それはまたパドヴァン数列に，$P(n+1) = P(n) + P(n-4)$ というもうひとつの定義をあたえる．

3, 5, 21のような数は，パドヴァン数列とフィボナッチ数列の両方に入っている．ほかにも両者に属する数があるのだろうか．あるとすれば，いくつあるのだろう．9, 16, 49のようないくつかのパドヴァン数は平方数である．ほかにいくつ平方数があるのだろうか．これらの数の平方根はそれぞれ3, 4, 7であり，これもまたパドヴァン数である．ほかのパドヴァン平方数の平方根も，おなじくパドヴァン数だろうか．ここには少し注意をはらう価値のある問題がある．

パドヴァン数を構成するもうひとつの方法は，フィボナッチ数にたいする正方形の使用を再現することだが，ここでは平行六面体を使うことにしよう（図2）．1辺が1に等しい正六面体からはじめて，おなじ別の正六面体をくっつけよう．これで2辺が1に等しく，3番めの辺は2に等しい平行六面体ができあがる（1×1×2の平行六面体）．つぎに1×2の面にたいして，1×1×2の別の平行六面体をおこう．これで1×2×2の平行六面体ができる．さらに2×2の面にたいして2×2×2の正六面体をおき，2×2×3の平行六面体をつくろう．また2×3の面にたいして2×2×3の平行

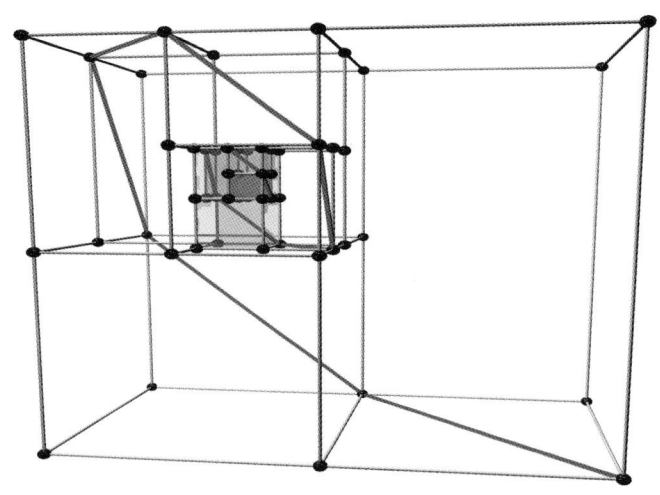

図2 パドヴァン数もまた，平行六面体の並置によって形成されるスパイラルを使って得られる．（口絵1参照）

六面体をおき，2×3×4 の平行六面体をつくろう．あとはおなじようにして前後・上下・左右に平行六面体を連続してくっつけよう．それぞれの段階でできる新しい平行六面体は，辺の長さとして 3 つの連続するパドヴァン数をもつことになる．さらに平行六面体の連続的な正方形の面を線分で結べば，1 本のスパイラルが得られ，このスパイラルは 1 つの面にとどまっている．上述の性質を彫刻の基礎にした A・セイント・ジョージは，ボールで連結した棒を使用した（どんなグラフが，この面をもつ平行六面体の組織の交点を形成するのだろうか）．

1876 年にフランスの数学者エドゥアール・リュカ[*6]は，おなじ構成規則でも最初の数値が異なるパドヴァンの数列に似た数列を研究した．1899 年に R・ペランがリュカの着想を発展させたので，現在では，この数列はペランの数列とよばれている．ペラン数 $A(n)$ がパドヴァン数と違うのは，$A(0)=3$，$A(1)=0$，$A(2)=2$ だからである．2 つの連続するペラン数の比の極限はまた p に等しいが，リュカはさらに興味深い性質を観察した．すなわち，すべての素数 n にたいして，n は $A(n)$ を割り切る．たとえば最初の数が 19 なら，$A(19)=209$ で，$209/19=11$ である．

この定理は非素数性のテストとなる．たとえば $n=18$ にたいして，$A(18)=158$，$158/18=8.777$ となり，これは整数ではない．だから 18 は合成数であり素数でないと結論される．より一般的にいえば，ペラン数は非素数性を決定するために使用される．$A(n)$ を割れない数 n はどれも合成数である．

n が $A(n)$ を割れば素数だろうか．$A(n)$ を割る合成数 n を見つけた人は 1 人もいないが，ペランの擬素数とよばれるような数が存在しないことを証明した人もいない．1991 年にボウイ情報科学研究センターのスティーヴン・アーノは，ペランの擬素数が 14 桁以上の数字をもつことを証明した．

n によって $A(n)$ を割った余りはすぐに計算されるので，ペランの擬素数が実在するという予想は重要である．この予想が証明されれば，素数判定法が得られるだろう（1982 年に，メリーランド大学のウィリアム・アダムズとダニエル・シャンクス[*7]は，この余りを $\log(n)$ の程度の計算量で計算する方法を発見した）．だから，この予想は暗号通信法で有用な応用例をもつのだろう．現在の暗号通信法はしばしば素数を基にしている．

▶訳注

*1　Richard Padovan (1935-)．イタリアの建築家．

*2　「方程式」「等式」と 2 通りの用語は日本特有で，原語はどちらも équalité（仏），equality（英）．

*3　フィボナッチ数 a_n（本書では $F(n)$）を n で著わすためには，この式を解かねばならない．その後，$a_{k+1}/a_n \to \varphi$ $(n \to \infty)$ はすぐに得られる（高校程度の数学知識で可能）．

*4　おおむね，φ_n のことをいう．

*5　このことは，本書ではこれ以上触れられていないし，証明も与えられていない．

*6　François Édouard Anatole Lucas (1842-1891)．フランスの数学者．フィボナッチ数の研究で知られる．

*7　原書に注記はないが，次の論文のことと思われる．W. Adams and D. Shanks (1982)：Strong Primality Tests that are Not Sufficient, *Math. Comp.*, **39**, 255-300．著者はいずれも数論で有名な数学者．

(p.24 より訳注の続き)

*13　最も多くても，の意．

*14　回方的ともいう．ふつうは文章についていわれ，右から読んでも，左から読んでも同一になる文章のことをいう．"Able was I ere I saw Elba" (Napoleon)（エルバを見るまでは私にも力があった）の類．

*15　$1+2+\cdots+m=m(m+1)/2={}_mC_2$ は三角数．

*16　${}_{14}C_4$，$2\times{}_{14}C_4$，$3\times{}_{14}C_4$ が行 14 にそろったことになる．

*17　$m=7\times11$，$m+1=2\times(3+11)$ をとればうまくあてはまる（符合する）ことをいったもの．

*18　${}_nC_1$，${}_nC_{n-1}$ を除く．

1001の符合

—1001という数の予言的性質
とパスカルの三角形の一致—

　マシュー・モリソン・マドックスは数学魔術師である．彼はマジックサークルの会員と同じく，自分の手品のタネは観客にわからないと断言した．しかし，あなたが数学的に明敏な人間なら，手品にもっとも単純なタネが隠されていることを見抜くのは，それほど困難ではないだろう．

　マルセイユのうら寂しい路地にある小さな劇場の舞台を想像してみよう．ベルベル人[*1]の首領の服を着て，髪のない頭を隠すターバンをかぶったマドックスが舞台に立っている．「クラインの壺」[*2]を2つに切り分けた彼は，「メビウスの帯」を手にすることに成功したばかりである．あなたはたぶん，そんなことは数学者にとって簡単だが，マドックスはガラスの壺に操作して，ガラスの2本の帯を手にいれたと考えるだろう．私をまごつかせたのは，彼のパフォーマンスの「細部」だった．もっとも重要なところで奇術を使ったと推測したのだが，まったくスキがなかったし，彼はその手品については説明しなかった．

　マドックスはつぎの演目を，以下の順番ではじめたのだった．

　マドックス（以下，M）「お客さまのなかから若い女性の方に出てほしいのです（彼は最前列の席に近づいた）．今晩は，お嬢さん．私の手助けをしてくださる気はないですか（彼女は顔を赤くしたが承知した）．あなたのお名まえを知りたいのですがねえ」

　ヴァネッサ（以下，V）「ええと……ヴァネッサです」

　M「私についてきてください（彼は彼女に手を貸して舞台にあげ，小さなテーブルにすわら

せた．テーブルの上には赤い小箱があり，彼女のそばには1枚のスレート（石板）と1本のチョークがあった）．ところでヴァネッサ，あなたは暗算が得意ですか」

　V「さあ，どうかしら……」

　M「私はだめなんですよ．私の考えでは，電卓を使えることに気づかれればいいと思います（彼はターバンに手をいれて電卓をとりだした）．ご存じのように数は魔術です．それを証明するために，私は目隠しをして，うしろを向きましょう．さて，スレートにあなたの年齢を書いてください」

　V「女性は年齢をいいませんよ」

　M「魔術には少しの犠牲が必要なんです，ヴァネッサ．私にもお客さまにも見えないようにして書いてください．つぎに，テーブルにスレートを伏せてください」

　V「いわれたとおりにしました」

　M「赤い小箱のなかから何枚かのカードを出してください．カードは16枚あって，1から16までのすべての数が書かれています．ところでヴァ

M「ネッサ，素数とはどういうものか知ってますか」

V「はい．1とそれ自体しか約数のない数のことです」

M「すばらしい．それ以外のすべての数は合成数です．電卓にあなたの年齢をインプットしてください．それから，カードを1枚ずつ出しましょう．カードの数が合成数なら床に落とし，素数なら電卓の数に掛けてください．カードがなくなるまで，おなじように計算していきましょう．わかりましたか」

V「はい」

M「それがすんだら，声をかけてください．でも，最後に電卓にでた数を口にしてはいけませんよ」

V（彼女はカードをとりだして計算した）「おわりました」

M「ありがとう，ヴァネッサ．あなたは間違えずにとても長い計算をして，大きな数を出しました……6桁の数字だと思いますが」

V「そのとおりです．どうしてわかるんですか……」

M「数学ですよ，とても貴重なね．あなたが計算の結果をいってくださればこんどは私がおなじようなむずかしい計算をなんどかして，あなたの年齢をあてるだろうと思っていらっしゃいますね」

V「はい」

M「ところが，結果を聞かなくてもいいんです．6桁の数字の1つを聞きさえすれば，すぐにあなたの年齢をあてますよ．よろしいですか．よかったら，2番めの数をいってください」

V「6です」

M（なんのためらいもなく）「あなたは22歳ですね．あたりましたか．スレートに書かれた数を，お客さまにお見せしてください」

（彼女はいわれたとおりにした．まさに22歳だった．拍手が起こった）

私はショーのあとに楽屋でマドックスに会った．彼はいった．

「秘密を見抜かれましたか．スレートの年齢と順番のことを話したいのですね」

私は認めた．

「そのとおりです．それがあなたの能力の話になるはずです．1001ですね？」

彼は笑った．

「私の好奇心を静めるために，あなたの謎めいた指摘を正確に説明していただく必要がありますよ．でも，最初に……」

彼はまわりの空間からとりだした栓抜きを私に渡し，赤ワインのボトルと2個のグラスをだした[*3]．

「開けてください」

私は栓抜きが左回りであることに気づくまで無駄な奮闘をして，それから反時計回りに回さなければならなかった．私は2個のグラスにワインをついだ．ワインは私のグラスから，じかにワイシャツに流れた．しみはブルーに変わり，グリーンになってから消えた．彼はだまってかわりのグラスをくれた．私はいった．

「いいですか．1001＝7×11×13 という事実にもとづく数の巧妙な順番がたくさんあります．それらに共通した特徴は1001に3桁の数，たとえば567を掛けると，567 567 というおなじ数のくり返しになることですね」

「いいところをつきますね」

「基本的な考えは1001を掛けるのを隠すことで，つまり7と11と13を別々に掛けることができるのです．さっきの舞台の順番では，ヴァネッサは1と16のあいだのすべての素数，つまり2，3，5，7，11，13を掛けました．1は一般に素数と見られていますが[*4]，リストにいれても何も変わりません．彼女はたまたま偶発的な順序……ものごとを混乱させるうまい手口でこの数を出しましたけど，もちろん結果には変わりはありません」

「もちろんです．それで？」

「ヴァネッサの22歳という年齢をとりあげてみましょう．2×3×5×7×11×13 を 22 に掛けるのは，2×3×5＝30 を 22 に掛け，つぎに 7×11×13 を掛けるのとおなじことになります．30 を掛けるかわりに 3 を掛け，そのあとに 0 をつければ

660です．つぎに1001を掛けると，この数字のくり返しになって660660になりますね．一般的な形として，電卓にでた最終的な結果は $ab0ab0$ タイプになり，ここでは ab は女性の年齢の3倍になるでしょう．6桁の数があっても，2つだけ，最初の2つがわかればいいわけです」

「そうです．でも，私は2つめの数を聞きましたよ」

「この場合は6でした．つまり，彼女の年齢の3倍は $a6$ でした．ところで，ある数の各桁の数字の合計が3で割れるか3で割れる場合にのみ，その数は3の倍数ですから，a は0か3か6か9になるはずです．だから彼女の年齢の3倍は06か36か66か96で，彼女の年齢は2歳か，12歳か，22歳か，32歳でしょう．しかし，女性の年齢は6歳くらいの幅であてられますから，あなたは22歳といったんです」

「ぜんぶ知ってらっしゃるわけではないけど，おもなところは当たってますね」

「もっと予測させてください．彼女はせいぜいで33歳でなければなりません．そうでなければ，電卓の数字は6桁をこえるでしょう．ふーむ……あなたは可能性の幅を狭めるために，いつも19歳から28歳くらいの女性を選んでますね．たとえ最初の推定が何歳か違っていても，17歳から28歳の女性を読み違えることはないでしょう」

「ある程度は読めますよ」

「そして『あなたの年齢は』といいながら，欠けている数を計算して3で割ります」

マドックスは首を振った．

「いいえ，私は彼女が数を教えると同時に答えをいいました．やってみてください．私に電卓の2番めの数をいってくだされば，19歳から28歳のあいだの年齢を答えます」

「わかりました．7」

「19歳」

「8」

「26歳」

「2」

「24歳」

「わかりました（あとで表をつくってみた（表

表1 電卓の2番目の数に対応する年齢

数	0	1	2	3	4	5	6	7	8	9
年齢	20	27	24	21	28	25	22	19	26	23

1）．それを暗記するのは簡単だった）」

私は2つのグラスにワインをつぎながらいった．

「おかげで数学のおもしろい問題を思いだしましたよ．$7 \times 11 \times 13$ という変わった素因数分解は，すべての数学のなかで，もっともふしぎな符合（偶然の一致）の1つですよね」

「数学には符合するものがほとんどないだけに[*5]，よけいふしぎですよ」

彼は私の手から電卓をとりあげると，私の靴の靴ひもをとって長々とつづく結び目をつくり，つぎに大きなハサミで小さく切りわけた．私は彼が何をしているか自覚してくれているよう願った．彼はつづけていった．

「数学には，事前に決まっていないものは，なにひとつありません」

「それはわかります．でも，これは符合に見えてしまいます．それはパスカルの三角形であらわされます」

「そうです．2項係数の表です．ここには1が両側のへりに並んでいて，1以外のそれぞれの数が上の2つの数の合計になります[*6]．ほら，こんなぐあいですね」

マドックスは靴を返してくれた．靴ひもはもとのままだったが，輪になっていたので，彼がひもの両端を合わせたにちがいなかった．

彼はスレートに書きつけた．

```
           1
          1 1
         1 2 1
        1 3 3 1
       1 4 6 4 1
      1 5 10 10 5 1
     1 6 15 20 15 6 1
```

「わかりました．そこまでにしてください」

私はあせっていた．すでに中華料理店ですご

い経験をしたことがあったのだ．私を数学者だと知ったウェイターが，テーブルクロスにパスカルの三角形を書きはじめたのだった．彼が10番目の行[*7]を引くと，いっしょにきた友人の目がうんざりした感じになった．15番目になると，私の目もおなじ感じになった．彼は私たちが店をでたあとに，たぶん20番目の行を引いたのだろう．私はいまでも，たまたま見た中華料理店の光景を思いだすことがある．2項係数で覆われた天井や壁や床と，パスカルの三角形を熱中して書きなぐるウェイター．地獄もあれとあまり違わないにちがいない．私はいった．

「パスカルの三角形には代数学などの通常の重要性のほかに，数論でも非常に興味深いものがあります．一般的な公式は $_nC_r$ となって，n 番目の行の r 番目の数は以下のとおりです．

$$_nC_r = \frac{n!}{r!(n-r)!} = \frac{n(n-1)\cdots(n-r+1)}{r(r-1)\cdots 3\cdot 2\cdot 1}$$

つまり，

$$_{14}C_6 = \frac{14\cdot 13\cdot 12\cdot 11\cdot 10\cdot 9}{6\cdot 5\cdot 4\cdot 3\cdot 2\cdot 1} = 3\,003$$

三角形は足し算の形で定義されますが，この一般公式は全体として掛け算と割り算であらわされます．これはとても奇妙です．このことは足し算と関係のない性質が，予期しない形で出現するという意味ですね」

「あなたについていけるかどうか自信がありません．もう1つ例をあげてください」

「わかりました．n を素数と考えましょう．このとき三角形の n 番目の行のすべての係数は，最初と最後をのぞいて n で割り切れます」

「待ってください……5は素数で，5番目の行の数は 1, 5, 10, 10, 5, 1 です．1をのぞいて，どの数も5で割り切れますが，素数は掛け算と関係があるんですか」

私はいった．

「まさに，これが驚きなんですよ．この証明は簡単で，公式から導かれます．この分子は n で割れる $n(n-1)\cdots(n-r+1)$ です．もちろん，$r=0$ なら1になります．分母は $r(r-1)\cdots 1$ で，r が n より小さければ，どんな因数も n を割り切りません．つまり因数 n は約分されないし，だから整数 $_nC_r$ を n で割り切ることができるのです」

「おもしろいですね．そうですか．加法による定義からこの結果を推論するのは，難問だろうと思ってました」

「パスカルの三角形は，はるか昔から研究されてきたんですけどね……」

「パスカル以来だと思ってました」

「いや，そのずっと以前からですよ．この三角形は，16世紀はじめのペトルス・アピアヌス[*8]の『算術』の表題のページにでてきます．1303年の中国の算数の本にもありますし，また痕跡は1100年ころのオマル・ハイヤーム[*9]までさかのぼれました．たぶん，より古いアラブ人か中国人に発生源があるのでしょう．ミカエル・スティフェルが2項係数という用語を導入したのは，1500年ごろのことでした．これを説明する公式をあたえたのは，アイザック・ニュートンです．n 個のモノのなかから r 個のモノのを選ぶ方法の数としての彼の解釈では，この式（しかし，もう1つ別の記号表記をもつ）はバスカラ（1114年生まれ）の式として知られています．

実際に形態共鳴の理論[*10]からは，1001年[*11]に考えだされたと推測されますが，私はどうかと思いますね．パスカルの三角形は大昔から研究されてきましたが，それに関する多くの問いが無解答で残されてきました．1971年にデイヴィド・シングマスターが，もっとも単純な問いの1つを提起しました．あたえられた数が何回，この三角形に出現するかという問いです」

「なんですって」

「6をとりあげてみましょう．6はパスカルの三角形に3回出現します．2回は6番目の行に，1回は4番目の行の真ん中にでてきます．なぜなら，

$$_6C_1 = {_6C_5} = {_4C_2} = 6$$

だからです．おなじ問いを，ほかのすべての数にたいして立てることができますよ」

「わかりました．数の1はもちろん無限回出現しますね」

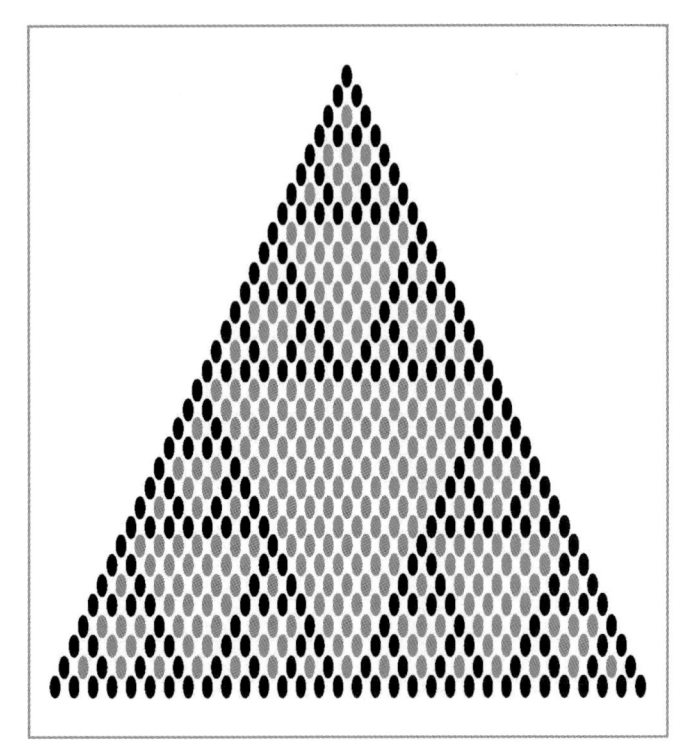

図1 フラクタル化したパスカルの三角形．偶数は灰色，奇数は黒．中央の三角形には偶数しかふくまれない（$m(m+1)/2$ 個ある）

「そうです，これはただ1つのものです．D・シングマスター[12] は1971年に，1より大きいすべての数 n が高々[13] $2+2\log_2 n$ 回出現することを証明しました．多くの数は少なくとも2回出現します．三角形のそれぞれの行は回文的[14]ですから，あとの半分は最初の半分を逆にしたものとおなじからです．だから中央にないすべての数は（それが存在するとすれば，すなわち n が偶数でないとすれば），各行に2回出現します」

マドックスがいった．

「また，位置2か $n-2$ の外に位置するすべての数は，少なくとも4回出現します」

「どうしてですか」

「ええと，15をとりあげてみましょう．15は行6の $_6C_2$ と $_6C_4$ に2回出現しますが，$_{15}C_1$ と $_{15}C_{14}$ にも出現します．$_mC_1$ と $_mC_{m-1}$ は m に等しいからですね」

「すばらしい．われわれはまた無数の多くの数が，パスカルの三角形に少なくとも4回出現することを知っています．しかし1以外のどんな数

も，それほど頻繁には出現しません．D・シングマスターは 2^{48} までの数のなかで，ただ1つの数が8回出現し，そのほかのすべての数が8回以下しか出現しないことを観察しました．1971年に彼は出現する回数が上に有界な数であること，つまりパスカルの三角形には1以外のすべての数が，高々 k 回しか出現しないような数 k が実在すると予想しました．2^{48} まででは，数 $k=8$ が適しているでしょう」

マドックスが聞いた．

「8回出現する数はなんですか」

「3 003ですよ．それに，われわれの話は $3\times1\,001$ という事実によってつながり，1 001の素因数分解が数3 003の8回の出現回数の理由です」

マドックスは椅子にすわったまま，からだを反らせて，ゆわえた何枚かのハンカチを耳から機械的にとりだした．

「私はこの問題には，いくつか発展させる価値があると思いますね」

「もちろんです．パスカルの三角形の行 14, 15, 16 上の配置に興味をそそられた D・シングマスターは，$_{14}C_4=1\,001$ ではじめました．それは以下のように出現します．

行14　　1 001　　2 002　　*3 003*……
行15　　　　　　　*3 003*　　5 005……
行16　　　　　　　　　　　　8 008……

3 003を斜体で書いたのは，目立たせるためです．この図表の区分には，あらゆる種類の性質があります．たとえば，上の行は1つの行に，3つの要素が 1, 2, 3 という比率で連結して出現する唯一の場所です．5つの要素を1 001で割れば，フィボナッチ数 1, 2, 3, 5, 8 が得られて，これが三角形の加法構造に結びつく事実です」

マドックスがいった．

「待ってください．数3 003はこれらの行内の $_{14}C_6$ と $_{15}C_5$，および真ん中に対して対称的な位

置,つまり $_{14}C_8$ と $_{15}C_{10}$ に4回出現しますよ」
「そのとおりです」
「そして3 003はまた,少し前に説明しましたように,行3 003に2回出現します」
「そうです,$_{3003}C_1$ と $_{3003}C_{3002}$ ですね」
「これで6回出現します.ほかの2回はどこですか」
「自明じゃないですか.行78ですよ.$_{78}C_2$ と $_{78}C_{76}$ です」
「いいえ.これが自明でないことが証明されてますよ」
　私はいった.
「これは符合です.そもそもすべての配置は巨大な偶然で,1 001=7×11×13だから起きますが,少し場の準備をさせてください.ある行で連続的な3項が1,2,3に対応すれば,3番めの項がつぎの行に出現することに同意しますか」
「はい,それはわかります.数は a, $2a$, $3a$ で,つぎの行はそのときから,三角形の形成の規則によって $a+2a=3a$ をふくむでしょう」
「そのとおりです.そして行は回文的ですから,$3a$ は少なくとも4回出現し,これらの行のそれぞれに2回出現します.また,すでに指摘しましたように,それは行 $3a$ の $_{3a}C_1$ と $_{3a}C_{3a-1}$ に2回出現します.少なくとも6回出現しますね」
「そうです」
「このすべてにくわえて,$3a$ を三角数だと仮定してみましょう.つまり,連続する整数の和 $1+2+\cdots\cdots+m$ ということで,$_{m+1}C_2$ にほかなりません[*15].したがって,それは行 $m+1$ の $_{m+1}C_2$ と $_{m+1}C_{m-1}$ にさらに2回,合計して8回出現します」
「それはわかります.でも,どうして三角数なんでしょう」
「わかりません.そういう仮定ですから」
「つづけてください」
　私の靴ひもが奇跡的に正常にもどったことに注目した.負けを認めないで,つぎのようにくり返すことにした.
「つづけましょう.でも,$_{14}C_4$ と $_{14}C_6$ の数値を確かめてください.われわれの公式は以下のように

あたえられます.

$$_{14}C_4 = \frac{14 \cdot 13 \cdot 12 \cdot 11}{4 \cdot 3 \cdot 2 \cdot 1}$$

　分母4×3は12と約分されますし,残りの2は14と約分されて7が残ります.だから,これは7,11,13になります.いまじゃ,おなじみのはずですが」
「そうですね」
「こんどは $_{14}C_5$ を見てみましょう.これは $_{14}C_4$ の分子に10を掛け,分母に5を掛けて,導かれます.5で約分すれば2が残り,その結果,$_{14}C_5=2\times{}_{14}C_4$ になります.ようするに $_{14}C_6=9/6\times{}_{14}C_5$ で,したがって $_{14}C_6=3/2\times{}_{14}C_5=3\times{}_{14}C_4$ ですね.この3つの係数は,まさに1,2,3に対応します[*16].関係した数字のすべての符合を,少し考えてみましょう.深く考えるほどのことはありません」
　マドックスが不満そうにいった.
「このぜんぶでも三角数の問題は解明されませんね」
「すみませんねえ.三角数はつねに $m(m+1)/2$ という形式をとり,3 003=3×7×11×13=77×78/2だということです.このあとの点は,私には驚くべき符合[*17]だと思えますけどね」
「いわれたいことがわかります」
「それに,出現する数が上に有界な数であるといった,D・シングマスターの予想を証明するか否定するかしようとすれば,そのことがさらにわかるでしょう.可能な奇妙な符合に不安になるかもしれません.わずかな進展を見ることさえ困難です.この問題の解き方はだれにもわかりませんし,未解決のまま残されてます」
　マドックスが考え深げにいった.
「楽しい数学の専門家たちが提出したがる問題に似ています.このような問題は完全に解くことでなく,なにを引きだせるかということですね.たとえばD・シングマスターの計算を 2^{48} をこえて広げるということです.それ以外に何がわかるでしょう」
「2^{48} までの自明でない[*18]反復は,表2のものだけです.D・シングマスターは1975年に,パス

表2 パスカルの三角形に見られる自明でない反復

$120 = {}_{16}C_2 = {}_{10}C_3$
$210 = {}_{21}C_2 = {}_{10}C_4$
$1\,540 = {}_{56}C_2 = {}_{22}C_3$
$7\,140 = {}_{120}C_2 = {}_{36}C_3$
$11\,628 = {}_{153}C_2 = {}_{19}C_5$
$24\,310 = {}_{221}C_2 = {}_{17}C_8$
$3\,003 = {}_{78}C_2 = {}_{15}C_5 = {}_{14}C_6$

カルの三角形に無限個の数が少なくとも6回あらわれることを証明しました．たとえば，${}_{104}C_{39} = {}_{103}C_{40} = 61\,218\,182\,743\,304\,701\,891\,431\,482\,520$ です」

　この巨大な数（D・シングマスターの方法で発見された最小の数の1つ）は少なくとも6回出現する（実際には，この数はちょうど6回出現するが，より大きなほかの数は，さらに別のところで出現するのだろうか）．

　スターリングの三角形についても，おなじ問いを立てることができるだろう．スターリングの三角形では，それぞれの数が左上の数に右上の数の2倍を足した数になっている．以下のように．

```
                    1
                  1   1
                1   3   1
              1   7   5   1
            1  15  17   7   1
          1  31  49  31   9   1
        1  63 129 111  49  11   1
```

さらにベルヌーイの三角形では，

```
                    1
                  1   2
                1   3   4
              1   4   7   8
            1   5  11  15  16
          1   6  16  26  31  32
        1   7  22  42  57  63  64,
```

となっており，形成の規則は右端が連続的な2の累乗で形成されるほかは，パスカルの3角形とおなじである．マドックスは認めた．

「驚きましたね．こんなに単純な問題が解きにくいとは考えもしませんでした．われわれにこんなに暗い水のなかを航行させるのですね」

　彼はワイングラスを見つめた．まるでワイングラスが，人生と世界と偉大なものの秘密を説き明かしてくれそうな様子だった．マドックスは1匹の死んだ昆虫を拾いあげ，指でつぶした．昆虫はキリンになって逃げていった．彼はいった．

「反対に，こうした1001の性質が符合でないことがありますよね」

「わかりませんね．それはなんですか」

「それは……魔術ですよ」

▶訳注

* 1　北アフリカの先住民族．イスラム化し，「ムーア人」ともよばれた．「ベルベル」は蔑称につながることもあり，最近は，「アマジィグ」などと称する．

* 2　「クラインの壺」は，クライン曲面の形容で向きを定められた閉じた曲面の例である．しばしば，自己自身をガラスの瓶で表されるが，「クラインの壺」そのものは自己交叉性をもたない．ここでは2本のメビウスの帯を組み合わせて作られる（数学的には同相）ことをいっている．

* 3　クラインの壺にかけている．表，裏がないので，内側に入っていても，外に自然に流出することが可能である．

* 4　1は例外的に素数とは考えないのがふつうである．

* 5　数学には，偶然による一致（符合）ということはあまりない，の意味．

* 6　たとえば，4行目の3の右上，左下を見よ．

* 7　lingne．横に並んだ数は「行」といい，英語ではrowである．縦に並んだ数は「列」といい，英語ではcolumn（柱状のもの）である．

* 8　Petrus Apianus（1495-1552）．ドイツの数学者，天文・地理学者．

* 9　Omar Khayyám（1048?-1131?）．セルジューク朝期ペルシアの学者・詩人．詩集に『ルバイヤート』．

* 10　イギリスのルパート・シェルドレイクが唱えた仮説（『生命のニューサイエンス』工作舎）．直接的な接触がなくても，ある人や物に起きたことが，他の人や物に伝播するというもの．

* 11　本章のタイトル「1001の一致」を想起されたい．

* 12　David Breyer Singmaster（1939-）．米国生まれの数学者．

（＊13以降はp.17参照）

偽フィボナッチ

―数列のはじまりの項が等しいだ
けで結論を出すことは危険―

「レディース・アンド・ジェントルメン，女王陛下に乾杯！」
われわれはそれぞれに立ちあがり，グラスを掲げて君主の名をつぶやいた．この瞬間の荘厳さは私の右隣の男のために台なしになった．彼は，
「やれやれ，これで一服吸うことができるか」
といって，椅子にどすんとすわったのである．イギリスの風習では，宴席で女王に乾杯するまでタバコを吸うことを許されていない．私はずっとイギリス王家の威信を喫煙が傷つけると考えてきたのだった．
「取引税過剰控除可能額の寛大な再配分者会」という悪党[*1]の例年の晩餐会は，いつも死ぬほど退屈だった．私はそれを承知していた．それなのにどうして，毎年，きてしまうのだろうか．それはウサギに催眠術をかけるヘビのように，私に一種の致命的な魅力をふるうのだろう（一致したのは，たまたまメーンディッシュがウサギだったことだった）．そうでなければ私はたんに，晩餐会がないと一年の締めくくりがつかないと思いこんでいるのだろう．私は右隣の男にいった．
「控えていただけませんか．私はタバコを吸いませんので」
「だって，あなたはスモークサーモンを食べましたよ」
彼はタバコに火をつけると笑いだした．私は鼻にしわを寄せて彼のバッジを見た．リチャード・バードという名前だった．しかし，彼は「ディッキー[*2]とよんでください」と書き足してあった．
私は答えた．
「あれはじつにまずかったですよ．おまけに，中が凍ってました．ちゃんと電子レンジを使わなかったんでしょう．ほんとうは，オレンジ色に染めたスチロール樹脂製だったと思いますね」
「あら！　スモークサーモンがノミ取り用の首輪をつけてたわ」
左隣のご婦人が大きな声でいった．私は彼女を知っていた．アマンダ・バンダー＝ガンダーは地元の動物愛護協会のリーダーの1人で，週末ごとにキツネ狩りにいくことに，なんの矛盾も感じない女性だった．
「違うよ．きみは自分のナプキンリングを落としたんじゃないか」
長いテーブルの向こう側で，5つ離れた席にすわっていた夫が大声でいった．アレキサンダー・バンダー＝ガンダーは弁護士で，医師のユータナシウス・フェル[*3]と，私の古いテニス仲間の1人のデニス・ラケットのあいだにすわっていた．
「あなたはどんな仕事をしてらっしゃるんですか」
と，ディッキー・バードが聞いた．
「さあ，お話ししないほうがいいですよ．あなたは何をしていらっしゃるのですか」
「私は中古車のディーラーですよ．ジャガーとポルシェを中心に扱いますが，ドイツが再統一されたいまではトラバント[*4]部門を手がけてます」
「すばらしい！　古い企業家精神が死んでいないのを見るのは，うれしいですね」
「あなたのほうは……」
私は彼の上着の折り返しをもって引き寄せ，小声でいった．
「私は数学者ですよ」

私の慎み深さは，いつものような効果をあげずにテーブル全体が凍りついた．彼はいった．

「私は学校では……」

「……数学が大嫌いだったんですね．いつも聞かされることですよ」

「私も数学が大嫌いでしたね」

と，フェルがいった．右側から，よく響く声が聞こえた．

「私は例外にちがいない．数学が大好きですよ．私は原子物理学者で，プロスパー・デボソン*5というものです」

「あら，すばらしいですわ．もっと，お話ししてくださいよ」

と，アマンダがいった．医師のフェルが答えた．

「この人は放射性廃棄物を保管するトキシック社*6で働いてるんです」

バードがいった．

「この町で，放射性廃棄物を保管しないでほしいですね」

「もちろん，そんなことはしませんよ．エネルギー大臣はずっと遠くに住んでます．少なくとも3kmも離れたところにね」

アマンダが擁護した．

「よかったわ．それで完全じゃない．どこに投棄されようと，私の犬の鼻がおかしくならなければいいんです*7」

「それはあまり責任ある態度じゃありませんね，アマンダ」

と私はいったが，もちろん不用意だった．彼女はすぐに私に，どこに放射性廃棄物をおけばいいのかと聞いてきたからだった．私は保管場所について彼女に話したので，場の空気は少し過熱してきた．

友人のアダムが話題を変えて，われわれのいるテーブルの一角の雰囲気を和らげようとした．彼はいった．

「イアンは数学者だから，私がほかの人たちにちょっとした数学の問題を出しているあいだ，しばらくだまっていてくれるでしょう．つぎの数列のあとに，どんな数がきますか．1, 1, 2, 3, 5, 8, 13, 21……」

「19」

と，私は無意識のうちにいった．そのあいだに小さなパンにかぶりついた．そのパンは1941年にドイツ軍が築いた大西洋の壁*8のモルタルの残りかすみたいな感じだった．

「なんだって．あんたが最初に答えちゃだめじゃないか．それに，あんたは間違ってる．答えは34だ．どうして，19だなんて思ったんだよ」

私はグラスをからっぽにした．味はクレオソートの溶液みたいだったが，私はいっきに飲み干した*9．

「すぐれた古典の『数学の説明方法』*10を読むと，どんな数列だろうと，つぎの数はいつも19となってるよ．1, 2, 3, 4, 5……19，それから1, 2, 4, 8, 16, 32……19，または1, 4, 9, 16, 25……19，おなじく2, 3, 5, 7, 11, 17……19」

「完全におかしいよ」

「いや，普遍的に応用できるから，単純で一般的なんだ．ラグランジュの内挿公式は，任意の数列の諸点を通る多項式の明示〔陽表的〕な公式をあたえるので，この数の選択は完全に有効な『理由』に従ってるよ*11．より簡単にしたいなら，つねにおなじ数を選ぶことができるんだ」

「どうして19なんだよ」

と，デニスが『赤い家（ルージュ・メゾン）』のボトルに手をのばしながら聞いた．

「このワインを『赤い家』とよぶのは，家とおなじレンガ色をしていたからだろう．『白い家（ブラン・メゾン）』*12に似たワインも考えることができるだろうよ」

「あんたのフェティッシュな数につづく整数を選ぶこともできるよ．あんたの精神分析をしたがる人たちを，フェティッシュな数をもとにして欺くためにね……」

バードがいった．

「あなたは真面目に話をされていませんね」

アダムがいった．

「私はほんとうの答えをいおうとしたんですよ．それぞれの数は前の2つの数の合計ですからね．

つまり，つづきは 13＋21＝34 で，つぎが 55，つぎが 89，つぎが 144，あとはおなじようにして大きくなります．これは……」

「……フィボナッチの数列です．やれやれ，相も変わらぬフィボナッチ数列だ！　名称まで欺瞞的なんだから！　レオナルド・フィボナッチ（フィボナッチはボナッチオの息子という意味）！　嘘っぱちですよ！　これは1838年ごろに，ギョーム・リブリが考えついたニックネームです！　彼はレオナルド・ピサーノ・ビゴッロとよばれてました．ピサーノはピサで暮らしていたという意味で，ビゴッロがどんな意味か，だれにもわかっていません．長くてもよければ，レオナルド・ピサーノ・ビゴッロの数列というべきですね．ラッシュアワーの駅のホームでしがみつき，フィボナッチ数列がどんなふうにして花びらの数[13]やゾウの足の数に結びつき，どうして世界の生命のキーになるのか説明してくれと，言った人たちがいましたよ」

デニスが険しい目つきで私を見た．

「ゾウの足の数はフィボナッチ数じゃないよ」

「いや，5本だよ[14]」

「だって……」

「鼻を足の1本に数えるんだ．数学者の古い遊びだったよ」

「でも鼻を足として数えても，鼻が足だってことではないですよね．私がいいたいのは，あなたがなにもかも……」

「アマンダ！　この問題は手つかずにしておきましょう．数学者の姿勢は，ほかの多くの人たちとは違うんです[15]」

バードがいった．

「それを証明するのに悪ふざけをすることはないでしょう」

プロスパーが大げさにいった．

「証明ですと．数学者はいつもものごとを証明したがり，それに耐えられなくなります．私のほうはまったく理由がわかりませんがね．いくつかのものを試してみて，うまくいくようなら正しいに決まってるじゃないですか[16]．どうして，こんなばかげたことを証明する，あらゆる種類の論理的混乱のなかで時間をつぶすのですか」

「あなたは物理学者ですよね」

「そうですよ」

「それじゃ，どうして苦労して実験をするのですか．あなたが理解したいことを理論が告げてくれるのなら，どうして理論が真実であることを認めないのですか[17]」

「ナンセンスですね！　チェックもしないで理論を信じることができないでしょう」

「数学者は証明のない理論を信じることができるとは考えていません．ディッキー，あなたはメカニックな安全性に確信がもてない中古車を売りたいと思いますか」

緊迫感があったので，私は問いを表しなおした．

「すみません．あなたはメカニックな安全性が確かでない中古車を買いますか」

「もちろん買いませんよ．トラバントなら別ですけどね．あなたは……」

「アレキサンダー，あなたはどうして犯罪者を法廷に出すことにこだわるのですか．どうして裁判官に証拠を検討させ，被告が罪を犯したかどうか決定させないのですか」

「そんなことはできませんよ．いつでも誤審が起こる可能性がありますから[18]」

「そのとおりです．数学者は証拠があると主張しているときにも疑います[19]．彼らは発見が遅れるより，過ちを犯したことにあとで気づくことを望みません．これが厄介な結果になりかねません」

プロスパーは悲しそうに首を振った．

「あなたは事態がそんなふうに起きないことを，よくご存じじゃないですか．数学者は基本的に単純です．あなたがある関係を認めても偶然の一致ではありえません[20]．それなのに，どうして苦労して証明するのですか」

私はしばらく考えた．

「1つの例をあげましょう．ある数列を出して，つづく数が何を意味するか聞いてみましょう．いいですか」

「がんばってみますよ」

「1, 1, 2, 3, 5, 8, 13, 21, 34, 55」
　彼は驚いたようだった.
「真面目にやってくださいよ. さっきいったばかりじゃないですか. フィボナッチの数列だって」
「ほんとうですか. それじゃ, つぎにくる数はなんですか」

　メーンディッシュをもってきたウェイターが, サバのスグリソース (本物のスグリと本物のサバでつくった料理) の鉢をアマンダの洋服の背中にひっくり返した. 幸いなことに, 彼女はなにも気づかなかった. アダムがいった.
「89」
「違う. 91だよ」
「でも, それじゃ, この数列が……」
「アダム, あんたの結論は早とちりだ. あんたの数列はフィボナッチ数列だが, 私の数列の n 番めの項は $(\sqrt{e})^{n-2}$ 以上のもっとも小さい整数なんだよ. ここでは $e=2.71828……$ は自然対数の底なんだ. 私が要求する第11項は, $(\sqrt{e})^9=90.017……$ より小さくない最小の整数で, 91に等しいんだよ」(表1参照)
「ふーむ. でも, これは不測の事態で, 例外的なケースだよ. しかし通常は……」
「通常は, あんたがある法則を発見したと考えたら, 根拠のない結論を引きだすかもしれないよ」

アレキサンダーがいった.
「人をまどわす数列の別の例をあげてもらえると思いますけど, どうですかね. それとも, もうタネがつきましたか」
「何百とありますよ. あなたが考えられるより簡単です. カルガリー大学の数学者リチャード・ガイは, そんな数列を集めてます. 彼は"小数の強法則"と命名したと明記しました[*21].

予期されるすべての性質を満たす小さな数はそれほど多くない

　だから, 小数の強法則に似たものは符合[*22]にすぎません. これがたいていのケースです」

　私はフィボナッチの数や, 1, 2, 5, 13…… という1つおきのフィボナッチ数に似た12の数列 a_n ($n=1, 2, 3……$) を示した. そして, どれが本物のフィボナッチ数列で, どれが偽物のフィボナッチ数列かを決める仕事を彼らに任せた.

　あなたもやってみますか.
　数列1　2, 3, 5, 8, 13……
　$a_n=1+$フィボナッチ数列の最初の n 項の合計.
$$a_1=1+1=2$$
$$a_2=1+(1+1)=3$$
$$a_3=1+(1+1+2)=5$$
$$a_4=1+(1+1+2+3)=8$$
$$a_5=1+(1+1+2+3+5)=13$$
　数列2　1, 2, 3, 5, 8, 13……
　数列の最初の2項は $a_1=1$ と $a_2=2$. 新しい項 a_{n+1} は最小の整数で, 2つ前の項との差 $a_{n+1}-a_{n-1}$ は, 先行のすべての2項のあいだのすべての差 a_j-a_i ($1 \leq i < j \leq n$) とも異なる.
　たとえば : $(a_1 ; a_2)=(1 ; 2)$. それらの差は $2-1=1$. a_3-a_1 が1と異なるような最小の整数 a_3 は, $a_3-a_1=2$ を満たすので $a_3=3$ となり, $(a_1 ; a_2 ; a_3)=(1 ; 2 ; 3)$.
　新しい差は $3-1=2$ と $3-2=1$ であり, だから $a_4=a_2+3=5$. したがって $(a_1 ; a_2 ; a_3 ; a_4)=(1 ; 2 ; 3 ; 5)$.

表1　$\sqrt{e}$ の累乗

n	$(\sqrt{e})^{n-2}$	$(\sqrt{e})^{n-2}$ 以上のもっとも小さい整数
1	0.607…	1
2	1	1
3	1.649…	2
4	2.718…	3
5	4.482…	5
6	7.389…	8
7	12.182…	13
8	20.085…	21
9	33.115…	34
10	54.598…	55
11	90.017…	91

新しい差は$5-1=4, 5-2=3, 5-3=2$, だから $a_5=a_3+5=8$.

数列3 $1, 3, 8, 21, 55\cdots\cdots$

$a_n=$フィボナッチ数列の数を1つおきに取り除いた数列の最初のn項の和.

$a_1=1$
$a_2=1+2=3$
$a_3=1+2+5=8$
$a_4=1+2+5+13=21$
$a_5=1+2+5+13+34=55$

数列4 $1, 1, 2, 3, 5, 8\cdots\cdots$

a_nはn個のビー玉を水平の列に並べる方法にかかわる数である. ただし, それぞれの列のすべてのビー玉が相互にくっつき, 下の列にないそれぞれのビー玉が下の列の2個のビー玉とくっつくように並べること(図1).

数列5 $1, 2, 5, 13\cdots\cdots$

数列4とおなじ定義だが, ここではnは下の列にあるビー玉の数である(図2).

数列6 $1, 2, 5, 13\cdots\cdots$

$a_n=(n-1)2^{n-2}+1$

数列7 $1, 2, 5, 13\cdots\cdots$

頂点$n+1$に連結しないグラフの数(図3).

数列8 $1, 1, 2, 3, 5, 8\cdots\cdots$

$a_n=((1+\sqrt{5})/2)^n/\sqrt{5}$にもっとも近い整数

数列9 $1, 2, 5, 13\cdots\cdots$

$n+2$個の頂点をもち, 閉路を1つだけ含む連結グラフの数(図4).

数列10 $1, 2, 5, 13\cdots\cdots$

微分方程式$y''=e^xy$の解としての級数全体のなかの$x^{x+2}/(n+2)!$の係数. そのはじまりは以下のとおり.

$y=1+x^2/2!+x^3/3!+2x^4/4!+5x^5/5!+13x^6/6!+\cdots\cdots$

数列11 $1, 2, 5, 13\cdots\cdots$

$n\geq 1$にたいして$a_n=a_{n-1}+n\,a_{n-2}$で, ただし, $a_{-1}=a_0=1/2$

数列12 $2, 3, 5, 8, 13\cdots\cdots$

n階建て(1階をふくむ)の家を階ごとに灰色と白に塗りわけると考えてみよう. 隣あう2つの階は灰色にできない(しかし白であることはできる). このときa_nはn階建ての家の塗りわけの数である(図5).

客たちがどんな解があるか検討しはじめた途端に, アマンダが服にかかったスグリのソースに気がついた. 彼女は, 口に焼きリンゴをくわえた子ブタで, ウェイターの頭をたたきだした. そのあいだにデザートのワゴンがきたので, 私はフォレ・ノワール[23]の一切れを選んだ. 一口かじったところでやめて, 小さなマツカサをはきだした. ほかにまっとうな菓子を望むことはできなかった. ニンジンのシャルロット[24]は, どのようにしてつくられたかわからなかった. 私はデザートに手をださないでおこうと決めた. そして, いった.

「みなさんに最後の小さな問題をとっておいてあるんですよ. 数列2,3,5,

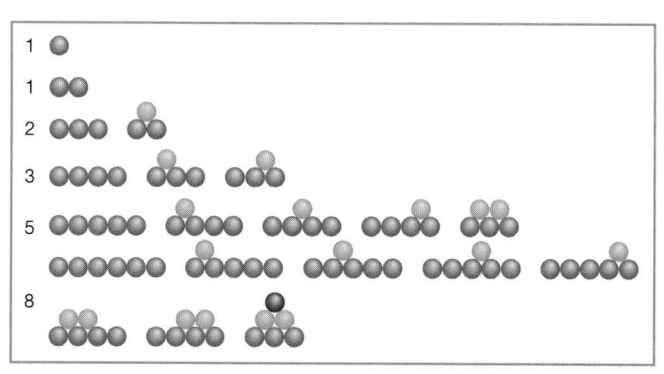

図1 一定数のビー玉の配置

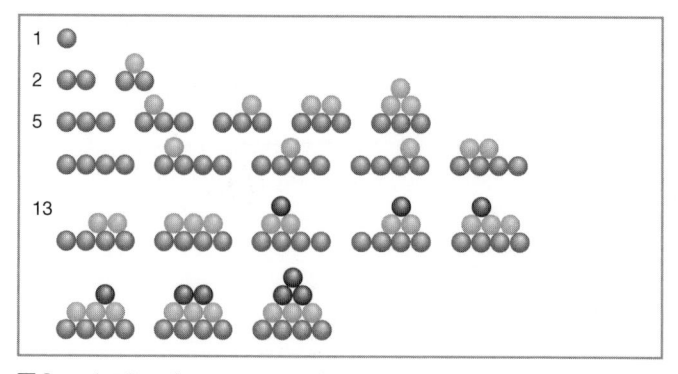

図2 一定の数のビー玉の列の上のビー玉の配置

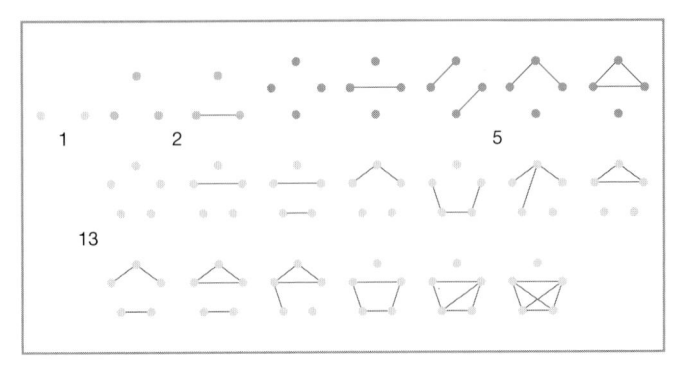

図3 非連結なグラフ

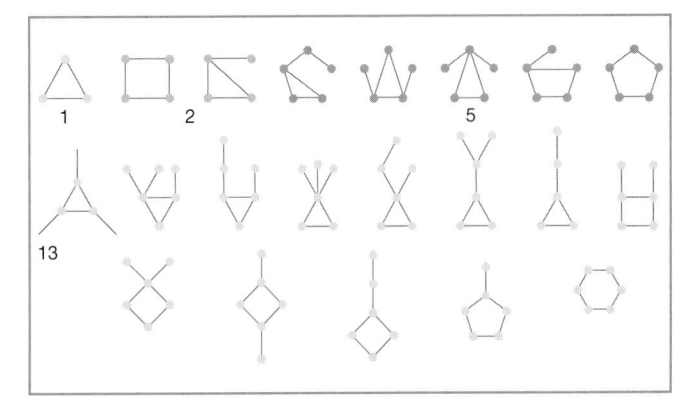

図4 1つのサイクル（閉路）のある連結グラフ

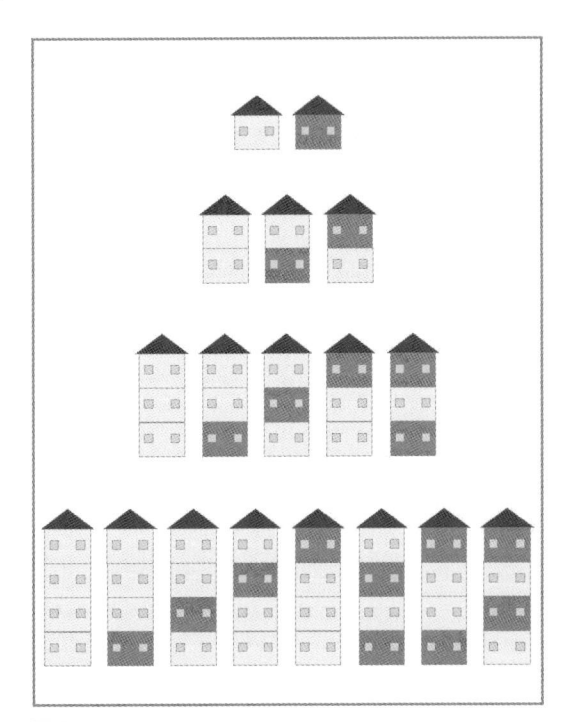

図5 家の塗りわけ

7, 11, 13, 17, 19, 23, 29, 31, 37, 41, 43, 47, 53……に続く3項はなんですか」

アダムがいった．

「でも，これは素数だ．たまたまではこれほど多くの素数を得ることはできないよ．次の3項は……うーん……59, 61, 67 だ」

私はおだやかに聞いた．

「たしかかい？」

▶解答

数列1 フィボナッチ．たとえば，a_5 から a_6 に移るためには 8 をくわえる．つまり合計は 8+13，すなわち2つのとなりあうフィボナッチ数の合計になる．定義によって，これはまたフィボナッチ数であり，21 に等しい．この推論は一般的だ．数列 a_n はまさにフィボナッチの数列である．

数列2 符合．この数列には 17, 26, 34, 45, 54, 67 がつづく．

数列3 フィボナッチ．たとえば，a_6 から a_7 に移るためには 89 をくわえる．つまり合計は 55+89，すなわち，またもや2つのとなりあうフィボナッチ数の合計になる．だから，これはつねにフィボナッチ数であり，ここでは 144 である．また，この推論は一般的だ．

数列4 符合．この数列には 12, 18, 26 がつづく．

数列5 フィボナッチ．この証明は恒等式 $f_{2n-1} = f_{2n-3} + 2f_{2n-5} + 3f_{2n-7} + \cdots + (n-1)f_1 + 1$ を根拠とする．ここでは f_n は n 番めのフィボナッチ数である．

数列6 符合．この数列には 33, 81, 193 がつづく．

数列7 符合．この数列には 44, 191, 1 229, 13 588, 288 597 がつづく．

数列8 フィボナッチ．ビネの公式
$$F(n) = \{((1+\sqrt{5})/2)^n - ((1-\sqrt{5})/2)^n\}/\sqrt{5}$$
からの帰結．

数列9 符合．この数列には 33, 89, 240, 657, 1 806, 5 026 がつづく．

数列10 符合．この数列には 36, 109, 359, 1 266 がつづく．

数列11 符合．この数列には 38, 116, 382 がつづく．

数列12 フィボナッチ．たとえば，5階の家を考えてみよう．5階は灰色か白になる．5階が白なら，この家の残りの階には，4階の家を塗る方法すべてでペンキを塗ることができる．反対に5階が灰色なら4階は白になるはずで

あり，この家の残りの階には，3階の家を塗る方法すべてでペンキを塗ることができる．だからフィボナッチ数にたいするように，$a_5 = a_4 + a_3$．

素数の数列とは，どんなものだろう？ P・ディアコニスは数列 2, 3, 5, 7, 11, 13, 17, 19, 23, 29, 31, 37, 41, 43, 47, 53 ……を提唱した．次の3項は 59, 60, 61 である．代数学の専門家はだれでも，有限単純体群の引き続く位数がかかわることを知っている[25]．

▶ 訳注

* 1 「取引税過剰控除可能額の寛大な再配分者会（"les Généreux Redistributeurs des Excédents Déductibles des Impôts sur les Négoces"）」の略称が「悪党（GREDIN）」になる，という言葉遊び．
* 2 Dick は，Richard の愛称．Byrd（バード）は bird にも通じ，次に続く動物の話を連想させる．
* 3 Euthanasia は「安楽死」，fell は「倒れた」．「安楽死に倒れた」医師となる．
* 4 旧東ドイツで 1958～1991 年に生産された小型自動車．生産開始から性能的にさほど向上しなかったので，ドイツ統一後は淘汰されていった．一方で，冷戦を象徴する車として，ある種の"ネタ"として人気が高まったことをここでは揶揄していると思われる．
* 5 prosper．「繁昌する」「栄える」の意味．
* 6 toxique．「有毒な」の意．放射性廃棄物は特殊な毒物として管理，廃棄される．英仏とも放射性廃棄物管理を進めており，反対運動も起きている．
* 7 「私の庭でなければいいんです」（Not In My Back Yard：NIMBY）という考え方．リスク管理の分野では無責任の典型とされる．
* 8 第二次世界大戦中に，ナチス・ドイツによってヨーロッパ西部の海岸に構築された広範囲な海岸防衛線．
* 9 イギリスの食事のまずさをいったと思われる．必ずしもまずくないという感じ方もある．
* 10 Carl E. Linderholm (1971)：*Mathematics Made Difficult*．Mosby-Wolfe．
* 11 この公式によると，すべて 19 を与える．
* 12 本章は第二次大戦中の英仏の対独戦，その後の冷戦に話題をとっている．「白い家」とはスペイン語で，対独レジスタンスの有名な映画「Casa Blanca」からか．
* 13 フィボナッチ数列のよく知られた例．
* 14 5 はフィボナッチ数．
* 15 形状として定義する場合は，「鼻」を「足」と考えることもできる（実際，部分的だが似ている）．そう定義すれば 5 となる．
* 16 「証明」されなくても，「実験」で確かめれば正しいとする物理学の立場．
* 17 実験する前に，その理論が正しいことを前提としていることをさしている．
* 18 裁判官だけではなく，当事者全員が公開法廷で公平慎重に審理すべきであるとの主張．いわゆる「当事者主義」をさす．
* 19 証拠（証明）があるときさえも疑うとは，それが正しいかが気になる，という程度の意味．
* 20 偶然の一致かもしれないが，だからといってそうに決まっているとも言い切れない．
* 21 原論文は Richard Guy (1988)：The Strong Law of Small Numbers. *Amer. Math. Monthly*, **95**：697-712. と思われる．確率論でいう "The *Weak* Law of *Large* Numbers" を意識してもじった内容を意識させる．
* 22 ここでも，"偶然の一致" を符合という．
* 23 フランス語で「黒い森」という名のお菓子．ドイツ生まれという．「黒い森」（シュヴァルツバルト）とはフランスに近いドイツの森の名前．実際にはサクランボが入っているそうだが，「森」ということでそのまま松かさが入っていた，というオチか．ここで取り上げられている料理は，「名前通り」だが，実は偽物ばかりが出てくるのは，本書のテーマに由来するのだろう．
* 24 シャルロット．ニンジン（carrot）をもじっている．
* 25 有限単純群の重要例として 5 次の交代群（A_5）の位数は 60 で，素数ではない．この列が素数の列であるというのは正しくない．60 より前は偶然の一致（符合）である．

平均律音階の計算
―音階の数学―

　オリヴィエ・ガーニーはいった．
「ようするに沈黙なんだ．沈黙こそふさわしかったよ」
　現在の恋人のナタリーがいった．
「白けるようなことをいわないでよ．『羽をむしられたキジの歌』はなかなかよかったじゃない」
　オリヴィエは不機嫌そうに答えた．
「たぶんな．でも『ロワール・アン・テリーヌ』の雰囲気にはあわなかったよ．あのパブのオーナーは，おれの知り合いだけど，ばかなんだ」
　オリヴィエ・ガーニーはエキセントリックで口の軽い，文句をいっていることの多い私の友人の1人である．エンジニアの彼は時間をかけて使えもしないものや，悲惨なものを考案する*1．『ロワール・アン・テリーヌ』はマンチェスターの東側にある非常に古いパブで，私はこのあたりを通るたびに目にとめる．外から見るとグレーの立方体で，毛皮に包まれたブタだと思われる奇妙な看板がついている．オリヴィエは8年前に，石油を糖蜜に変えるバクテリアを探していたときに，このパブに気づき，いまでは理由はわからないが店の主人になったと思いこんでいる．彼は1週間に6日もやってきて，常連たちのあいだを気取って動きまわる．常連といえば，ビールのジョッキごしに黙って監視しあい，いつも一言もしゃべらないで飽きもせずにダイスゲームをする人たちである．新しいオーナーが仕事を再開してから，金曜日の夜は音楽の日になった．近所の少年少女のバンドが出演し，歌ったり，演奏したりする．
　オリヴィエがまたいった．
「それに，あのへぼのギタリストは，しょっちゅう指をこんがらかしてたよ」
　私は彼をさえぎった．
「彼は1回しか間違えなかったよ．それに指で高音をだすのはたいへんなんだ．フレットがより接近してるからね」
　オリヴィエが聞いた．
「なんだって？」
「フレットだよ．棹（ネック）の上にある金属製のバレットのことで，音楽家はそのあいだに指をおくんだ」
「あんたは『音楽家』っていったのか．いずれにしろ，彼はもっとバレットの離れたギターを見つけたほうがいいよ」
　ナタリーがいった．
「そんなギターはないんじゃない」
　私はつづけていった．
「そうだろうね．フレットはほかに置きようがないんだよ」
　ナタリーが聞いてきた．
「キーを正確にするためなの？」
　私はそうだと答えた．彼女はさらに質問した．
「フレットのあいだの間隔は，どうして高音になると狭くなるの」
「振動するコードの物理学の基本的な結果だよ」
　オリヴィエが尊大にいったので，私はずっとつつましく答えた．
「数学的な理由なんだ」
　ナタリーがいった．
「私は数学にも物理学にも強くないわ．人間味がなさすぎるんだもん．歴史とか美術とかのほうが好きよ」

私はいった.
「私が音楽にひかれるのは,音楽が科学や美術や文化や歴史なんかを結びつけるからだよ.音楽は最古の科学の1つなんだ.ピュタゴラス派の人たちに,宇宙は数に支配される調和の世界だと考えさせたのは音楽だったのさ」

「音楽が？」

と,ナタリーは意外そうな顔をした.オリヴィエは,はつらつと姿勢を正した.彼は科学的なものならすべて大好きだったが,彼の知識には大きな欠落があった.私はそれにつけこんで,音楽と数学の密接な関係を話すことにした.

「現在の西洋音楽はド,レ,ミ,ファ,ソ,ラ,シという音階と,♯（シャープ）と♭(フラット)という2つの記号で成り立ってる.たとえば,ドからはじまる連続的なキーは,ド,シャープのついたドかフラットのついたレ,レ,シャープのついたレかフラットのついたミ,ミ,ファ,シャープのついたファかフラットのついたソ,ソ,シャープのついたソかフラットのついたラ,ラ,シャープのついたラかフラットのついたシ,そして最後がシだ.

つぎもまた新しいドからはじまるんだけど,このドは最初のドより1オクターブ高い.ピアノでは白鍵がド,レ,ミ,ファ,ソ,ラ,シ,ドとなっていて,黒鍵はシャープとフラットに対応している.このシステムは奇妙なんだ.シャープのついたドとフラットのついたレは,おなじ音が2つの名称をもっているように思えるんだよ[2].この謎には,もちろん説明があるけどね.

現在のシステムは長い変化の結果なんだ[3].この妥協案は古代ギリシアのピュタゴラス派とともにはじまる,1つの歴史のあとに最終的に確立されたんだよ.

紀元後150年あたりに生きたアレクサンドリアのクラウディオス・プトレマイオス[4]は,とくに宇宙論で知られているが,彼はまた『ハルモニア論』の執筆者だった.彼はそこでピュタゴラス派のシステムを紹介し,『音階が整数比で表現されなければならない』と書いている.これは一弦琴（図1 (a)）という弦が1本しかないギターの

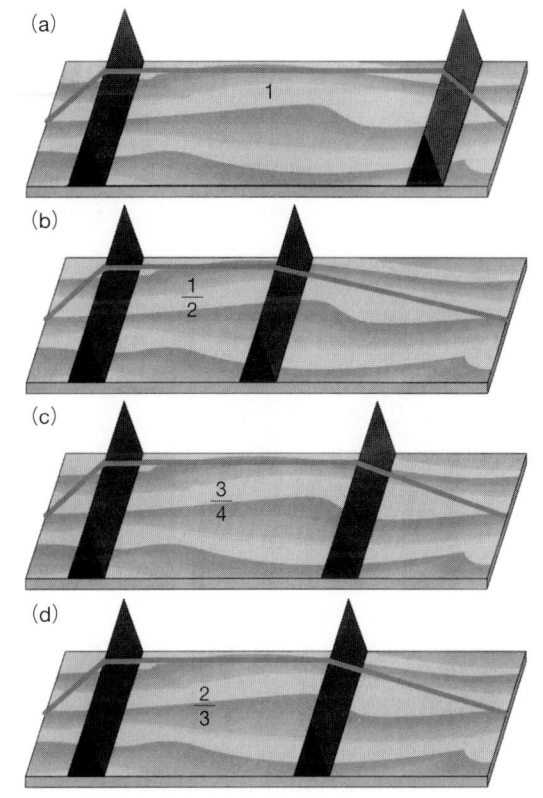

図1 一弦琴で音楽のキーのあいだの調和関係を研究することができる.完全なコードは基本的なキーを形成する（a）.
半分に短縮したコード（比は1/2）は基本的なキーより1オクターブ高い（b）.
1/4か1/3短縮したコード（比は3/4と2/3）は,基本的なキーより4度（c）か5度（d）高い.

ような未発達楽器を考えると,経験的に浮かびあがる関係だよ.

2本の一弦琴を同時に弾けば,整数比はごく自然に浮かびあがる.1本はコードの一定の長さにたいして基本的な音を出すし,もう1本は違うコードの長さで違う音を出すからね.コードのなかには,基本的なキーにより一致するキーを出すコードがある.もっとも基本的な間隔はオクターブだ.オクターブはピアノの白鍵をわける間隔で,このあいだに6つの白鍵が並んでいる.一弦琴のオクターブは,いっぱいに張ったコードが出す音と（図1 (a)）,1/2短いコードが出す音（図1 (b)）のあいだの間隔なんだ.この和音を出すコードの長さの比は,最初のコードの長さがどれくらいだろうと1/2に等しいんだよ（音の振動数の

比は 2/1 に等しい*5）．ほかの関係もおなじく和音に対応している．おもなものは 4/3 の振動数の比に結びつく 4 度*6 と（図 1 c），3/2 の振動数の比に結びつく 5 度（図 1 d）の関係だね．いっぱいに張ったコードはドを出すし，最初の音をドとする 4 度は，音階で 3 度離れたファを出すんだ．おなじように 5 のコードは，ドから 4 つめのソを出すことになる．ほかの間隔はこうした基本的な間隔から形成されるわけだよ．

ピュタゴラス派は和声的音階をつくるために，連続的に 5 度をだすキーを求めたと考えられてる．つまり相応する振動数の比が $1:(3/2);(3/2)^2;(3/2)^3;(3/2)^4;(3/2)^5$，つまり 1；3/2；9/4；27/8；81/16；243/32 ということだ．

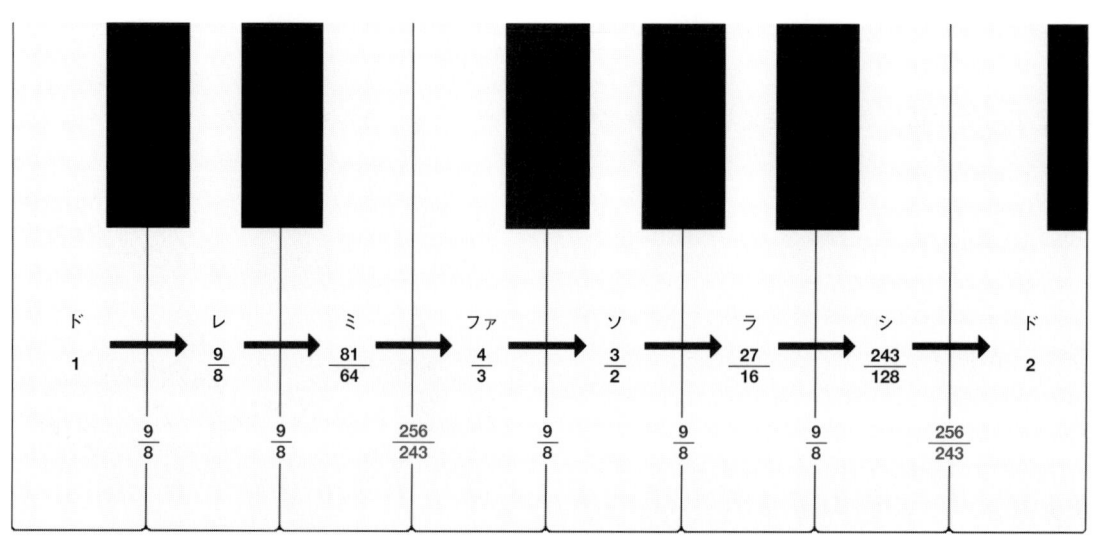

図 2 5 度とオクターブだけでできる音階は，ピアノの白鍵が形成する音階に近い

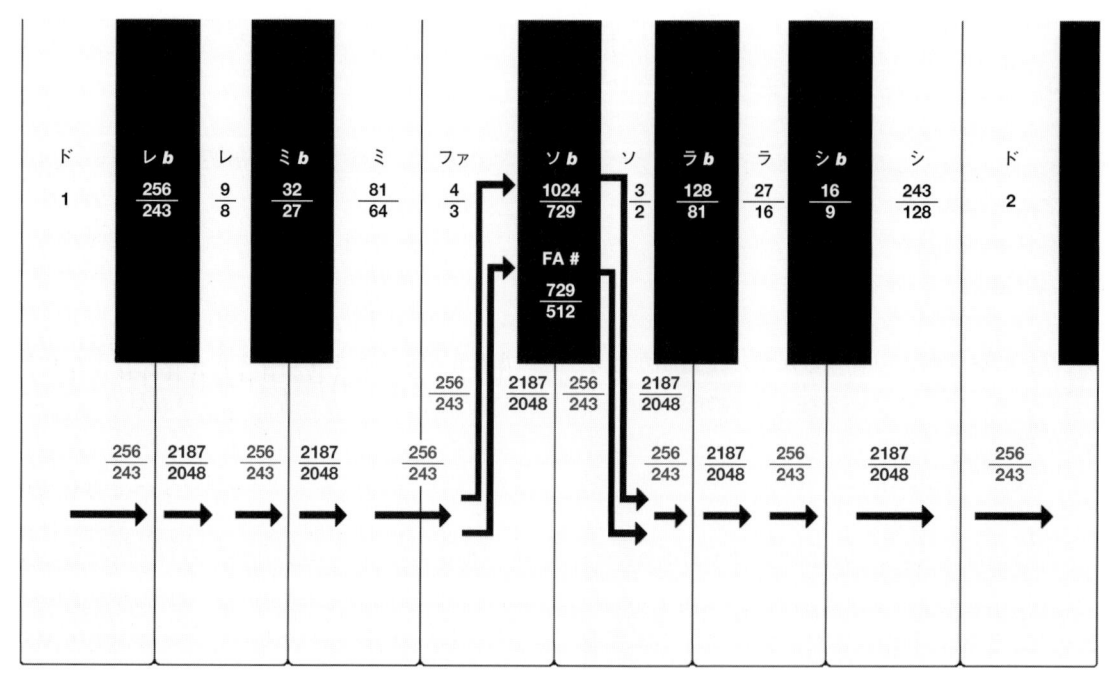

図 3 半音階には 12 のキーがあり，隣あうキーはピアノの白鍵と黒鍵（シャープとフラット）になる．シャープつきのファとフラットつきのソという 2 つのキーは混同されるはずだが，どちらも異なる音価をもつ．

こうしたキーの大部分は最初のオクターブからはみ出るが（振動数の比は2以上），1つあるいはいくつかのオクターブのキーから下降して（比を2で1回あるいは何回か割る），1と2/1；9/8；81/64；3/2；27/16；243/128の比を回復することができる．

この関係はピアノではほぼ，ド，レ，ミ，ソ，ラ，シというキーに相応するんだ．それじゃ，ファはどこにあるんだろうね．81/64と3/2のあいだの間隔は，ほかの間隔より"広い"ように思えるが，比4/3に結びつく4度を足して改善することができる．どうして4/3なんだろう．4度下降して（比は2/3），つぎに1オクターブのぼれば（比は2/1），まさにこの比（2×2/3）が手にはいるからだよ．

ここでできる音階は，ほぼピアノの白鍵に近い（図2）．連続するキーの間隔は9/8（1音）と256/243（半音）という2つのタイプになるんだよね．

ここにシャープとフラットに相応するピアノの黒鍵が導入される．2つの半音の間隔は$(256/243)^2$という比，つまり1.11に近い65 536/59 049という比に結びつくわけだ．ところで1つの音は9/8，つまり1.125に等しい．これはほとんどおなじものだよ．これを観察した結果，音階には不規則性があると考えるようになり，音のそれぞれの間隔を2分して，それぞれができるだけ半音に近づくようになってるんだ．

さまざまな方法で，この分け方を実行することができる．半音階を導く分け方は，nを−6, −5……5, 6にたいして，比$(3/2)^n$を起点にするわけだ．2で割るか2を掛けるかすれば，おなじオクターブにもどって，音が高くなる順に分類することができる（図3）．それぞれのシャープと，すぐ下の音は2 187/2 048，つまり約1.0679の間隔になる．それぞれのフラットと，すぐ上の音は2 048/2 187（0.93644）の間隔を形成する．この方法を使うと，中央部で奇妙な結果が起きる．シャープつきのファとフラットつきのソという2つのキーがおなじ場所を占めざるをえないのだが，2つはちょっと違うんだ．別の方法を使うと，シャープとフラットのあいだに別の差ができるけど，どんな場合でも12の音階が得られ，ピアノの白鍵と黒鍵の音階がひじょうに近いわけだね」

オリヴィエがいった．
「おいおい，物理学のりっぱな説明もあるんだ」
「波動のとこだな……」
「違うんだ，イアン．でも，あんたはもう30分近くもしゃべったんだ．こんどは，おれだよ」
私はあやまろうとしたが，彼は話しだした．
「ナタリー，きみも知ってるように，コードは定

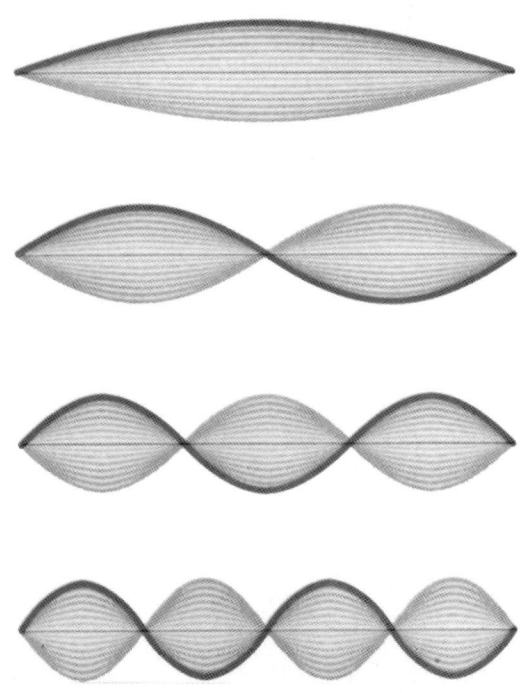

図4 振動するコードは定常波を生みだし，波動の半波長（訳注：1周期×1/2）はコードの長さの約数である．

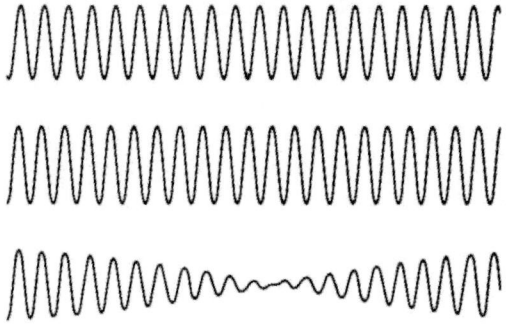

図5 わずかに違う波長の2つの波動をくみあわせると，耳に快くない「うなり」が起きる．

常波*7 として振動する（図4）．コードの両端のあいだに波動の半波長音の整数個あるので，ピュタゴラス派の整数の比を表現することができる．あんたがギターでキーを演奏すれば，コードには1つのキーしかないんだ．波動の2つの腹，3つの腹，4つの腹をもつ倍音もある．音に響きの豊かさをあたえるために追加するわけだ．

隣接する波長の2つのキーを演奏すれば『うなり』もあらわれる．音の強さが増し，次に交互にかなり不快な形で小さくなる感じなんだ（図5）」

私は口をはさんだ．

「この現象には，非線形応答と関係する，何かがあると思うんだ．たぶん，生理学的な理由……」

オリヴィエが私のいうことを聞こうとしないでつづけた．

「倍音のあいだに"うなり"*8 があると，おなじ現象が起こる．それを避けるもっとも簡単な方法は，波長がたとえば3/2か4/3のような単純な比をもつキーを使うことだ*9．だからピュタゴラス派の比がくるわけだよ」

ナタリーがいった．

「それは論理的だと思うわ」

私はいった．

「そうだね．でも，私はやっぱり生理学的な……」

「この理論は1877年に，ヘルマン・フォン・ヘルムホルツ*10 の手で実験によって確かめられている．私にとっては衝撃的だったよ．倍音のあいだの"うなり"を研究したヘルムホルツは，波長の比から2つの音のあいだの不調和のレベルを予測することに成功した．彼の理論で聞き手の反応

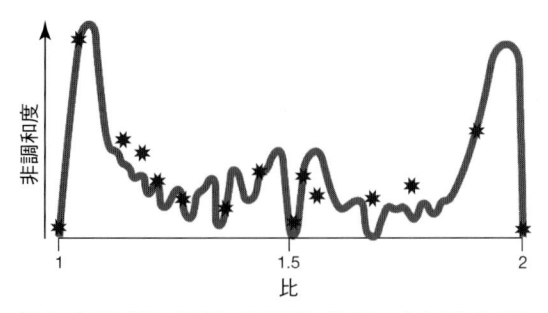

図6 音楽の間隔（実線）の不調和に関するヘルムホルツの理論的曲線と，聞き手の不調和感の判断（星印）．

が非常にうまく説明されるんだ（図6）」

「さっきいったとおり，人間の耳の働きの結果で……」

ナタリーが如才なく割ってはいった．

「できたら，もう1杯ほしいなあ．お願い」

彼がいなくなったあいだに，私は話をむし返した．ナタリーに半音階の不完全さの理由を説明するつもりだった．

「3/2と4/3というピュタゴラス派の比にもとづく12のキーには『完全な』音階はないんだよ．『完全な』音階*11 というのは，基本のキーに対する各キーの比が，2に等しいr^{12}をもつ$1, r, r^2, r^3, \ldots, r^{12}$になる音階のことで，$r^{12}$は2に等しいのさ．

ピュタゴラス派の比は，素因数として2と3しかとらないんだ．すべての比は$2^a 3^b$という形で表現され，ここではaとbは正か負の整数なんだよ．たとえば，243/128は$2^{-7} 3^5$に等しい．だから，$r^{12}=2$のとき数rを$2^a 3^b$に等しいしと考えてみよう．そのとき$2^{12a} 3^{12b}$は2に等しく，2^{12a-1}は3^{-12b}に等しくなければならない．これが不可能なのは，ある数を素因数（ここでは2と3）に分解することは一意的だからだよ．

> **問1** あなたは12個以外の数のキーをもつ音階を選べば，結果は異なると思うだろうか．あるいは，別の素因数が比のなかにあると考えればどうだろう．この章の最後に答えがある．

どんな音階も調和に関するピュタゴラス派の条件を正確に満たすことはないが，どんな数rも*12 12のキーの音階を生むことができないと結論するのも誤りだろう．方程式$r^{12}=2$には解がある．$r=\sqrt[12]{2}=1.059463094\ldots$というね．

この数にもとづく音階が平均律音階で，これには数多くの利点がある．たとえば楽曲の進行中にキーの変更が可能だが，ピュタゴラス派の音階を使うと，むずかしいことが起こるんだ．ピュタゴラスの音階では，音楽家が楽曲の進行中に*13，新しい音階の基本的なキーとして最初の音階のド以外のキーを使うと，新しい音階のキーはもう最初の音階のキーに対応しなくなる．平均律音階で

はこうした欠陥はでないし，バッハのような天才たちは自由に自分の考えを表現することができる．つまり，おなじ楽器でさまざまな調性を演奏しようとすると，平均律音階はとくに役に立つわけだ．ピアノやギターのような固定したキーだけを演奏する楽器は，一般に平均律音階を使用する．ピュタゴラス派の半音は 256/243，つまり 1.05349……に等しく，これは $\sqrt[12]{2}$ に近い．だから平均律音階の基本的な間隔を半音とよぶんだよ」

ナタリーは考えこんだ．
「それはすっかりわかったわ．でもギターのフレットはどうして高音ではよりくっつくわけ？」
「いいかい．最初のフレットがある半音に対応すると考えてごらん．ギタリストがそこに指をおくと，振動させるコードの長さを最初の長さの $1/r$ 倍だけ制限することになる．つまり，最初のフレットはコードの長さの $1 - 1/r$ 倍なんだ．つぎのフレットはまた長さを $1/r$ だけ縮める比でおかなければならない．そのとき，状況は前とおなじでも長さが r で割られていることに注意して，最初のフレットと 2 番めのフレットの間隔が計算される．この推論をくり返せば，フレットの連続的な間隔は，1, $1/r$, $1/r^2$, $1/r^3$ という比率であることがわかるじゃないか．r は 1 より大きいので，比 $1/r$ は 1 よりも小さい．フレットの連続的な間隔は少しずつ小さくなっていくわけさ（図 7）」

オリヴィエがグラスに 1 杯のポルトと，2 パイントのビールと，3 袋のオニオンクラッカーをもってもどってきた[*14]．3 人のなかで，オニオンクラッカーを好きなのは彼だけだった．いつもおなじことだった．オリヴィエは 1 人占めできるので，オニオンクラッカーを買ってくるにすぎないのだ．こうして陽気さをとりもどした彼は，生気にあふれて説明しはじめた．
「ピュタゴラス派はすばらしい数の理論が矛盾にぶつかることに気づいて，つくづく困りはてたにちがいない」

私が指摘したのは，$\sqrt[12]{2}$ のような分数[*15]にならない無理数に出会ったギリシア人が，一般に幾

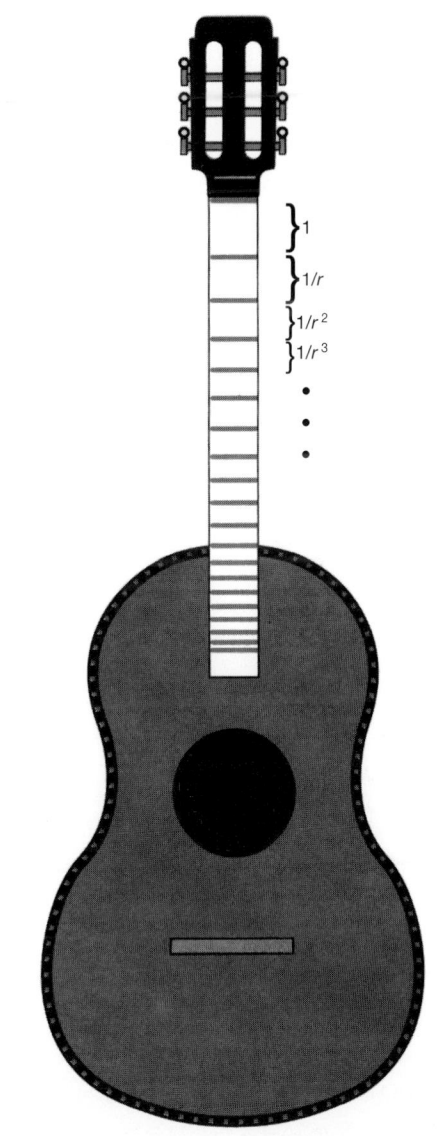

図 7 ギターのフレットの距離は高音域で狭くなる．

何学的推論を使って切り抜けたことだった．よく主張されるのはギリシアの幾何学が，定規とコンパスだけを使って，構成可能な長さにとくに関心をもったことである．たとえばこの方法で，数の平方と平方根を構成することができる（図 8）．なかでも立方体倍積問題[*16]は，定規とコンパスによる数 $\sqrt[3]{2}$ の構成の追求だった．今日では，このような問題は不可能であることがわかっている．しかしギリシア人がこの種の問題を，古典的な概論とおなじくらい重要だと考えたかどうかは

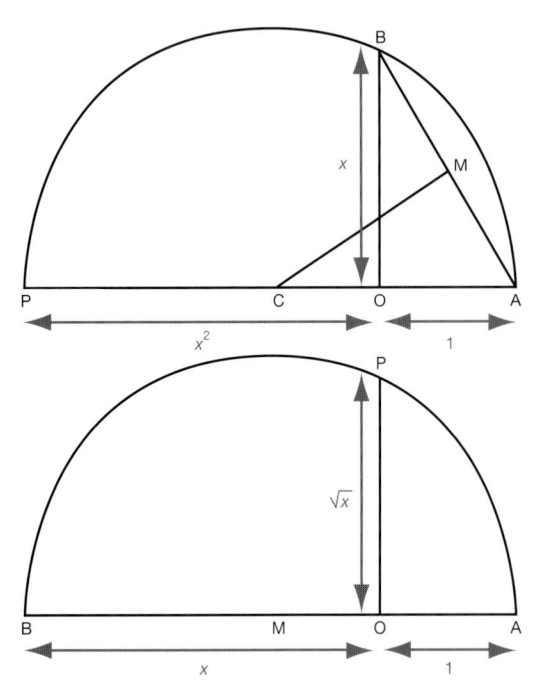

図8 定規とコンパスによる数 x の平方と平方根の構成.
　x の平方を見つけるには，O が直角で OA が 1 に等しく，OB が x に等しい直角三角形 AOB を描く．AB の垂直二等分線は，A，B を中心とする 2 つの等しい弧によって作図され，C で OA の延長を切る．A を通る中心 O の円は，P で直線 OA をふたたび切る．三角形 AOB と BOP は相似で，OP/OB＝OB/OA だから，長さ OP は x^2 になる．x の平方根を見つけるには，1 に等しい OA と，x に等しい OB をもつ直線 AOB を引く．線分 AB の垂直二等分線は，M でそれを切断する．O を通る AB の垂線は，A を通る M を中心とする円を P で切る．長さ OP は $\sqrt{x}$ である．

疑わしい．いずれにしてもわれわれは，定規とコンパスによる数 $\sqrt[12]{2}$ の構成もまた不可能だと推論することができる（あなたはその理由がわかりますか）．

　ナタリーがいった．
「わかったわ．でも，あなたは平均律音階が妥協案で近似値だっていったわ．ところで 4/3 の間隔の 4 度は*17，平均律音階の 4 度より調和して響くのね．すぐれたすべての音楽家は，そのことを知ってるわ」
「どうして，そんなことを知ってるんだ」
「和声と対位法*18 を研究したことがあるのよ」
「それでいて，おれにしゃべらせていたのかい」
「あなたはなにもかも，すごくわかりやすく話してくれたわ」

　オリヴィエは笑いだしたが，彼女がヘルムホルツの実験を知っているらしいことを悟ると，すぐに真面目になった．そこで，またナタリーがいった．
「私が聞いたのは，ギターのフレットの近似的位置を示す幾何学的構成を，見つけることができたかどうかってことだったのよ」
　だれも私よりうまく答えることができなかった．
「そのような構成が実在するだけでなく，その構成には数学の優美さを証明する愉快な歴史があるんだ．天才的な直観で，それを乗り越えた専門家たちを思いだそうよ」
　ナタリーがいった．
「すごいじゃない．話してよ」
　オリヴィエの目も光ったが，たぶんビールのせいだったのだろう．私は 2 人に，その歴史を話すことにした．
「楽器を構成する幾何学の追求は，16 世紀と 17 世紀にたいへん重要になったんだ．既知の方法は，それを用心深くまもった芸術家たちの秘密だった．なかでも楽器のヴィオールとリュートにとって，棹の上にどのように配分するかというフレットの問題は重要だった．1581 年，有名なガリレイの父ヴィンチェンツォ・ガリレイ*19 は，構成しやすい 18/17 という比，つまり 1.05882 で示される半音の使用を提案した．彼の方式は使用されたが，1636 年にマラン・メルセンヌ司祭*20（2^n-1 形式の数の研究で有名．メルセンヌ素数の指数は必然的に素数となるが，逆は真ではない）が，半音 4 つの間隔を比 $2/(3-\sqrt{2})$，つまり 1.261……によって近似することを提案したんだ．彼は続けて 2 回，この数の平方根を求めて，半音のよりよい近似値を手にいれた．($\sqrt{\sqrt{(2/(3-\sqrt{2}))}}$ ＝1.05973）というのは，実用上は十分に正確なんだよ．この公式には，幾何学的に構成できる平方根*21 しかふくまれていない．しかし誤差が大きくなるので，この構成はデリケートなんだ．メルセンヌの快挙にもかかわらず，半音の幾何学的構成方法の追求はつづいたのさ．

　1743 年に，数学の知識がまったくなかった芸

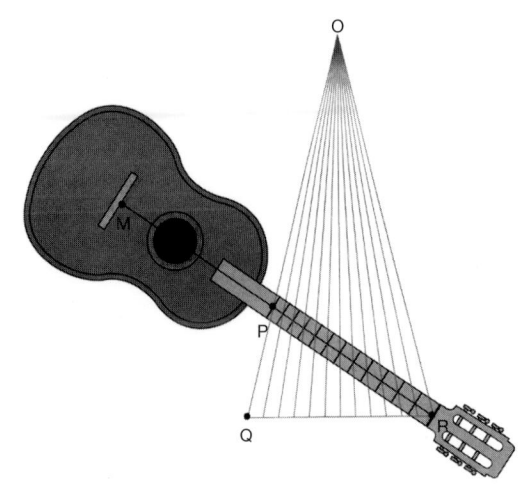

図9 ストレーレの構成.
　等しい12の間隔に分割された長さ12の線分QRを引く．つぎに，長さ24の線分OQとORを引く．OとQRの11の分割点を結ぶ．PをOQの上におき，QPが7に等しくなるようにおく．つぎに直線RPと，PMがPRに等しくなるような点Mをとる．RMが基本的なキーのコードなら，PMはオクターブに対応する．ストレーレは半音をあたえるフレットの位置として，Oからでる11本の線とRPの11の交点を考えるよう提案した．

術家ダニエル・ストレーレ[*22]が，スウェーデン・アカデミーの報告書に巧妙で単純な構成を提案した（図9）．これからそれを検討して，テストもしてみようじゃないか．彼の正確さはどれくらいだったんだろう．幾何学者で経済学者だったジャコブ・ファゴット[*23]は，それを決定するために三角法による計算をして，その結果をストレーレの論文のあとにつけくわえた．彼は最大の誤差が1.7％で，音楽家の許容範囲の5倍も正確だという結論をだしたんだよ．

ファゴットはスウェーデン・アカデミーの創設者の1人だった．彼は3年間にわたって書記を勤め，報告書に18本の論文を発表した．1776年に，植物と動物の属と種を分類した，あのカール・リンネ[*24]につづいて，彼はアカデミーのナンバー4だった．つまり，ファゴットがあまり正確でない方法を発表した時代には，証明の手順はあまり的確ではなかったんだよ．ファゴットの見解は何世紀にもわたって伝えられた．たとえば1776年に発表されたF・W・マールプルクの『音楽の平均律論』は，ストレーレの方法にふれもしないでファゴットの結論を紹介している．ミシガン大学のJ・M・バーバーがファゴットの計算の誤りに気づいたのは，1957年のことにすぎないんだ．

ファゴットは，三角形OQRの底角の決定[*25]からはじめ，75°31′という角度を決定した．つぎに，長さRPと角度PRQを計算した[*26]．そのあと，底辺から出た線によって，三角形OQRの頂点に形成される11の角度を決定し，直線RPM上に切りとられる長さを導いた．ところが，ファゴットは角度PRQが33°32′に等しいのに，40°14′に等しいと計算した．角度PRQはほかのそれぞれの角度の決定にかかわって，すべてに誤った影響力をふるっただけに，この誤りは致命的だったんだ．これはとくに距離PQを7でなく，8.6に等しいと考えるのとおなじ過ちだった．現実にはストレーレの方法の不正確さは0.15％に等しく，これは完全に許せる範囲だったのさ．

このエピソードは数学者にはよくなかった．ファゴットは角度PRQを測っただけなんだ[*27]．ところが，つぎのエピソードは数学の美しさを際立たせるんだよ．バーバーはストレーレの経験的な方法が，あれほど正確だった理由を追求した．そして奇妙な現象に本物の理由をあたえる，数学の説明的な力のすばらしい例証を発見した（どうやらストレーレは，バーバーが見つけた推論のぜんぶは知らなかったらしい．彼の方法は試行と直観の結果だったが，彼がどんなに幸運だったかわかるだろう）．

直線MPR上のn本めのフレットの点Mからの距離を，グラフで表現することができる（図10）．横軸は直線QRで点Qを原点，Rを1とするんだ．縦軸は直線MPRで，Mを原点とPを1とする．この座標系ではRは縦座標2の点でもあるんだ．連続的なフレットは縦座標の軸にそって，点$1, r, r^2 \cdots\cdots r^{12}=2$に配置される．数学者にとってストレーレの構成は，QR上に等間隔をとった一連の点の，Oを中心とする直線MPR上への射影なんだ．このような射影[*28]はつねに$y=(ax+b)/(cx+d)$という形式で表すことができる．ここではa, b, c, dは定数なんだ．こ

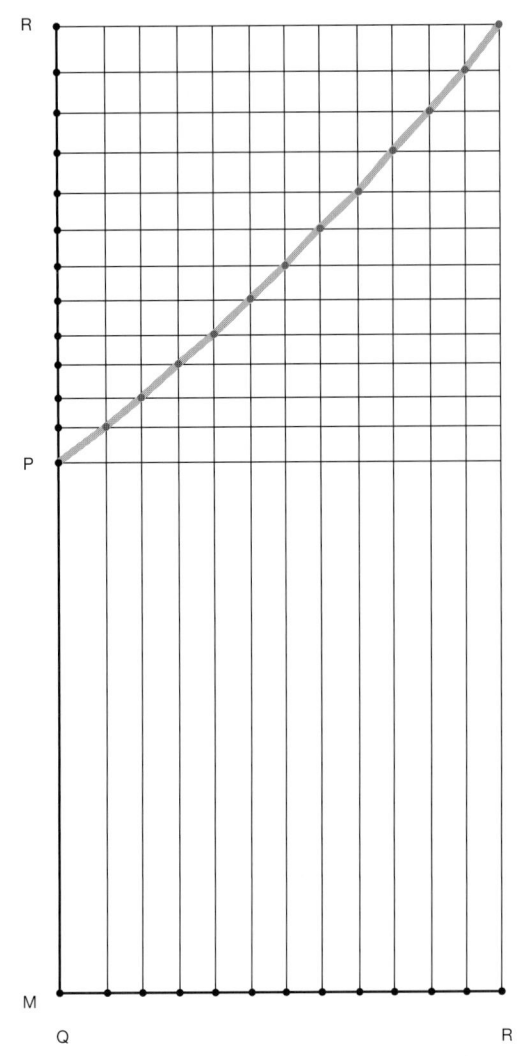

図10 ストレーレの構成に対応する関数をあらわすグラフ.

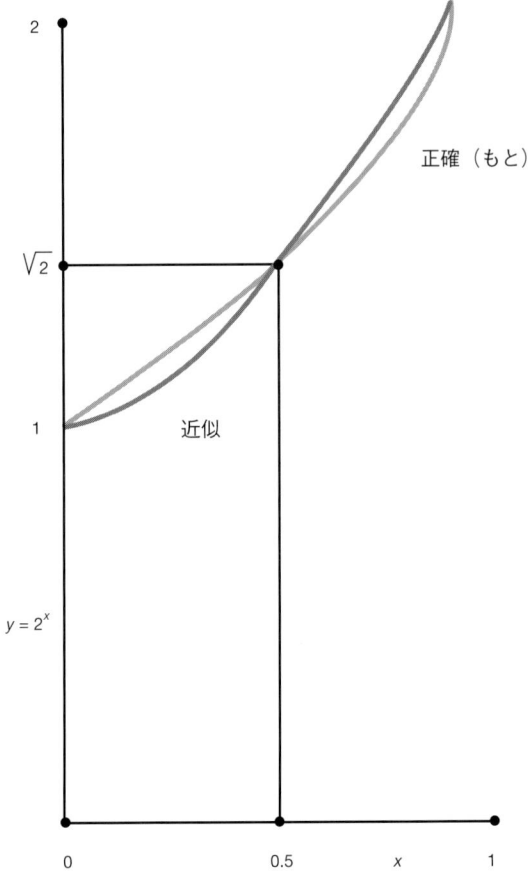

図11 0と1のあいだの区間に含まれる数値 x について関数 $y=2^x$ を近似し,値 $x=0$, 1/2, 1 にたいしては等しくなるホモグラフィ関数のグラフ.

れは"ホモグラフィ関数"という式で[*29],ストレーレの方法の場合,定数 a, b, c, d は10, 24, -7, 24 になる.この射影は QR の点 x で,MPR の点 $y=(10x+24)/(-7x+24)$ に結びつくわけだ.

この構成が正確だとすれば,方程式 $y=2^x$ は,13個の値 $x=n/12$ について成り立つだろう.n は 0, 1, 2……12 という連続的な数値をとる.ところで,これは正確に得られるものではないんだ[*30].どうしてだろうね.0と1のあいだにふくまれる数値 x の間隔について,$y=(ax+b)/(cx+d)$ という形式で,$y=2^x$ の可能な最上の近似値を求めても,最初に誤差があるんだ.方法は数値 0, 1/2, x の 1 にたいして,2つの関数を等しくすることにある(図11).つまり,a, b, c, d で3つの方程式が得られるわけだよ.

$$b/d=1,$$
$$(a/2+b)/(c/2+d)=\sqrt{2},$$
$$(a+b)/(c+d)=2$$

ざっと見ても,4つの未知変数を見つけるには 4 番めの方程式が欠けているが,われわれに関係するのは b/a, c/a, d/a という3つの比だけなんだ.$2-\sqrt{2}$ に等しい a を選べば,b, c, d にたいして,それぞれに $\sqrt{2}$, $1-\sqrt{2}$, $\sqrt{2}$ が獲得される.つまり 0, 1 の間隔に関する最上のホモグラフィは,$y=[(2-\sqrt{2})x+\sqrt{2}]/[(1-\sqrt{2})x+\sqrt{2}]$ であり,0, 1/2, 1 で間隔とちょうど一致する」

ナタリーが指摘した．

「ストレーレの関数にあまり似てないね」

私は答えた．

「たしかにね．でも，最後のタッチをくわえれば……」

「そうだ．あなたは$\sqrt{2}$を別の近似値に変えるんだな」

と，オリヴィエがいった．

「正確じゃないね．バーバーはむしろ，$\sqrt{2}$を58/41におきかえた*31誤差を評価したんだ．また1982年に，この問題を研究したアイザック・シェーンベルグも，おなじことをしている．さっきのホモグラフィ方程式で$\sqrt{2}$を58/41におきかえると，$y=(24x+58)(-17x+58)$が獲得され，これはストレーレの関数とさらに違うんだよ．やれやれさ．でも，あんたはある着想をあたえてくれたよ．ちょっと考えてみよう．ボールペンをもってるかい」

オリヴィエが胸のポケットから出してくれた．私は紙ナプキンの1枚をとって計算してみた．数学者の道具はボールペンと紙なのだ．

私が計算しているあいだに，外では日が暮れてきた．ナタリーとオリヴィエは，そのあいだにビールのおかわりをした．そのあと，私は誇らしげにいった．

「有理数の数列で，$\sqrt{2}$に近づくことができるんだ．たとえば$p/q=\sqrt{2}$という方程式からはじめて，それぞれの数を2乗することができるだろう．$p^2=2q^2$にするんだ．$\sqrt{2}$は無理数だから，この方程式を満たす整数pとqの対を見つけることはできないが（より正確には，数pとqのどの対も$\sqrt{2}$が無理数であるこの方程式を満たさない*32から），p^2が$2q^2$に近いようなpとqを探すことはできる．最上の数値は誤差が最小になる数値だよ．方程式の潜在的な解は，$p^2=2q^2+1$と$p^2=2q^2-1$．たとえば，$3^2=2\cdot2^2+1$だから，3/2は，$\sqrt{2}$にかなり近い．つぎに7^2にいこう．7^2は$2\cdot5^2-1$に等しく，つまり近似値は7/5，つまり1.4だ．さっきよりは少しはましだろう．つぎに17^2が$2\cdot12^2+1$に等しいことがわかり，

これは17/12，つまり1.4166……なんかになって，さらにいいわけだ．

でも，むぞうさな書き方でもわかったのは，ホモグラフィ関数の分子と分母を2で割れば，以下の公式ができることだよ．

$$y=\frac{x+\frac{1-x}{\sqrt{2}}}{\frac{x}{2}+\frac{1-x}{\sqrt{2}}}$$

つぎに$\sqrt{2}$を近似値の17/12におきかえば，以下の公式になる．

$$y=\frac{x+\frac{12(1-x)}{17}}{\frac{x}{2}+\frac{12(1-x)}{17}}$$

約分したあとには，つぎのようになる．

$$y=\frac{10x+24}{-7x+14}$$

再び，ストレーレの公式だよ！　つまり，ストレーレの構成のたいへんな正確さは，2つの適切な近似値の組み合わせの結果なんだ*33．2^xのホモグラフィ的な最上の近似値と，$\sqrt{2}$のすぐれた近似値のね．

さっき検討した多様な近似値の誤差は，図12で比較されている．もっとも誤差の大きいのはフ

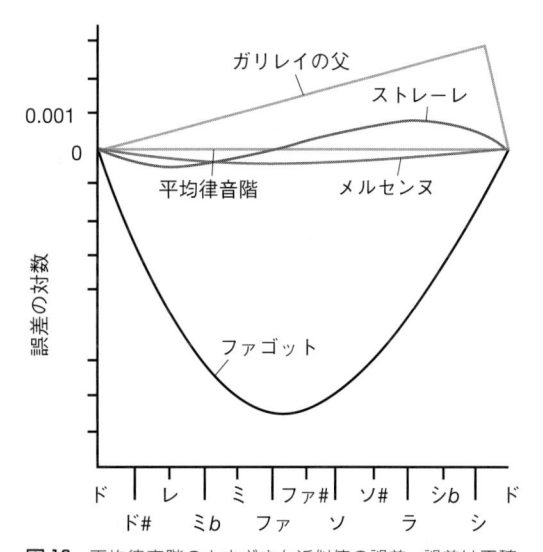

図12 平均律音階のさまざまな近似値の誤差．誤差は正確な数値に近い数値と比較した対数で表現されている．完全な平均律音階，ストレーレの音階，メルセンヌの音階，ガリレイの父の音階，ファゴットの誤差の大きい音階が表現されている．（訳注；メルセンヌの線は直線になるものと思われる）

ァゴットだ．つまりバーバーの数学的・歴史的・警官的な仕事のおかげで，われわれはいまではストレーレの方法がひじょうに正確なことと，正確な理由を知ってるわけだよ」

私のすばらしい説明がおわるとすぐに，オリヴィエ・ガーニーが以上の問題について残る，ただ1つの問題を提出した．彼はすでに3袋のオニオンクラッカーと，2パイントのビールをたいらげていた．

「すばらしい，みごとな腕前だ．無視された専門家や尊敬されてきた芸術家が200年以上ものちに正当な評価をされたんだ．これでもう『この世に正義はない』とは誰もいえないんだろうな．あの世でストレーレに会って，すべてを話して聞かせれば，彼は名誉を回復されて喜ぶだろうと思うよ．それにいまわしいことに，どんなふうにして，この構成の着想をもったかも聞くだろうね」

▶解答

オクターブだけからなる音階をのぞけば，その音のあいだの比が連続する一定の有理数であるような有限の長さのどんな音階も，どれも正確なオクターブをもつことができない．n が2より大きいか等しい整数のとき，方程式 $r^n=2$ は有理数解はないからである．これを示すために，r を素数の積の形 $2^a 3^b \cdots p^k$ と書こう．最初の方程式において r をこの値でおきかえると，$2^{na-1} 3^{nb} \cdots p^{nk} = 1$ が得られる．素因数分解は一意的なので，na は1に等しく（だから n と a は1に等しい），$b \cdots k$ は0に等しいことになる．つまりただ1つの解はオクターブのみで構成される．

定規とコンパスによる $\sqrt[12]{2}$ の構成が存在するとすれば，$\sqrt[12]{2}$ を2度2乗する（図7で示したように定規とコンパスで）ことにより，$\sqrt[3]{2}$ を構成できるだろうが，これは不可能である．だから，定規とコンパスによる $\sqrt[12]{2}$ の構成は存在しない．

▶訳注

*1　平均律音階は種々の和声の不都合を解決するために仕組みだが，もしあるとすれば，この批判（合理主義の行き過ぎの不自然）がその一つである．前もって論争を示唆する表現．なお，作者にとってギター演奏は趣味の一つであり，造けいは深い．

*2　ピアノに見るように，平均律ではこの同音異名の考え方は正しいが，自然音階では必ずしもそうではない．ここでのテーマである．

*3　音楽楽典で重要な和声学の体系をさす．

*4　Claudius Ptolemaeus (83?-168?)．天動説を唱えた古代ローマの天文学者，数学者，地理学者，占星術師でもあった．エジプトのアレクサンドリアで活躍．主著は『アルマゲスト』．『ハルモニア論』は，アリストクセノス『ハルモニア原論』を批判的に継承した，音楽・音程についての著作．

*5　物理学で知られるように，振動数は弦（コード）の長さに反比例する．長さを 1/2, 1/3, 1/5 倍にすれば振動数は 2, 3, 5 倍に高くなる．これを「倍音」という．

*6　「度」は，音の高さの隔たり（音階）を表す．音楽の譜表上で同じ線（間）を1度といい，線あるいは間が一つずつ隔たるにつれて，2度，3度，4度とよぶ．これを完全，長短，増減のバリエーションを付して半音を取り入れる．「8度」を「オクターブ」（'octa' = 8）といい振動数は2倍となる．

*7　進行波に対する用語．波の最大振幅部分（「腹」），動いていない部分（「節」）が時間とともに移動しない波．図4がそれである．定在波ともいう．

*8　うなり．振動数が近い2つの音の合成が，振動数の小さい（波長の長い，つまり低い）副次的な音を生ずること．不快な不協和音と感じられる．

*9　3/2=1.5, 3/4=0.75 でうなりは生じない．

*10　Hermann Ludwig Ferdinand von Helmholtz (1821-1894) はドイツ出身の生理学者・物理学者で「エネルギー保存則」でも著名．音色は，楽音に含まれる倍音の種類，数，強さによって決定されることを明らかにした．

*11　完全な平均律のこと．1オクターブを等しい12音程（全音=2×半音とすると，半音単位では12個分の音程単位となる）に乗法的に分割した音階．ハ音を1とすると，1オクターブ上のハ音は，$r^{12}=2$ となり，$r=\sqrt[12]{2}$．しかし，現実の操作は弦の強さの割合の調節で p/q の形（つまり有理数）のみであるから，$\sqrt[12]{2}$ を実現するのは難しい．平均律の歴史はその苦闘と妥協の歴史であった．以下はその解説．

*12　無理数も含めている．ピュタゴラス派はこれを含めなかった．

*13　転調などをさす．たとえば，ハ長調からト長調への転調．

*14　2と3　前述の $2^a 3^b$ を連想させるしゃれ．

*15　分数になる数が有理数，ならない数が無理数．

*16　倍積問題．立方体の体積を立方体の2倍にすること．すなわち2の立方根を求めること（2の「開立」）．

*17　たとえば，図2にドーファの音程で4度（正確には完全4度）　（*18 以降は p.8 参照）

II 世界の理解

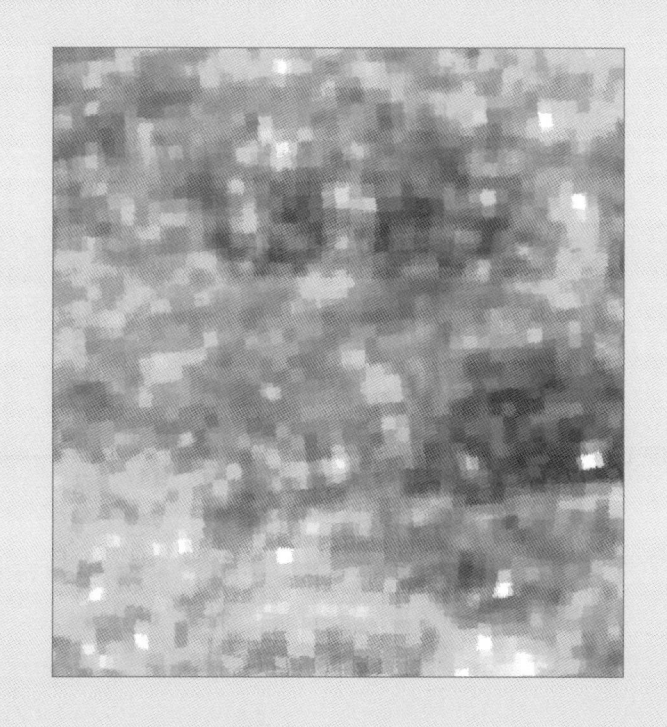

議員は代表しているか

―不完全な選挙制度を深く検討する．制度の
欺瞞的な適用は可能か？　それは可能だ．―

　トルーダンリュルヌ大統領の私設秘書ペネロープ[*1]は心配そうだった．
「大統領，私は人口統計の変化の結果を気にしてるんです．この変化は選挙区に影響しないでしょうが，憲法小委員会にからむいくつかの問題を引き起こすかもしれません」
　大統領は不安になっていった．
「どうしてかね」
　彼女はいった．
「5人の国会議員が小委員会の席を占めていることを考えてください．彼らは3つの国から選ばれています．また各地区に指定されている国会議員の数は，登録された有権者の人数で決まります」
「そのとおりだよ」
「それに3つの国はリシュレーヌと，シャンデルと，メラボワールです」

　大統領は執務室の壁にかかっているヴォトブロキア連邦[*2]の地図を眺めた．
「ペネロープ，境界のパターンがおかしいな」
「あなたの前任者のアベラール・ナクが描いた地区の境界を，憲法委員会が1974年に承認したんです．ヴォトブロキアの憲法では，小委員会の国会議員の総数は5人と定められています．悲しいことに，われわれはそれを変えることができません」
「ああ，なんということだ」
「目下のところリシュレーヌが3席を占め，シャンデルとメラボワールが1席ずつです」
「あんたはリシュレーヌの住民の一部が，ほかの2つの地区に移動することを気に病んでるんだな」
「いいえ，リシュレーヌの人口は変わりません

リシュレーヌ：480 000人
メラボワール：310 000人
シャンデル：310 000人
ヴォトブロキア

リシュレーヌ：480 000人
メラボワール：290 000人
シャンデル：330 000人
ヴォトブロキア

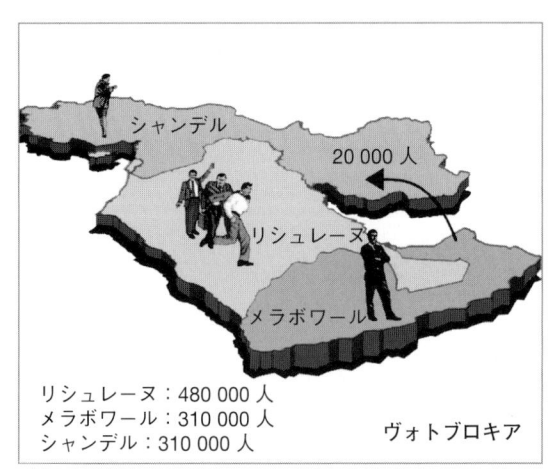

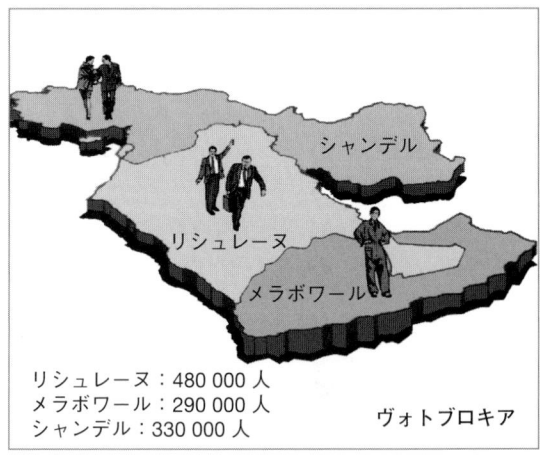

図1　ヴォトブロキアはリシュレーヌ，シャンデル，メラボワールという3国の連邦である．国会議員は除数[*3]という方法で指定されている．リシュレーヌの人口が変わらないのに，メラボワールから2万人がシャンデルに移ったため，憲法の規定によってリシュレーヌは分科会の1議席を失うことになる．（訳注：この連邦の地図はちょうど「中東」と同じ形になっている）

よ．私が心配してるのは，メラボワールの住民がシャンデルに移住することです」

「そんなことが起こるのかな．そうすると，リシュレーヌへの数の指定数がへるかもしれないじゃないか」

「そうです．ここには議席数の指定にかかわる数多くの矛盾の1つがあります．こうした矛盾は議席数が整数だという事実の結果です．0.5の議席を指定することはできません．ところで，これまでリシュレーヌには48万人の有権者がいて，シャンデルとメラボワールには31万人ずつの有権者がいました」

憲法では小委員会の5議席が，除数という方法で指定されるべきであることが明記されている[*4]．p_1, p_2, p_3 が地区の人口だとすれば，$p_1/d, p_2/d, p_3/d$ の整数の合計が5に等しくなるように，除数とよばれる数 d が選ばれる．各地区は人口を d で割った商の整数部分に等しい議席をもつことになる．

「答えは除数 d の選択にかかっているわけだな」

「ある範囲では，そうですね．d の変化しだいでは，整数部分の合計が5に等しくならないかもしれません．しかし合計が5でありつづければ，d の選び方は大した問題ではありません」

「なんとかなりそうだな」

「ここでは p_1 は480 000に等しく，p_2 と p_3 は310 000に相当します．われわれは，160 000に等しい d を選びます．この場合，$p_1/d=3$で，$p_2/d=p_3/d=1.9375$ ですから，これらの数の整数部分（それに等しいか，小さい最大の整数）は，それぞれ3, 1, 1になります．3+1+1は5に等しく，$d=160 000$ はまずまずの除数です．その結果，各地区はそれぞれに3, 1, 1という議席をもっています．155 000と160 000のあいだのすべての除数は，おなじ結果になるわけです」

大統領は完璧な論理を称賛した．

「まったくの出来レースだな．アベラール・ナクは策士だよ．リシュレーヌには，ほかの2つの地区をあわせた数の住民もいないのに，2つの地区には2議席しかないにもかかわらず，リシュレーヌには3議席もあるわけだ」

「だからわれわれは，リシュレーヌの選挙民の幸福だけを考えていればいいのです．われわれの政府はすべて，この慣例にのっとっています」

「この部屋の外でこんな話をしたら，私はひどい目にあうよ……あんたもな」

「わかってますよ，でも……部屋のなかだったらどうですか」

「この部屋のなかだったら，かまわないよ」

「わかりました．今年は，メラボワールの住民が20 000人もシャンデルに移りました．現在の数字は，リシュレーヌが480 000人，シャンデルが330 000人，メラボワールが290 000人です．おわかりのようにリシュレーヌの人口と，2つの地区をあわせた人口は変わりません」

「そりゃそうだろう」

「そして現在では，160 000はもう適切な除数ではありません」

「どうしてかね」

「いいですか．480 000/160 000はつねに3ですが，330 000/160 000は2.0625に等しく，290 000/160 000は1.8125に等しいのです．あとの2つの数は整数部分として2と1をとるので，3+2+1では6になり，これでは多すぎます」

「おやおや」

「われわれには，もう少し大きな除数が必要です．d を161 000としてみましょう．
480 000/161 000＝2.981……整数部分は2
330 000/161 000＝2.049……整数部分は2
290 000/161 000＝1.801……整数部分は1
つまり，2+2+1=5．この展開がおわかりですね」

「なんてことだ！ リシュレーヌは2議席になり，シャンデルも2議席になって，メラボワールは1のままか．リシュレーヌは多数派でなくなるじゃないか」

「そうですよ．ほかの2地区の人口を配分しなおせば，そういうことになります」

大統領は呆然としていった．

「たいへんだ．すぐになんとかしなきゃいけないぞ」

「しかし，選挙区の境界は線引き委員会が支配してますし，小委員会の国会議員の数は憲法で5と定められています」

「私はこの数を変えることはできないが，代表制度についての憲法上の委員会を組織して，もっと私に都合のいい算出方法に手直しすることはできるよ．もっと公正なというかな．だれを委員会のトップにおくかだけど，あんたはどう思うかね」

「ポドヴァン教授がぴったりですよ．いつ，出頭を命じますか」

「今日，すぐにだ」

1時間後に国務省のリムジンが，国民大統領府(PPP)の前にタイヤをきしらせながらとまり，アンジュ・ポドヴァンが建物のなかに案内された．ペネロープは彼にどんな仕事をしてほしいかを説明した．ポドヴァンはいった．

「複雑な問題ですね．しかし，解決策があると思いますよ．幸いなことに，この問題については，すでに数多くの研究がなされています」

「そのことは大統領にいわないでください．そうでないと報酬を受けとれませんよ．委員会を組織して，かなりの時間をすごしたあとに，専門分野の人はみんな知っていても，素人には知られていない結論をだしてください[*5]」

「倫理的にはどうですか」

「これは法律家の領域です．どうして数学者はナイーブなんですか」

彼女はポドヴァンを大統領執務室にいれた．ポドヴァンがいった．

「大統領，これはむずかしい問題です．解決のために私を考えてくださったことを，とても光栄に思います．これは1個人の可能性をこえる仕事だと思いますが，問題を解決するチームを構成したいと考えます．幸い『公正な代表制』[*6]という著書の執筆者である，バリンスキーとヤングの研究が最高の出発点になります」

大統領がいった．

「目立ちたがり屋は嫌いだね」

「副題は『理想を求めて——ワン・マン-ワン・ヴォートの実現を目指して』ですよ」

「彼らの例だと情勢を悪化させるよ，ポドヴァン」

ペネロープが指摘した．

「私は『ワン・パーソン-ワン・ヴォート』のほうがいいですね」

「ペネロープ，選挙集会のような古くさいフェミニスト的な反応を抑えなさい．われわれはだいじな問題を論じてるんだよ」

ポドヴァンがいった．

「バリンスキーとヤングは，理想的な代表制の基本的な5つの性質をあげています．すなわち，

1, 人口との共変性：人口が増えたいかなる地区も，人口が減少した地区に議席を譲るべきでない．

2, 不公平のないこと：かつては各地区が平均して公正な取り分を受けとっていた．

3, 相対的共変性：人口が変わらず地区の総数が増えたとき，いかなる地区も議席を失わない．

4, 公正な取り分：国家のいかなる代表性も，全議席中の公正な部分，もしくはそれ以上に逸脱しない．

5, 2地区間の公正な取り分：地区間に議席のいかなる移動があっても，相互の公正な取り分からどちらにも偏らない」

大統領はうめいた．

「なんということだ！　われわれはほんとうに，この秘められた[*7]民主的ナンセンスをそっくり必要とするのかね．私が統治しようとしてるのは，そんな国でなく……」

「大統領，バリンスキーとヤングは代表制理論の完全に基本的な定理を証明したんです．われわれは5つの特性をもつ方法による調整を望んでいると考えてください」

「私は望まないな．5つの性質のどれも」

ポドヴァンはその発言を無視していった．

「でも，大統領．そんなことは不可能です．5つの性質はそんな姿勢と相いれません」

「バリンスキーとヤングのペダンチックな理論は証明されたのかね」

「されてますよ」

「彼らを少しは評価するよ．でも，われわれはどういうことになるのかね」

「大統領，われわれがじつに興味深い問題に直面してることが証明されます．完全な制度は実在しませんので，われわれは妥協案を調整しなければなりません」

「それはいいね．私も妥協案や裏取引があることを知ってるよ．ペネロープがわれわれの最終的な目的を伝えて，あなたがポドヴァン委員会を調整する手助けをする．実行です」

その数週後に，ポドヴァン委員会が最初の会合を開いた．教授が結集した小さな作業グループには，彼自身と3人の仲間がくわわっていた．ブリュヌオ・ロングメーシュと，ベルナール・パスカルと，お決まりの金のない学生ジェラール・マンファンだった．

ジェラール・マンファンがいった．
「もちろん，すべての問題のもとは何も知らない移住者たちですよ」

ロングメーシュが提案した．
「ジェファーソン方式ではどうかね」
「それがいいですね」

ベルナールがいった．
「おさらいしてみようじゃないか」
「アメリカ議会は1792年に，アレキサンダー・ハミルトンが考えた新しい代表制の採択を可決した．しかし，大統領ジョージ・ワシントンは最初の拒否権を行使して，トマス・ジェファーソンが推奨した方式を採用した．これは除数を使う方法だったんだよ．人口 $p_1, \ldots, p_r$ をもつ r 州のあいだに，分割すべき議席 N があると仮定しよう．そうすれば $x_j=[p_j/d]$ なら，等式 $x_1+\cdots+x_r=N$ が成り立つ．ここで $[u]$ は数 u の整数部分を示す．つぎに，番号 j の州に x_j の議席があたえられるわけだ」

「思いだしたよ」
と，ベルナールがいった．ジェラールがいった．
「起きた事態を幾何学的に表現するひじょうに興味深い方法があります．この方法は，平面上に120°の3本の軸〔訳注；60°ずつの辺〕を考えれば，"座標"の総計はつねに一定だという事実*8を根拠にしています．3つの人口を p_1, p_2, p_3 とすれば，総人口は $p=p_1+p_2+p_3$ になるでしょう．与えられるべき総議席 N があるとすれば，理想的な分割は j 番めの国に取り分 $q_j=Np_j/p$ を割り当てる方法になります．つまり，総人口に対してその国が代表する割合 p_j/p を計算し，この商に議席の総数を掛けるわけです．そうすれば，$q_1+q_2+q_3=N(p_1+p_2+p_3)/p=N$ になります．あいにくと q_j は整数でなければなりませんが，あとでこれを見てみましょう．

この3つ組 (q_1, q_2, q_3) を，ある点から正三角形の3辺までの距離によって幾何学的に表現します（図2a）．予想できる分配は，総計 N の整数の3組 (N_1, N_2, N_3) です．これで三角形の内部に三角形のネットができますね（図2）．問題は各地区には三角形を分割することで，ネットの結び目に1つずつ対応させることです．

割合の3つ組 (q_1, q_2, q_3) が，これらの地区の1つにあるとすれば，結果として得られる配分は，その領域に属するネットの結び目でしょう」

ポドヴァンがいった．
「わかった．あんたは取り分が整数であるときは，自動的に正しい配分が定義されると想定するわけだ」

ロングメーシュがいった．
「もっともだな」

ジェラールがつづけた．
「そのとおりです．ジェファーソン方式による州のグラフを使う代表制では，各辺にそった五角形と頂点の四角形をもつ，変形した六角形のネットができあがります．これではマドモアゼル・ペネロープが不安になる，何も知らない移住者のパラドックスがあらわれますね．三角形の右側の辺に平行する直線分…つまり一定の p_1 と，したがって q_1 をもつ人口の変化を表現する線分…の上なのに，N_1 のある数値に結びつく地区から，N_1 の数値の低い別の地区に移ってしまうからです」
（図3）

ポドヴァンが指摘した．
「わかった．図をみれば明白だ」

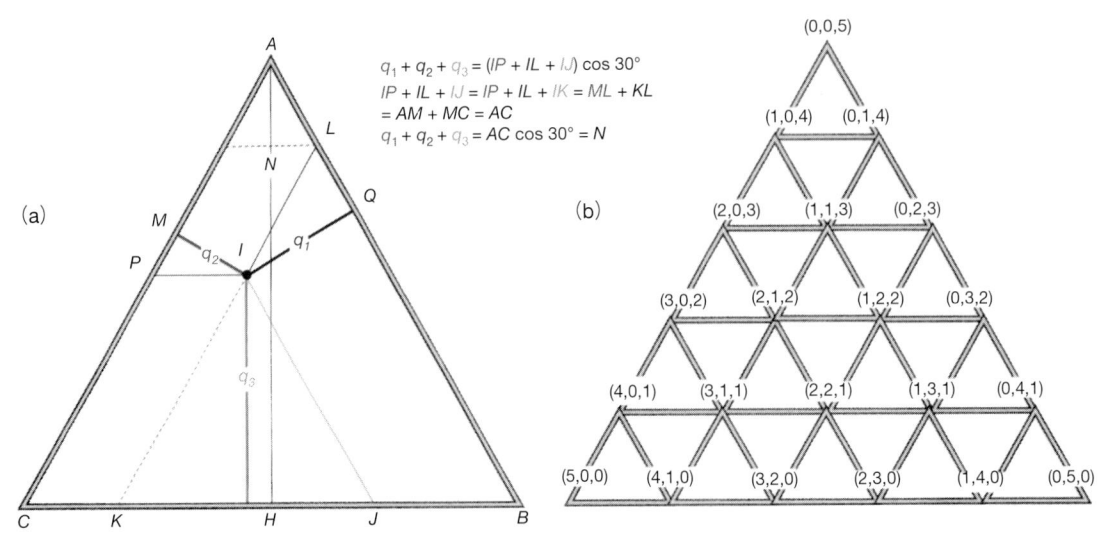

図2 (a) 正三角形のなかの「座標」．図で示されるように，距離 q_1, q_2, q_3 の合計は一定である．(b) 1辺が5に等しい三角形のなかで，合計が議席の総数になるような整数の3つ組をあらわす点が，三角格子を形成する．

「そのとおりです．地区が3つなら三角形になります．地区が4つなら，対応する図形は四面体となり，四面体は多面体に分割されるでしょう．5つ以上なら，われわれは3次元以上の空間をもつ王国に侵入しなければならないでしょう．幸いにして，われわれのケースでは国は3つであり，パラドクシカルな結果が図形で例証されます」

「なるほど．つまり，ジェファーソン方式は機能しないわけだ．別の方法が必要なんだね」

「まさにそうです．ジェファーソン方式を見捨てたアメリカ議会は，ワシントンの拒否権を無視して，ハミルトン方式に代えました」

ベルナールがいった．

「どんな方法だったか思いだせないよ」

そのとき，ロングメーシュがまた発言した．

「ハミルトンは説明したんだ．『割り当て数を見つけだして，各州に割り当て数にふくまれる最大の整数に等しい議席数をあたえよう．ついで最大の余剰数をもつ州に，まだ割りふられていない議席数を割り当てよう』とね．この手順は正六角形を形成する新しいグラフに結びつくよ」(図4)

ロングメーシュがつづけた．

「しかし，この方式もまた，何も知らない移住者のパラドックスによる不利益を受ける．境界線は三角形の辺に平行ではないので，それらの線分はジグザグになり，一定の割り当て数を示す直線と交わるんだ．人口をあらわす点が，たとえば一定の q_1 で，このような線分と交わると，この州にあたえられる議席数は1つへることがある．

おわかりだろう．これはハミルトン方式の唯一の欠点でなく，ここにはまた，(米国南部の)アラバマ州のような歴史的なパラドックスがあるんだ．合衆国に新しい州が加入すれば，ほかの州の人口が変わらなくても，最小の州の1つの議席がへることがあるんだよ(図5)．

だから，ハミルトン方式もまた理想的とはいえない．いや，どんな方法も理想的ではなく，これがバリンスキーとヤングのメッセージだよ．もっとも適切な妥協案を選ばなければならないね」

しかし，ポドヴァンは大統領を満足させたがっていた．彼は議論に参加した．

「わが国の人口にハミルトン方式を応用すると，どんな結果がでるのかね」

ジェラールが難色を示した．

「ほら……リシュレーヌは480 000人，シャンデルは330 000人，メラボワールは290 000人だよ．つまり総人口は1 100 000人だから，リシュレーヌは$5 \times 480\,000/1\,100\,000 = 2.1818\cdots$，シャンデルは1.5，メラボワールは$1.31818\cdots$だ．

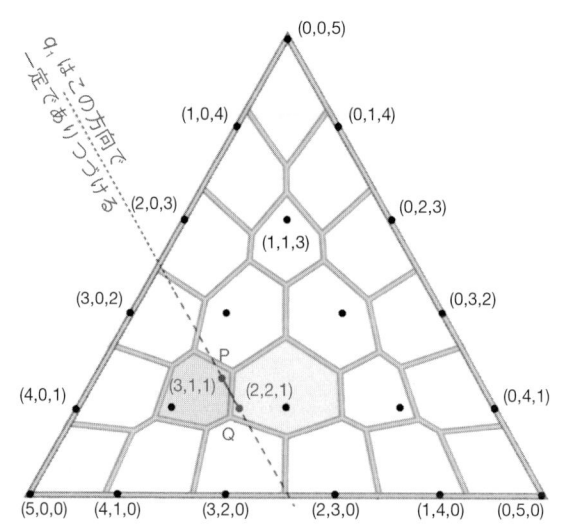

図3 ジェファーソン方式にたいして示された，何も知らない移住者のパラドックス．第1の州の人口 p_1 が（したがって割り当て q_1 も）一定でありつづけても，人口の動向をあらわす直線の線分に従う移動で，この州に割り当てられる議席数がへることがある．ここでは P から Q への移動で，ナンバー1の州の議席数が3から2に移行する．

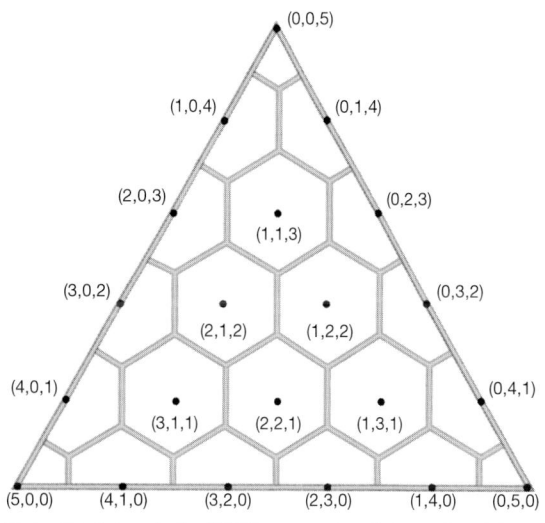

図4 ハミルトン方式の幾何学．ここでも1点を取り巻く六角形の領域に，中央の点の座標で表される3つの組によって議席数が決まる．この幾何学を通してすぐにわかるのは，ハミルトンの方法もジェファーソン方式とおなじく，何も知らない移住者のパラドックスという欠陥に苦しむことである．

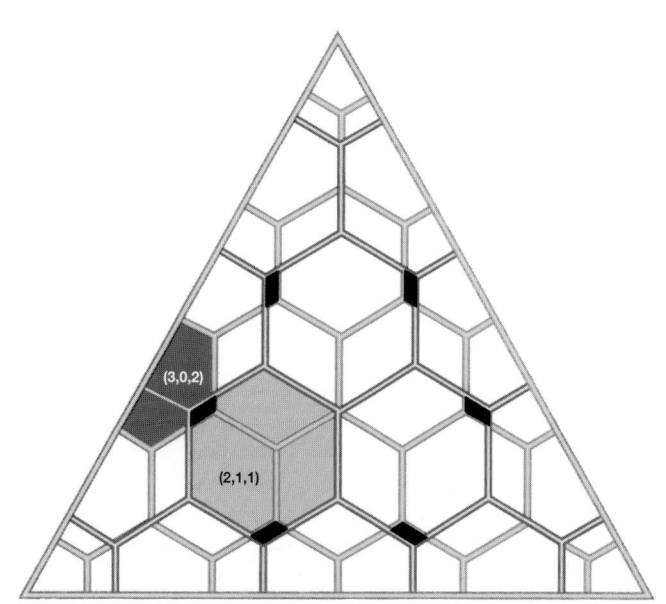

図5 アラバマ州のパラドックス[*10]．$N=4$ にたいするハミルトンの方法のグラフは，$N=5$ にたいするグラフで覆われる．黒い地域にたいして4から5へと議席数が増加すれば，ある州の1議席がへる．たとえば，うすい灰色の地域はある分配 (2, 1, 1) をあらわし，濃い灰色の地域はある分配 (3, 0, 2) をあらわす．交錯する地域（黒の部分）の人口にたいしては，アラバマ州がアメリカ合衆国に加入したとき，ナンバー2の州の代表制は0議席に移行するだろう．

つまり整数部分は2，1，1であり，割り当てのない議席数が1つ残る．余りが最大の地区はシャンデルだから，シャンデルが残りの議席を勝ち取って，最終的な配分はリシュレーヌ2，シャンデル2，メラボワール1ということになる」

「それは大統領が望んでいる方法ではないぞ[*9]．ジェラール」

「もっと別の方法が必要だろうな．」

「別の方法を考えだそうじゃないか」

「パスカル，きみは手厳しいよ．しかし，なんていったかなあ……そうだ，ジョン・クインシー・アダムズが示唆したアダムズ方式[*11]があるじゃないか．ある数 p_1/d, p_2/d, p_3/d が整数でないときに，整数部分を低く見積もらないで，最大の

整数〔越えない〕を最小の整数〔越える〕におきかえるという点をのぞけば，ジェファーソン方式に似てるよ」

「この国では，どういうことになるんだろう」

「いいですか，教授．われわれが $d = 300\,000$ とすれば，$p_1/d = 1.6$, $p_2/d = 1.1$, $p_3/d = 0.9666$ ……で，これは 2, 2, 1 におきかわります．これではハミルトン方式の結果と同じですよ」

ロングメーシュが途方に暮れていった．

「それなら，ジェファーソン方式を使えば……」

ポドヴァンがすばやく指摘した．

「そうだ！　妥協案の余地はほとんど残らないが，真実が明らかになるよ」

ベルナールがつぶやいた．

「運命はわれわれに対抗している．恐ろしいな」

「おい，みんな，私はポドヴァン方式を考えついたんだ！　人口を $d = 170\,000$ で割れば，リシュレーヌ 2.82……，シャンデル 1.94……，メラボワール 1.70……ということになるよ．ハミルトン方式を使えば，各国はそれぞれ 2, 1, 1 の議席を占める．しかし，その総計は 5 にならないな」

「そうじゃないんだよ，ジェラール．私にはわかったんだ．私が示唆するのは民主主義の幸福のために，憲法分科会に『国民の議席』と命名する 1 議席を提案しようということなんだよ．4 議席を割り当てるためにハミルトン方式を使用し，つぎに抽選で国民の議席を割り当てるんだ．明らかに，だれにたいしても公正だよ」

ロングメーシュが驚いた顔をした．

「それでどうなるんだ．それじゃ，リシュレーヌが 3 番めの議席をとるチャンスは，3 つのうち 1 つしかないよ」

ポドヴァンは皮肉な薄笑いを浮かべた．

「ブリュヌオくん，トルーダンリュルヌ大統領は偶然をコントロールすることができるんだよ[*12]」

▶訳注

*1　大統領の 'trou' は「穴」．'lurne' は「陽気な人」「大胆な人」．「抜け穴」を連想させる名前．Penelope といえば，「オデュッセイア」の妻．貞潔で実直な女性であるが，ここでは，フェミニストになっている．

*2　ヴォトブロッキアという国名は，block vote（まとまった票という意味）からちなんだ名称か

*3　除数：$6 \div 2 = 3$ のとき，「除法」として，6, 2, 3 を「被除数」「除数」「商」という．別の言い方では，6 は 2（あるいは 3）の「倍数」，2（あるいは 3）は 6 の「約数」という．「ドント式」（比例代表における議席配分の決定法）では「除数」というのが普通．

*4　基本的にはドント式の考え方．通常は人口ではなく，得票数でいう．

*5　御用学者への揶揄である．

*6　バリンスキーとヤングの原書名は，"Fair Representation: Meeting the Ideal of One Man, One Vote". 邦訳は『公正な代表制―ワン・マン-ワン・ヴォートの実現を目指して』（一森哲男訳，千倉書房 1987 年）．

*7　'理論的' くらいの意味．

*8　正三角形の内部の点 P から各辺に下ろした垂線の足を A, B, C とすると，$PA + PB + PC = $ 一定（一辺の $\sqrt{3}/2$ 倍）．PA, PB, PC を三角座標という．

*9　ここも御用学者の言い方．

*10　もしくは，単にアラバマ・パラドックス（Alabama paradox）ともよぶ．1881 年当時の米国議会において，総定数 299 のときに定数 8 を有していたアラバマ州が，総定数 300 になったときに定数が 7 に減少した．以来，このような現象を「アラバマ・パラドックス」とよぶようになった．

*11　ジョン・クインシー・アダムズ方式とよばれる．議席総数を定める．ある除数 x を見つけて，各州の商の小数点以下を切り上げた数値の総和が議席総数に等しくなるようにする．この数値を各州の議席数とする．

*12　本来，「偶然」は人為的にコントロールできないため「公平性」の一つの方法と考えられてきたことへの当てこすりとなっている．

選挙の政治権力[*1]と
比例代表制による投票

―新しい選挙制度も，どうやらあまり民主的ではなさそうだ―

　ヴォトブロキアの各郡評議会は，ポドヴァン＝グレサパット案にたいする投票の集計を終えた．トルーダンリュルヌ大統領は不満だった．
「ペニー[*2]，私は勝たなければならない選挙で負けたくないよ」
　私設秘書のペネロープ（ペニー）は同意した．
「おっしゃるとおりです」
「あんたは6つの郡のうちの4つがこちら側だといってたし，4つのうちには，最大のレ・ムトニエールが入っているという話だったじゃないか」
「そのとおりです」
「それじゃ，どうして負けたんだよ」
　ペニーは答えた．
「バランスのとれた選挙方法のせいですよ．ご存じのように各郡には，おおまかに人口に比例した投票数が割り当てられており，レ・ムトニエールの人口は300 000人ですから10票です．ここに詳細を示す地図があります．投票総数は31票ですから，少なくとも16票を集めた提携[*3]が投票結果を左右します．
　レ・ムトニエール[*4]はセクサピル，ブルー・ドゥイユ，イル・ヴェラとおなじく，あの計画に賛成票を投じました．彼らは6つの郡のうちの4つです．しかし，獲得票数計は15票にすぎません．ボーリシャールとレ・ブーは反対票を投じ，それが16票になりました．これがわれわれの敗因です」

　大統領はこの数を注意深く検討した．
「ペニー，私は来月の大統領選挙に，再度の敗北を喫したくはないんだ．レ・ムトニエールに1票ふやし，レ・ブーから1票へらすよう，選挙区割委員会に要求したらどうだろうな」
　ペニーは首をふった．
「それはお勧めしませんね．ボーリシャールとレ・ブーは，あなたの再選に賛成しています．レ・ムトニエールは未確定ですが，あとは反対です．16票をもつボーリシャールとレ・ブーは，4つの郡の提携を阻止することができるでしょう．2つのうちのどちらかの票をへらすなんて，とんでもないですよ」
「もちろん，そのとおりだ」

図1　ヴォトブロキアの6つの郡[*5]．円内の数字は投票数．

だれかがドアをノックした．ペニーはイル・ヴェラの代議員ボリジェの激怒した顔にぶつかった．

「現大統領*6，この茶番劇をつづけることはできないでしょうね」

「落ちつけよ，ボー*7．どんな茶番劇だよ」

「あなたのいう民主的な投票制度です．票数のバランスをとる方法では，イル・ヴェラはなんの権限ももてないじゃないですか」

大統領は困ったようだった．

「でも，あんたたちは人口に比例した1票の権力をもってるんだ．少し人口の多いブルー・ドゥイユも，1票の権利をもっている．そうして見れば，あんたたちはブルー・ドゥイユ以上に権利をもってることになるよ」

「まったく違います．イル・ヴェラにも，ブルー・ドゥイユにも，セクサピルにも，権力はまったくありませんね．投票結果は完全に，大きい3つの郡の投票の仕方で決まってしまいます．3つのうちの2つが組めば，多数派になりますからね」

「もう1回いってくれよ」

「どんな投票でも，少なくとも大きい3つの郡のうちの2つが，おなじ方向で投票するでしょうよ．彼らの票を合計すれば，ボーリシャールとレ・ブーで得られる票数を上回るでしょう．つまり少なくとも16票です．これで多数派になりますよ．イル・ヴェラ，ブルー・ドゥイユ，セクサピルに票がないかのように，すべてが起こってしまう．くり返しますけど，われわれにはなんの権力もないんです」

大統領はこの論法をよく考えた．

「あんたが怒るのも，よくわかるよ．私に何を期待するのかね」

「われわれにもう1票ほしいんですよ．そうすればレ・ムトニエールに3つの郡をくわえて，決戦投票にもちこめます．あるいはブルー・ドゥイユにも1票やってもらえれば，われわれは勝者の提携を形成できますよ」

ペニーはいった．

「そうすると，投票総数は33票になりますよ．つまり，17票以上で優位に立つわけです．セクサピル，ブルー・ドゥイユ，イル・ヴェラ，レ・ムトニエールの提携が勝つでしょうね」

表1　改変案1

郡	投票数
レ・ムトニエール	10
ボーリシャール	9
レ・ブー	7
セクサピル	3
ブルー・ドゥイユ	2
イル・ヴェラ	2

「そうです．3つの小さな郡が，選挙をひっくり返せるでしょう．彼らはバランス・オブ・パワーを手に入れるんです」

大統領は執務室の椅子を押した．

「ジェリー，選挙区割委員会は郡を再編成して，ブルー・ドゥイユとイル・ヴェラが追加の1票を手にいれるようにできるのかね」

選挙区割委員会のジェリー・マンデル*8は首をふった．

「われわれはブルー・ドゥイユのほうは変更できるでしょうが，イル・ヴェラは陸地から120 kmも離れたアルコション湾の島ですから．みんなに気づかれないで，郡境を変えることは容易じゃないでしょうね」

大統領はため息をついた．

「もう話しあうことはないようだね」

イル・ヴェラの代議員は脅しにでた．

「われわれの有権者を軽く見るんですね」

大統領がいった．

「そうくると思ってたよ．でも，あんた自身がいったように，あんたの郡に権限がないんだから，何の影響もないだろうよ」

「あなたはヴォトブロキアの3つの郡が，あなたを追放できるのが気にいらないんでしょう」

「興味深い1点だね，ボー」

「あなたは大統領ですよ，トルーダンリュルヌ．行動すべきですね」

大統領はもういちど投票総数を検討した．そし

表2 レ・ムトニエールの投票が投票制度で決定的になる場合 {17；12, 9, 7, 3, 1, 1}

レ・ムトニエール＋レ・ブー	12＋7＝19
レ・ムトニエール＋ボーリシャール	12＋9＝21
レ・ムトニエール＋レ・ブー＋ヴェラ	12＋7＋1＝20
レ・ムトニエール＋レ・ブー＋ブルー	12＋7＋1＝20
レ・ムトニエール＋ボーリシャール＋ブルー	12＋9＋1＝22
レ・ムトニエール＋ボーリシャール＋ヴェラ	12＋9＋1＝22
レ・ムトニエール＋レ・ブー＋セクサピル	12＋7＋3＝22
レ・ムトニエール＋ボーリシャール＋セクサピル	12＋9＋3＝24
レ・ムトニエール＋ボーリシャール＋レ・ブー	12＋9＋7＝28
レ・ムトニエール＋セクサピル＋ブルー＋ヴェラ	12＋3＋1＋1＝17
レ・ムトニエール＋レ・ブー＋ブルー＋ヴェラ	12＋7＋1＋1＝21
レ・ムトニエール＋ボーリシャール＋ブルー＋ヴェラ	12＋9＋1＋1＝23
レ・ムトニエール＋レ・ブー＋セクサピル＋ブルー	12＋7＋3＋1＝23
レ・ムトニエール＋レ・ブー＋セクサピル＋ヴェラ	12＋7＋3＋1＝23
レ・ムトニエール＋ボーリシャール＋セクサピル＋ブルー	12＋9＋3＋1＝25
レ・ムトニエール＋ボーリシャール＋セクサピル＋ヴェラ	12＋9＋3＋1＝25
レ・ムトニエール＋レ・ブー＋セクサピル＋ブルー＋ヴェラ	12＋7＋3＋1＋1＝24
レ・ムトニエール＋ボーリシャール＋セクサピル＋ブルー＋ヴェラ	12＋9＋3＋1＋1＝26

て，いった．
「私はレ・ムトニエールに追加の2票を渡すことができる．ジェリー，選挙区割委員会はこの案で調整できるはずだよね」
「もちろんです．郡の境界はゾジュゼ川にそってジグザグになっています．われわれは苦労せずに，これを『理由づけできる』[*9]でしょう」

イル・ヴェラの代議員は不平をもらした．
「でも最大の郡の追加の2票は，最小の郡が権限の一部を獲得する力になりませんよ」
大統領がいった．
「でも，レ・ムトニエールがさらに2票獲得すれば，あんたたちの権力の一部になるだろうよ」
ペニーが立証した．
「おなじ提携を結んだ各郡が33票のうちの17票を集めて，ふたたびセクサピル，ブルー・ドゥイユ，イル・ヴェラ，レ・ムトニエールをまとめれば，最小の郡でも支配的な1票を握ることになります」
ボーは気を引かれたようだった．彼はいった．
「奇妙ですよ．あなたがレ・ムトニエールにより

表3 改変案2

郡	票数
レ・ムトニエール	12
ボーリシャール	9
レ・ブー	7
セクサピル	3
ブルー・ドゥイユ	1
イル・ヴェラ	1

以上の権力をあたえれば，権限の一部は奇跡的にイル・ヴェラの手に入るんですか」
ペニーは薄笑いを浮かべた．
「いいえ，ボー．レ・ムトニエールにより以上の権力でなく，より以上の票数をあたえるんです．ご自分ですでに指摘されたように，これはおなじことではないのですよ」
大統領はとても悲しそうな顔をしていった．
「ペニー，あまり強調してほしくないんだ．あんたが不手際をおかすと，私は不安になるんだよ．権力は票数ではないのかね．票数は選挙の勝敗を決する力だから，私には知る必要があるんだ．権力がどこにあるのか知りたいね」

ボーがたずねた．

「買収するか脅迫する人間を知るためですか」

ペニーがすぐに答えた．

「知る必要があるのは，バンザフの権力指数[*10]です」

「だれのことかね．何者なんだ」

「ジョン・バンザフ3世は，アメリカのジョージタウン大学の弁護士でした．彼はバランスのとれた選挙制度の代表者（代議員，取締役会の構成員）の権限を評価する，新しい方法を提唱しました．これは代表者が，2つの方法でしか権限を行使できないという考え方です．つまり，劣勢な提携に結びついて勝者にするか，優勢な提携を見捨てて敗者にするかです」

大統領は聞いた．

「おなじことではないのかね」

「そのとおりです．ある提携にくわわれば，ほかのすべてが形成する提携を離れることになります．だから，たとえば勝者提携をつくるという，1つのケースだけを考えれば十分なんです．1人の代議員で勝敗が決まれば，彼は同盟で決定的[*11]な役割を果たします．それぞれの代議員にとってバンザフの権力指数とは，彼が決定的な役割を果たせる，異なる提携の数のことです．

当初の比重を維持する今の選挙制度では，10，9，7，3，1，1という投票数ですから，多数派を占めるに必要な投票数は少なくとも16票です．イル・ヴェラはちょうど16票という総数に達する提携内で，決定的役割を果たすだけです．それ以上になると，イル・ヴェラが同盟を離れても変化はなく，それ以下では勝者になれません．しかし，イル・ヴェラを入れて投票総数が16票になる同盟は存在しないので，イル・ヴェラの権力指標は0になります」

ボーがいった．

「私はわれわれに権力がないといいました」

「大統領の新しい提案ではどうですか．これは33票のシステムで，つまり，{17，12，9，7，3，1，1}で，17票が多数派を占めるシステムだと思います」

「イル・ヴェラはまさに総数17票に達する提携内で，決定的な役割を果たします．1そしてちょうど1だけある．つまり12+3+1+1で，レ・ムトニエール，セクサピル，ブルー・ドゥイユ，イル・ヴェラです．だから，イル・ヴェラの権力の指数は1ですね」

「それじゃ，レ・ムトニエールについてはどうなるんだ？」

「レ・ムトニエールは12票をもち，だから17票から28票をもつすべての同盟で決定的な役割を果たします．28は17−1+12だからです〔訳注；勝者提携に1票足りない所へ12票入る〕．根拠のある計算によって，これらの提携のリストをつくることができるでしょう（表3）．18とおりの同盟がありますから，レ・ムトニエールの権力の指標は18です」

ボーがいった．

「公正じゃないですね．彼らの人口はわれわれの12倍しかないのに，権力の指数は18倍になるんですから」

大統領がいった．

「それでも10倍多い人口をもつ彼らが，無限に大きい権力をもつよりいいじゃないか」

ジェリーが質問した．

「権力指数を計算するのに，試行錯誤にまさる方法はないんですか」

ペニーはいった．

「代表者や郡の数が大きければ，コンピュータを使うのがいいでしょう．しかし小さなシステムなら，グラフによる洗練された方法があります．{16，3，2，1，1}というシステムを仮定してみましょう．3人の有権者A，B，Cがいて，Aは2票で，BとCは1票ずつだと仮定しましょう．多数派を占めるには，3票が必要です．

最初に可能なすべての提携（A，B，Cのすべての部分集合）を示す図表を描いて，1つしてちょうど1つの要素だけ違う提携を辺で結びつけましょう．メンバーが3人なら，この図表は立方体です（図2a）．これらの辺を，この極端に異なった要素によってラベリングします（図2b）．つぎに，決定的な辺のそれぞれを太線で記

しましょう．つまり，投票数が多数派になるか，ちょうど等しくなる所です（図2c）．すべての要素の権力指数は，ラベルをもつ決定的な辺の数です．ここではAが決定的な三辺にあらわれ，その権力指標が3に等しいのにたいして，BとCは決定的な1辺にあらわれるにすぎません．つまり，両者の権力指数は1に等しいのです．

より多くの項にたいしても図表を描けますが，それらはすぐに複雑になります．4項の図表も視覚化が可能で（図3），4次元の立方体という超立方体です」

大統領は椅子の向きを変えた．

「どうだい，ボー．あんたはどう思う」

「私はすべての権力指数が，それぞれに郡の人口に等しければ，より満足するでしょうね」

ペニーがいった．

「なるほど，おもしろいですね．これはアメリカで試みられたことですが，最良のバランスを計算するのは，そんなに簡単じゃないんです．数がひじょうに大きくなりますし，コンピュータはとてつもない数の提携を扱わなければなりません．バランスを決定するには，成員の投票数の変動が人口に比例するようになるまで，それぞれの成員の投票数を連続的に増やします．ニューヨーク州で1982年に，トンプキンズカウンティ[*12]代表制委員会が，実現した方法を見てみましょう（表4参照）．権力指数がほぼ正確に，人口に比例していることがわかるでしょう」

ボーがいった．

「われわれもおなじようなことを，試みられるのじゃないですか」

大統領がいった．

「たぶんな」

彼の妻はヴォトブロキアのコンピュータ・レンタル株式会社の大株主の1人だったので，この仕事を決めれば利益になりそうだった．彼は誇大妄想的な考えに襲われた．

「ペニー，アメリカ大統領の権力指数にかかわる情報をもってるかね」

「はい，もってます．アメリカ大統領は上院議員の40倍，下院議員の175倍に等しい権力指数をもってます」

「すばらしいシステムだ！」

「それでも立法府は全体として，大統領の約2倍半の権力指数をもってます」

トルーダンリュルヌ大統領は一瞬彼女を見つめ，それからボーを直視した．

「われわれは現在のシステムを維持することになると思うがね．選挙民にすべてを説明しなければ

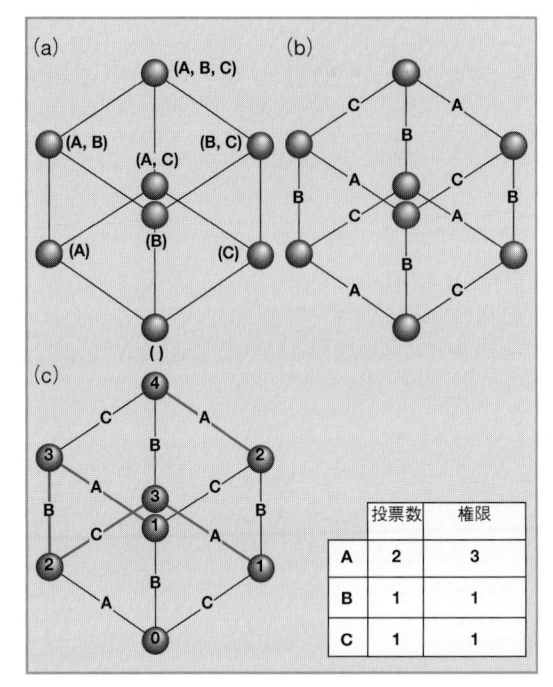

図2 要素 n の集合の部分集合 2^n の代表者（a）．それぞれの部分集合は，たとえば協議のときに「賛成」票を投じるような一定の要素のリストである．部分集合ごとに違う要素は，それらを結びつける線分で示されている（b）．成員の権力指標は投票のバランスを崩す線分の数に応じて決まる（c）．

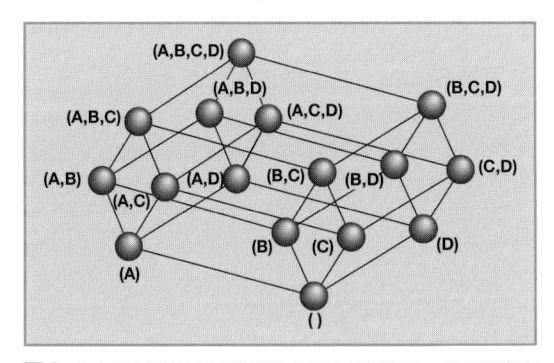

	投票数	権限
A	2	3
B	1	1
C	1	1

図3 4人の有権者による投票システムの図表は，16の頂点をもつ超立方体である．この数は4つの要素をもつ集合の部分集合の数に等しい．

表4 トンプキンズ・カウンティ

区 (cantons)	人口	投票数	権力の指標	権限/人口
ランシング	8 317	404	4 747	0.571
ドライデン東	7 604	333	4 402	0.579
エンフィールド，ニューフィールド	6 776	306	3 934	0.581
イサカ3区	6 550	298	3 806	0.581
イサカ4区	6 002	274	3 474	0.579
イサカ南東	5 932	270	3 418	0.576
イサカ1区	5 630	261	3 218	0.572
イサカ2区	5 378	246	3 094	0.575
イサカ東北	5 235	241	3 022	0.577
グロトン	5 213	240	3 006	0.577
カロライン，ダンビー	5 203	240	3 006	0.578
イサカ5区	5 172	238	2 978	0.576
イサカ西	4 855	224	2 798	0.576
ユリシーズ	4 666	214	2 666	0.571
ドライデン西	4 552	210	2 622	0.576
合計	87 085			

各区の投票数の適用と，各区の投票数が人口に比例するようにした権力指標の計算．ここでは，比例性がうまくとられている．

ならないシステムを適用するのはむずかしそうだよ．私は損をしかねないからね」

▶ 訳注

* 1 政治制度の中でものごとを決定する能力．欧米では計量的研究は多い．「権力指数」はその一つ．
* 2 ペネローペに対する愛称．
* 3 「同盟」「連合」等を意味する一般概念．
* 4 Moutonnieres の mouton は「羊肉」，Les bout の bout は「森」，Sexapile の sexa は「6」を，verrat は「豚」を意味する．
* 5 前章と国名はいっしょだが，構成している国や州の名称が異なっている．ご愛敬ということで．
* 6 「現〜」とあえて強調して，その地位が不確実であることを示している．
* 7 ボリジェに対する愛称．
* 8 この人名は，いわゆるゲ（ジェ）リマンダー（Gerrymander）とひっかけている．ゲリマンダーとは，特定の政党や候補者に有利なように選挙区割りをすること．とくに，その区割りがいびつな形になる場合をいう．米国マサチューセッツ州知事 Gerry が選挙区を自分の有利なような選挙区割を画策し，サラマンダー（salamander，サンショウウオ，火トカゲ）に形が似ていたことからの造語．ややわかりにくいが図1はその形を模している．
* 9 後から理由さえ付けばよい，というニュアンスを込めた皮肉．
* 10 Banzhaf Power Index．その人のもつ投票の力を示す指数．ある投票において勝つ組合せの中で，その人の投票によって負ける状況に変わるものの数を数える．この数のことをさす．ひとりがもっている票数がちがっても，同じ指数のことがある．
* 11 decisif（英語；decisive）：その票によって決・否決が逆転するような票，あるいは投票者を「決定的」という．決定的になるチャンスを測るのが権力指数である．
* 12 本来は，米国のカウンティー（county）は，郡と訳される．表4の 'canton' を「区」と訳した．

なんという偶然の一致[*1]

―ときには思っている以上に偶然に一致する
　ことがある―

　数年前に友人の1人が，アイルランドの辺鄙な町でハネムーンをすごしたことがあった．彼と妻が人気(ひとけ)のない海岸を歩いていると，2人の人が近づいてきて，それは上司と奥さんだったという．どちらも相手の旅行の計画を知らなかったのだ．彼らの出会いは，まったくの偶然の一致だったのである．

　われわれが偶然の一致にひかれるのは，関係する確率について貧弱な直観しかもちあわさないからだろう．誕生日の一致という，もっともありふれた一致の1つを検討してみよう．少なくとも2人の誕生日が重なる確率が1/2をこえるためには，どれくらいの人が1室に集まらなければならないのだろうか．これを単純化するために閏(うるう)年を考えずに，誕生日に該当する日が365日しかないと仮定してみよう．また，それぞれの日がおなじ程度に誕生日になると仮定しよう．つまり1年のある時期に，より多くの子どもが生まれることは，ありえないのである（この要素を考慮に入れることもできるだろうが，結論は変わらないのに計算は複雑になるだけだろう）．

　それでは，部屋に何人の人間がいる必要があるのだろう．100人だろうか，200人だろうか，1000人だろうか．研究者がこの問題を大学生に出したところ，予想の平均は385人だった．366人の人間がいれば，引き出しの原理[*2]（この原理が規定するのは，2つの引き出しのなかに3枚のシャツをいれるとすると，引き出しの1つに2枚以上のシャツを入れざるをえないということである．ここでは日にちは引き出しの数に等しく，人数はシャツに相応する）によって，少なくとも一致が保証されるので，385は明らかに多すぎる数値である．実際に正しい答えはもっと少なく，23人だったのだ．

　この計算にとって，事象が起きない確率を決めるほうが容易である．1からこの数を引くと，出来事が起きる確率を入手できる．たとえば「少なくとも2人の誕生日が重なる」事象が，起こらないのはいつだろうか．そのときは，すべての日にちが違うわけである．最初に1人が部屋にいて，別の人間が1人ずつ連れてこられたと仮定しよう．新しくきた人の誕生日が，すでに部屋にいた全員の誕生日と違う確率を計算することができる．こうした確率はたえず減少し，したがって一致の確率はふえつづける．ところで，ある事象[*3]は確率が1/2以上の場合，かつそのときに限り，起こらないよりは起こるほうが確からしい．われわれはすべて違う日にちの確率が1/2以下になれば，少なくとも1つの日にちが一致する確率が，そうではないより高くなることを知っている．

　アーサー[*4]というただ1人の人では，一致する可能性はない．つまり，求める確率は1に等しい．それでは，ブリジットとのあいだではどうだろうか．アーサーの誕生日は1年の365日のうちの1日であり，彼はこれらの日の1日に生まれているので，誕生日が違う確率は364/365に等しい（誕生日が違う場合の数と可能な場合の数の商）．つぎに，チャールズがやってきた．残る日にちは363日だから，ほかの2人の誕生日が違う確率は363/365である．3つの異なる日にちの組合せの確率は（364/365）×（363/365）の積に等しい（おなじようにして，表か裏かで連続して2回表を手

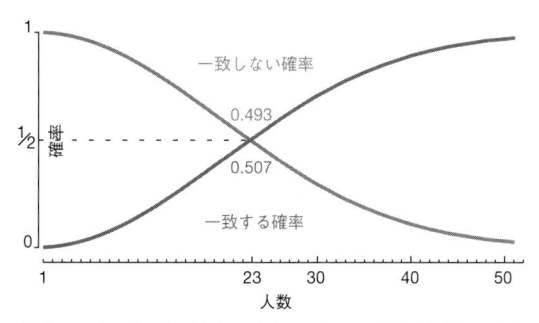

図1 23人いれば，（少なくとも）2人の誕生日が重なる確率は1/2以上になる．この確率は急速に高くなり，40人の人間がいれば90％に達する．（訳注：このグラフは交点が不正確なので注意されたい）

図2 サッカーの試合で，2人の出場者の誕生日が重なる確率は1/2以上である．

にいれる確率は1/2×1/2に等しい）．

ここで一般的な公式が出現する．デニスが部屋に入ってくれば，4人が違う誕生日をもつ確率は以下のようになる．

$$(364/365) \times (363/365) \times (362/365)$$

より一般的に，部屋のなかにn人がいれば，n人が違う誕生日をもつ確率は以下のようになる．

$$(364/365) \times (363/365) \times \cdots \times ((365-n+1)/365)$$

だから，どのnから1/2以下になるかを知るには，この式の一連の数値を計算すればいいだろう．22人の誕生日が違う確率は0.524であるが，この結果は23人では0.493にさがる．だから23人が集まれば，少なくとも1つが一致する確率は1−0.493，つまり0.507になるだろう．事象が起こる確率は，起こらない確率より少し高い（図1）．

右の結果を23人以上の集まりで，賭けに勝つかどうかによって確かめてみよう．あなたはそのうち賭けに勝つだろう．つぎに，人間がいればいるほど早く勝つだろう．参加者の大半は部屋のなかの人数という問題の見せかけの面に集中するだろうから，一致しそうにないと判断するだろう．23人は小さい数だが，23人を対(ペア)にする253通りの結びつきが存在する（nにたいして，$n(n-1)/2$の結びつきがある）．この大きな数は一致の確率を明らかにする．

イギリスのジャーナリストで数学者のロバート・マシューズと，フィオナ・ストーンズは，この結果を実験的に検証した．サッカーの試合ではグラウンドに，2つのチームの各11人の選手と1人のレフェリーという23人の人間がいる．だから「少なくとも2人の出場者の誕生日が重なる」事象は，重ならない場合よりも高い．彼らは1997年4月19日のイギリス最初のリーグ戦に関心を寄せた．10の対戦にたいして6つでは一致し，4つでは一致しない（図2）．

実際に2つの試合で，2組の一致が見られたのである．リヴァプールとマンチェスターが対抗した試合で，2組の選手の誕生日が1月21日と8月1日だった．チェルシーとレスター市の試合で一致したのは，11月1日と12月22日だった．この二重の一致はまた確率論で予想される．確率論では，23人のあいだに2つの一致がある確率を0.111……と推定される．だから，平均してサッカーの9試合ごとに，この事象が起こる．23人のあいだに3組の一致が起こる確率は0.018……に等しく，3人が一致する確率（23人のあいだで3人の誕生日が重なること）は0.007……に等しい．平均して135回の対戦に1度であることが観察される．

こんどは少し違う問題にしよう。「少なくとも1人が、あなたの誕生日と重なる」事象が、重ならない確率より高くなるためには、あなた自身のほかに何人の人が部屋にいなければならないのだろうか。あなたの誕生日でない日が364日あり、この人数の半分以上が部屋にいるとすれば、誕生日が重なる可能性は2分の1人以上だろう。だから、答えは (364/2)+1、つまり183人だと思うかもしれない。しかし、正しい答えは253人である。

この数を得るために、すでに使ったテクニックを再使用することにしよう。あなたの誕生日と違う確率を求め、つぎに1からこの数を引くことにしよう。あなたはすでに部屋のなかにいて、アーサー、ブリジット、チャールズ、デニスなどが1人1人入ってくる。アーサーの誕生日があなたと違う確率は364/365であり、ブリジットの誕生日があなたと違う確率も364/365である。また、ほかの全員についても、おなじことがいえる。ここでは、アーサーとブリジットの誕生日が4月3日だというような、あなた以外の人の誕生日に注意をはらわないで、あなたと誕生日が重なるかどうかだけを考える。だから、n人がはいってきたあとは、あなたと日が違う確率は $(364/365)^n$ に等しくなる。この式が 1/2 以下になるための n の最初の数値は、

$$253\quad ((364/365)^{253}=0.499\cdots\cdots)$$

である。

この答えが最初の問題の（23人の中から選ぶ）対の数と等しいことは、数学的に何の意味もない。つまり、たまたま一致するだけなのだ！

この確率計算は、何を教えてくれるのだろうか。まず、起こりそうに思えない事象から過度の影響を受けないよう促してくれる[*5]。これらは、たいていは起こらないのだ。誕生日が重なる2人のサッカー選手は、一致にきっと驚くだろうが、すべての試合に誕生日が重なる1/2以上の可能性がある。選手たちはこの一致を何年間もおぼえているだろうが、ほかの252対の選手の誕生日が重ならないことには驚かない。われわれは一致には気づいても不一致を無視するからであり、このようにして現実にはない大きな重要性をあたえることになる。

私の友人のハネムーンの旅行中の出会いは、彼が生涯に出会う「上司とその妻以外のカップル」の数を考えれば、そんなに驚くべきことだとは思えないのである。

▶訳注

- [*1] coïncidence.「一致」だが、偶然の一致という意味が含まれている。なお、ここで扱われているのは、「誕生日問題」(Birthday Problem) という確率論の著名なパラドックスの一つである。
- [*2] 鳩の巣原理、または「ディリクレの箱入れ原理」ともよぶ。1つの引き出しに1つの物を入れるとき、m個の箱には最大 m 個の物しか入れることができないということ。さらにもう1つ物を入れるなら、1つの引き出しに2つ入れないといけない。
- [*3] 事象。確率論の用語で、「出来事」の意味。
- [*4] 以下、アーサー、ブリジット、チャールズ、デニス、と ABCD 順に名前が続いていく。
- [*5] 人は一致することには驚くが、一致しないことにはとくに驚かないので、認知ギャップが起きる。それが一見不思議に思える原因である。

かくも長き旅路を[*1]
―膨脹する宇宙内の追跡―

　キャプテン・クールの航海日誌，星暦2531年5月．《宇宙船『アントルプルナン』号はアビ・スコットの機転のおかげで，無限につづきそうな完全なニュートン重力場内の噴出をどうにか免れた．チーフエンジニアのスコットは，数マイクロ秒で重力の極性を逆転させたのだった……》
　船医のレニーの際限もない話が，旅行の単調さの緩和剤となった．ところが，新しい危機が接近してきたのだった．スコットがわめいた．
「キャプテン，また重力探知機が作動しています．半光年うしろに……奇妙な物体が……あるみたいです．船尾のスクリーンを通して見ましょう」
　フレークオフがいった．「大きいぞ」
　クールが観察した．「緑色だ」
　ヤフータがいった．「奇妙な物体です」
　ストックが咳ばらいをしながらいった．
「キャプテン，間違いなく，大きな緑色の謎の物体です」
「つまり，なんなんだよ」
　ストックが弁解じみた口調でいった．
「あのー……大きな緑色の奇妙な物体ですよ」
　船体がゆれたのは，そのときだった．ブリッジが爆風に直撃されたみたいにぐらついた．すべての照明が消え，コンピュータは神経質に点滅した．回転しはじめた大きな緑色の奇妙な物体は，空間的・時間的な組織内に渦巻きをつくりだした．アントルプルナン号の進行方向にある物体の中心部から，急に形のはっきりしない褐色の偽足のもつれた塊があらわれた．クールは仰天した．
「あれはまた，なんなんだ」

　ストックがいった．
「作動中の分析機です」
　分析機の触手がアントルプルナン号をとりまいてゆすぶったあと，どうやら溶けたらしく，船体の表面に何かが流れた．
　ストックがまたいった．
「分析の結果がとどきますよ」
　げんなりするような表現不能の嚥下運動が起きて，物音がしなくなった．神の声に似た何かがうなった．
「こんなことになって困っている．しかし，私はチョコレートに包まれた宇宙船に抵抗することはできない」
　クールがさけび声をあげた．
「アントルプルナン号はチョコレートになんか包まれていないぞ！」
　分析の結果にふり回されたストックがいった．
「いまは包まれています」
　大食いのフレークオフが聞いた．
「ミルク・チョコレートかな」
「いや，ブラックだ」
　フレークオフがいった．
「ついてないな．きっとココナッツ入りだろう」
　クールがフレークオフの顔を見ながらいった．
「いや，変なココナッツだよ．そうだ，少なくともココナッツだ」
　そのあと，彼は現実離れした声に話しかけた．
「あなたはだれですか」
「私は肉体を離れた声だ」
　ストックがいった．
「こんなことを勉強できて幸せだよ」

「ミスター・ストック，だまってください」
と，クールの穏やかな，抑制のきいた声がいった．少し穏やかすぎる，抑制のききすぎた声だった．彼は肉体を離れた声に聞いた．
「あなたはどうして，われわれの宇宙船を捕獲したんですか」
「笑うためだ」
　クールはいった．
「あなたはすぐに放さなければなりません．これは恒星フロットの宇宙船です．あなたがわれわれに悪いことをすれば，宇宙の果てまで追跡されて，偏執狂的な大量虐殺のようにバラバラにされるでしょう」
　ストックはクールの肩をたたいてなだめた．そして，いった．
「もちろん，あなたを怒らせたくはありません．どうか，われわれを解放してください」
「そんなに頼むのならばな．しかし，あなたたちは自分の宇宙に引き返す権利を勝ちとらなければならない」
「なんですって」
　声はつづけていった．
「知能と自発性のテストだ．私はあなたたちと宇宙船を，私の選んだ状況におくだろう．あなたたちが適切に行動すれば，自分の宇宙への帰還を許されるだろう．以下にテストがある．あなたたちのエンジンに一時的にひずみを起こして狂わすから，あなたたちの最大速度は秒速1mになるだろう．宇宙船は半径1kmの人工的な宇宙の中心におかれている．この宇宙の果てにたどりつくまでに，どれほどの時間がかかるかを私にいわなければならない」
　ヤフータがコンピュータのキーを打った．コンピュータがささやいた．
「1 000秒です」
　声がつけくわえていった．
「テストはまだおわっていないのだ．宇宙の半径は，毎秒，ちょうど1kmずつ増えていく」
　クールが抗議した．
「それじゃ，われわれは出ることができませんよ．宇宙の果ては，われわれが接近する最大速度より早く遠ざかっていくんですから」（図1）
「そうだ．しかし宇宙は膨張するから，宇宙船もいっしょに引っぱられるし，宇宙船の位置はそれに比例して変わる」
　クールがいった．
「そうしたところで，宇宙の果てはわれわれの速度を上回る速度で遠ざかります．われわれには，どうすることも……」

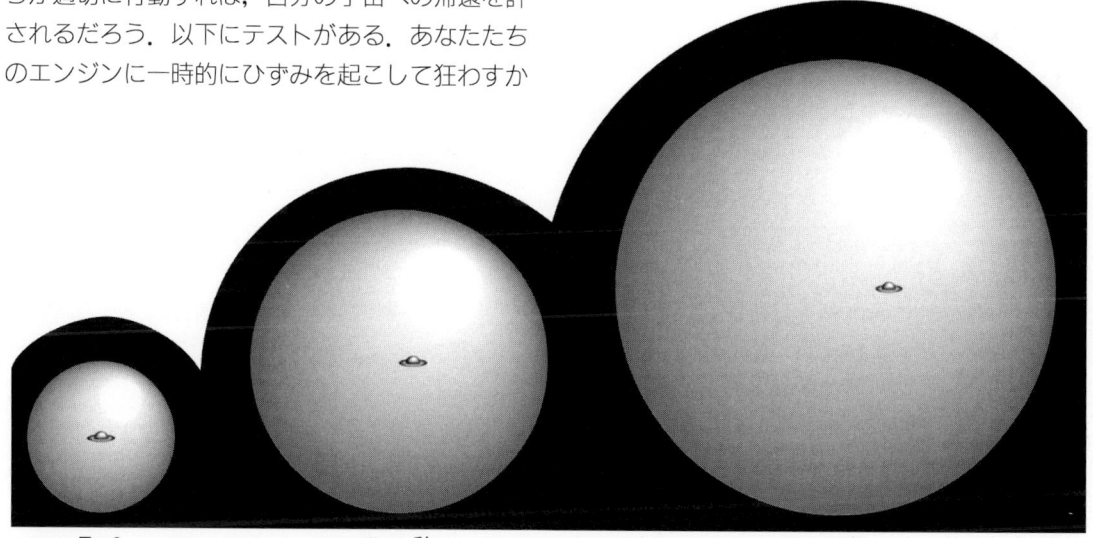

T=0
宇宙の直径：1 km
宇宙船の位置：0

T=1秒
宇宙の直径：2 km
宇宙船の位置：1 m

T=2秒
宇宙の直径：3 km
宇宙船の位置：2 m

図1　アントルプルナン号は膨張する宇宙のなかにおかれている．宇宙船はこの宇宙の境界にたどりつけるのだろうか．

ストックがいった.

「キャプテン，どうか落ち着いて，私に考えさせてください．最初の1秒で，われわれは1m進むので，残りは999mです．そのとき，宇宙の直径は1km増えて，われわれは引っぱられます．つまり，われわれは中心から2mのところにいて，残りの距離は1998mです」

「そのとおりだ」

「つぎの1秒で，われわれはまた1m進んで，合計で3m進むので，残りは1997mです．そのあと，宇宙の直径は1km増えて，これは50％の膨張率ですから，われわれは4.5mのところまで引っぱられて，2995.5m残ります．つぎの1秒で…」

クールが穏やかにいった．

「ストック，答えの時間がどれだけだろうとこの調子でやると，問題を解くのにもっと時間がかかるだろうよ」

みんなが驚いたことに，レニーがいった．

「これはすべて分数の問題そのものだと思うんだけどね，ジョーンズ」

「なんだって」

「宇宙が膨張して，アントルプルナン号を引っぱっても，すでにたどった距離の部分は変わらないんだ．われわれが分数の形式で考えれば，もっと早く答えを見つけることができるだろうよ」

間髪をいれずにクールがいった．

「分数とはいい考えだ．ストック，どう思うかね」

レニーがいった．

「最初の1秒で，われわれは半径の1/1000進み，つぎの1秒で半径の1/2000進む．3秒目では，半径の1/3000進むというふうになるわけだ．n秒めでは，半径の$1/(1000 \times n)$進むから，n秒後にたどった部分の和〔訳注；部分和という〕は，以下のようになるだろう．

$$\frac{1}{1000}\left(\frac{1}{1}+\frac{1}{2}+\frac{1}{3}+\cdots\cdots+\frac{1}{n}\right)$$

いいですね，$H_n = 1/1 + 1/2 + 1/3 + \cdots\cdots + 1/n$とすれば，$1/1000\ H_n$となる．$H_n$は$n$番めの調和数[*2]だ．だから，宇宙の果てにたどりつくために必要な秒数は，H_nを1000以上かそれに等しくするnのどれかの数値になる．もちろん，それが起こると仮定しての話だけどね，キャプテン」

クールがいった．

「そこがむずかしい点だな．そんなことが起こらないのはあきらかだ．nが大きくなれば，そのたびに新しい項$1/n$はだんだん小さくなっていくから，和はかなり小さな数値になるにちがいない．ちなみに

$$1/1 + 1/2 + 1/4 + 1/8 + \cdots\cdots + 1/2^n$$

という合計を考えてみよう．つねに2より小さくなる」

ストックがいった．

「キャプテン，あなたが何を言いたいのか，わかってます．それでも，あなたの例は違うのかもしれないと思いますね．あなたがいいたいのは，調和級数が収束すれば，その和は，この場合，すべてのnにたいして，1000未満になるということです．それにたいして和が発散すれば，H_nは選んだすべての数，とくに1000をこえるということですよ」

クールは聞いた．

「それが私のいいたいことなのか」

「はい，キャプテン．私のいうことを信じてください」

クールがいった．

「驚いたね．自分がものごとをこんなふうにいえるとは，考えたこともなかったよ．私は自分で考えていたより頭がいいんだな」

ストックがいった．

「あいにくと，nの単純な関数に従ってH_nを表現する既知の公式はありません．数列自体か，いくつかの変数でなければね．実際にH_nの既約の表記法の分子と分母の数値は，どちらかといえば不規則です」（表1）

フレークオフが大声でいった．

「コンピュータを使うことができませんか．数1, 2, 3, 4, 5, ……を順番にこえるには，いくつの項をくわえなければならないかを，コンピュータで計算してみたいのです．そうすれば，もどるために必要なものがわかるでしょう」

表1　調和数の数値

n	0	1	2	3	4	5	6	7	8	9	10
H_n	0	1	3/2	11/6	25/12	137/60	49/20	363/140	761/280	7 129/2 520	7 381/2 520

クールがいった.

「いい考えですね，ミスター・フレークオフ」

"肉体から離れた声"がいった.

「その結果を見ることにしよう」

その数日後のことだった．クールが聞いた．

「ミスター・フレークオフ，問題はどうなりましたか」

フレークオフがいった．

「和が18をこえたばかりです．いまでは，増え方がゆるやかになってるようですね」

クールがいった．

「ミスター・ストック．かなりすばらしい証明ですね」

「何がですか，キャプテン」

クールが傲慢そうな口調でいった．

「調和級数が収束すると，そして18よりそんなに大きくない，何かに近づくことですよ」

ストックがいった．

「キャプテン，どういう結果になるか知りたいですね」

クールはミルクを少し飲んだ．ストックはつづけていった．

「しかし，どうやら間違ってるみたいですよ」

クールは驚いたようだった．

「ミスター・ストック，それはどういうことですか」

「私は長い計算をしないでも，調和級数が発散することを理論的に証明することができるんです．しかし，調和級数はひじょうにゆっくり発散しますので，だからコンピュータは1点に収束するように見えるのです．実際に十分に先まで続けると，コンピュータは新しい項$1/n$を0として削除することになるでしょう．なぜなら，コンピュータはどんな数も無限の精度であらわすことはできないからであり，だから，和は以後すべて等しくなります．ハードウェアとプログラムは計算の

表2　H_n が各整数をこえる最初の n と H_n

整数	H_n を得る最小の n	H_n
1	2	1.5
2	4	2.083
3	11	3.019
4	31	4.027
5	83	5.002
6	227	6.004
7	616	7.001
8	1 674	8.000
9	4 550	9.000
10	12 367	10.000
11	33 617	11.000
12	91 380	12.000
13	248 397	13.000
14	675 213	14.000
15	1 835 422	15.000
16	4 989 229	16.000
17	13 566 308	17.000
18	36 797 086	18.000

有限の精度を違う方法で操作しますので，この数値は使用されるコンピュータとソフトウェアの種類によって変わります．コンピュータによる実験は，たびたび人を欺きますよ」

"肉体から離れた声"がいった．

「よろしい．コンピュータを信用しないということを学んだな」

「あなたもコンピュータを信じないんですか」

「私はコンピュータだ．汎銀河知能の全能種族によって，あなたたち自身の空間的・時間的連続体のなかにおかれた，ひじょうに強力なスーパー欺瞞ハイパーコンピュータだよ」

「マクドナルドだってどこにでもあります．それじゃ，私はどこにいるんでしょう……そうですね，わかりました．つぎのような数列を書くことにしましょう．$1+1/2+(1/3+1/4)+(1/5+1/6$

+1/7+1/8) ＋(1/9＋1/10＋1/11＋……＋1/16)
＋……という数列で，それぞれの括弧は前の項の
2倍の数の項を含みます．すると，それぞれの括
弧は1/2より大きく，したがって数列の和は，
$$1+1/2+1/2+1/2+\cdots\cdots$$
より大きいのですが，この数列はどのように選ん
だ数もこえますね．

しかし，それではミスター・フレークオフのコ
ンピュータの計算を，どう解釈すればいいのです
か．

私の括弧かこみの方法と，1/2によるそれらの
下からの評価を使用して18にたどりつくには，
最初の1のほかに，2×17=34 の括弧が必要でし
ょう．m 番めの括弧の最後の項にたいする n の
数値は，2^m です．われわれは 2^{34} までを合計し，
つぎにこの170億の項を加えれば，18をこえる
ものと確信します」[*3]

フレークオフが指摘した．

「でも，あなたの方法は下からの評価にすぎませ
んから，最良の見積もりは，おそらく170億より
は小さいでしょう[*4]」

「あなたたちの考え方は，労多くてまわりくどく
てかなわない」

ストックはつづけた．

「それに答えることができますよ．H_n の値は
$\log n$ によって近似されます，ここでは log はネ
ーピア対数です．これは積分学によって証明され
ます．あなたは関数 $1/x$ を1から n まで積分し，
その数値を……」

クールはいらいらしていった．

「わかった，わかった．それだけをつづけて問題
を解き，ここから外に出ようじゃないか！」

ストックがいった．

「$H_n - \log n$ の差は，n が無限大に向かうと定数
に向かいます．この差はオイラーの定数といわれ
て γ で記され，値は以下のようになります．
$$\gamma = 0.5772156649\cdots\cdots$$
つまり $H_n \approx 1000$ であれば，$\log n + \gamma = 1000$,
すなわち $n = e^{1000-\gamma}$ となります．ここで $e=$
2.71828182…… は，これはネーピア対数の底で
す．だから，宇宙の境界にたどりつくために必要
な秒数は $e^{999.423}$，つまり $10^{434.039}$ 秒で，約 3.46×10^{426} 年ですよ」

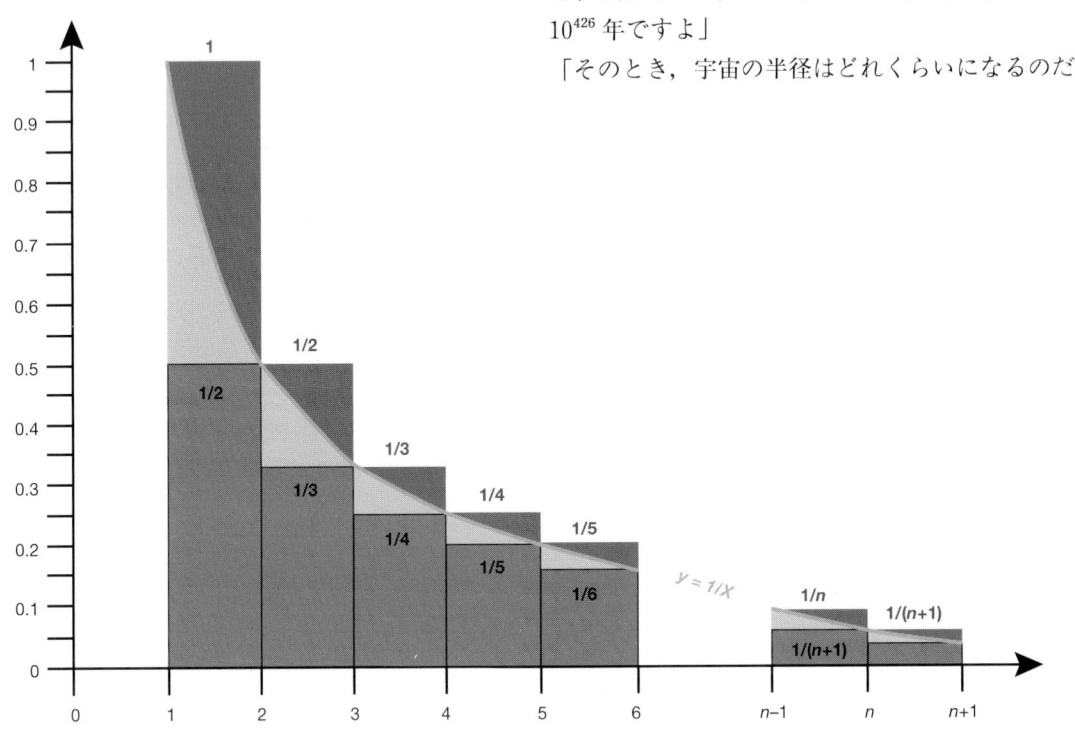

「そのとき，宇宙の半径はどれくらいになるのだ

図2 調和級数の最初の n 項の和は，$\log (n+1)$ と $\log n+1$ にはさまれる．

ろう」
「$n+1$ km です．だから，この半径は 10^{434} km くらいです」
"声" がいった．
「おめでとう．問題を解いたあなたたちは，今は自由に私の人工的な宇宙を離れることができる」
　クールが聞いた．
「ところで，どんな方法で離れるのですか」
「境目に達すればいいだけだ」
「よし．ヤフータ，ワープ7の方向に，宇宙の境界目がけてエンジンを始動させよう」
「しかし，キャプテン，どの方向をとっても宇宙の境界に向かいますよ」
「それじゃ，いちばん手軽な方向をとろう，ヤフータ．自主的にやってくれ」
「キャプテン，たった1km たどるために，ワープ般法を使わなければならないことはないでしょう」
「すでに説明したように私の宇宙では，あなたたちの速度は秒速1m と制限されている．あなたたちは耳が聞こえないんじゃないか」
「もう，テストされていないと思ってましたよ…」
「いやいや，これは現実なんだ．また宇宙の膨張率についても，おなじことだよ．1秒ごとに，1km ずつ増えていくんだから」
　このメッセージを理解するまでに，しばらくかかった．クールがいった．
「ここからでるのに，10^{426} 年かかるというんですか」
　声はとうとう，しわがれた大声になった．
「そのとおりだ」
「でも……でも，その前に燃料の問題にぶつかるでしょう」
　ストックが注意した．
「キャプテン，その前に，みんな死んでしまいますよ」
「ああ，ああ……燃料だけじゃないか」
「私はずっと，あなたたちが有機的な生物であることを忘れていたよ．ふつうなら，時間は問題にならないのだ！　よろしい，私は燃料を無限に保存し，身体のあらゆる変質をなくする場にあなたたちの宇宙船を潜入させよう」
"肉体から離れた声" は消えた．

　クールはいった．
「困難だが，いいじゃないか．なんとか耐えることにしよう．ヤフータ，望ましい方向へ秒速1m で進路を定めよう．こんどは，どのようにして 10^{426} 年をすごすかだ．ビデオで人類の全史を見るか，国立図書館の本を読むか，田舎の電話帳の番号を足し算するか．いや，そんなことをしても，全体の時間のわずかしか使えないよ．これは退屈な旅行になるだろうな．じつにうんざりする長旅で，おそろしく単調な……」
　レニーがつけくわえた．
「あなたがわれわれを管理すれば，おわることのない憂うつな旅行になりますね」
　スコットが大声でいった．
「私によい考えがありますよ」
　彼は宇宙船の医師のほうを向いた．
「ドクター・レニー，あなたが『アンデファンダーブル号』に3等医官として，乗船していたときの冒険話を聞かせてくださいよ」

▶訳注
* 1　ここの舞台設定は「スタートレック」のそれを借りている．星暦，宇宙船の名前（アントルプルナン号←エンタープライズ号），船員の名前（例，ストック←スポック，船医のレニー←レナード・マッコイ），宇宙船の置かれた状況（『宇宙大作戦　スタートレック』（ハヤカワ文庫）でのエピソードと思われる）などなど．
* 2　調和数（harmonic number）とは，自然数の逆数の n 番目までの和 H_n のこと（自然数の逆数を作ること）．単位・長さを等分割することは音楽では調和をもたらすとのギリシア以来の考え方に基づく．
* 3　表2によれば，$H_n \geq 18$ となる最小の n は，36 797 086 で，はるかに小さい．
* 4　$2^{34} = 2^4 \times 2^{30} = 2^4 \times (2^{10})^3 \fallingdotseq 16 \times (10^3)^3 \fallingdotseq 160$ 億　$(2^{10}) \fallingdotseq 10^3$

1は9より出やすいですって！

―大半の数値データの最初の数字では，最小整数がより頻出する―

　市のたつ広場は，信じられないほどにぎわっていた．明るい電光がすき間なく並び，何人かの子どもたちがわめきながら，あらゆる方向に駆け回っていた．ジェットコースターを降りた私は，少し前に考えもしないで，大きなパナシェを飲んだことを後悔していた．少し吐き気がしたので，あまりにぎわっていない市の端のほうに向かって歩き，"愛のトンネル"*1と占い師たちの前を通りすぎた．展示場所にはビニール袋にいれた小さな金魚から，人々がダーツを投げる大きなカードや，だれでもただでもっていけそうな，わらをつめた高さ2mのウサギをおいた射撃台まであった……日本の銀行のように賭けに投資できて，『スター・ウォーズ』のような武器を自由にもてれば楽しかっただろう．

　端のほうは商売に活気がなく，人はほとんどいなかった．ある展示場所だけは例外で，50人ばかりの野次馬が集まっていた．私は人前に進みでた．手書きの看板があり，「ヌンボ*2，数の魔術師」と書かれていた．

　人ごみをすり抜けた私は，わらをつめたオウムをもつ2人の男性と，石こう製の3匹のプードルとカラメルをかけたリンゴをもった年配の女性の前を通った．そして，呼びこみの口上を聞いてびっくりした．

　「モルジブ諸島の環礁区*3の各州都の人口は何人ですか？　私はあとで答えますが，みなさんには，もう少し複雑な問題がいいかもしれません．競馬じゃないので，ルールをよくおぼえておいてください．私は最初〔訳注；先頭〕の数字に1と2がくることに賭けますが，みなさんはどの数字に賭けてもいいのです．私は根っからの無私無欲な人間ですから，人道主義的だが無謀な行為で，だいじなお金をすり減らします．たとえば10フランの賭けのたびに，あなた方が勝てば15フランお返ししましょう．たとえ私の勝つチャンスが5回に1回しかなくても，問題ではありません．よろしいですね」

　若い女性がいった．

　「9回に2回のチャンスじゃないの．最初の数字は0じゃないからね？」

　ヌンボがいった．

　「0じゃありません，お嬢さん，訂正します．でも，賭けがあなたにひじょうに有利なことを認めなければなりませんよ．こんどは，神さまにおうかがいしてみましょう」

　彼のうしろに，コンピュータの大きなスクリーンがあった．たぶん，キーボードを使って知識を披露するのだろう．

> モルジブ諸島には19の環礁区があります

という文字が出ていたからである．彼は島の名まえをあげた．1のハー・アリフから19のシーヌまで，長いリストがはじまった．スクリーンのリストの下に，

> 1つの数を選んでください

という文字がでた．1人の男性が5を選んで賭けた．スクリーンに明かりがつき，数列と数字がつぎつぎとあらわれた．つぎに，すべての速度が遅くなり，

環状珊瑚島の5番	ラー
州都	ウゴオファアル
人口	11 303

でとまった．ヌンボは美しい歯を見せて笑った．

「最初の数字は1ですから，私が勝ちました．ムッシュー，勝負してくださったことに感謝します．つぎは，どなたの番ですか．耳輪をつけた若い男性ですか．だめですかね．どうしてだめなんですか，マダム」

大きなブルーの帽子をかぶった女性が，バングラデシュのキロワット時（kWh）の年間エネルギー消費量に10フラン賭けた．そして，74億4 000 kWhが告げられたので，15フラン勝った．彼女はまた，おなじ額をイタリアにおいて，結果は2 410億kWhだったので，掛け金を失った．

私はやっと賭け方がわかりはじめた．賭け手はたまたま出る数字の最初の数に賭けていたのである．重要なのは最初の数だけだった．最初の数が1か2なら，ヌンボは10フランをポケットに入れた．最初の数が3，4，5，6，7，8，9のどれかだったら，賭け手が勝って，掛け金のほかに5フランを手にいれたのだ．彼らが勝つ期待値は，5×7/9－10×2/9＝15/9であり，賭けのたびの勝ち金は平均して1.69フランだった．

私も賭けてみたかったが，ヌンボの無私無欲を信じていなかった．なにかおかしなことがあるはずだった．コンピュータにいかさまの細工をできないだろうか．ヌンボはポルドヴィ大学の情報処理学科のデータベースに直結しているという，サイン入りの重要な証明書をはりつけていた．そのすぐそばには，大学の証明書が本物であることを証明した，地元の警察のもっと小さな証明書がはりだされていた．

私は賭けてみる気になった．人ごみをひじで押し分けて進み，最前列まで出てから，ラトビアの各地区の人口に100フラン賭けた．ヌンボは不審に思ったようだったが，数秒後に首をふって承知した．私はコンピュータから，つぎのような情報を受けとった．

ラトビアには26の地区がある
1，アイズクラウクレ
……
26，ヴェンツピルス
数字を1つ選んでください

私は23を選んだ．23はトゥクマで，人口は59 200人だった．私は大喜びで150フランを手にとった．金を受けとるとき，ヌンボの態度から何かを感じとったので，以前に会ったことがあるような気がした……そのときは違う顔だちで，赤茶けた口ひげもなかったし，バスケットのトレーニングウェアも着ていなかった．しかし……コートが記憶と一致したのである．

彼は数学魔術師のマシュー・モリソン・マドックスだったのだ〔訳注；本書，18 P～「1 001の符合」にも登場〕．こんなところで，何をしていたのだろう．彼が驚いたのは，私の表情を読んだせいにちがいない．彼は明らかに私が彼を知っていることに気づいたのだった．彼は私を見て息をのんだ．

「ショーのあとで会いましょう．ベルビル通りのパブ『オ・トリトン・ソーブル』にいきますよ」

彼はつぎの犠牲者に襲いかかった．私は群衆をかきわけて姿を消した．

オ・トリトン・ソーブルは静かな店ではなかった．私は1杯のビールをもって片隅にすわり，だれかを待っているような素振りをしないようにした．30分くらいたったころ，マドックスは足を引きずってやってきた．そして地元の赤ワインのグラスをもち，私の横の椅子にすわりこんだ．私はいった．

「やあ，マット．市のたつ広場では，どんな運がついたのかね」

彼はつぶやくようにいった．

「ひどい災難でしたよ．『2つに切られた女』という古い出し物を知ってますか．あれをノコギリでなくレーザー光線で実験してみたら，うまくいかなかったんですよ」

「おや，そうですか．かわいそうなヴェロニクがいなかったんですね」

彼は首をふった．

「とんでもない．彼女はいつもうまくやりますよ．そうじゃなくて，鏡に映った光線が劇場の天井にはね返り，ついでシャンデリアにはね返って，市長が見物していた個室の根元を切り裂いてしまったんです．市長は奥さんでない若い女性と並んで空中にぶらさがりましたよ．具合の悪いことになって，市長はハッピーということにはなりませんでした．その結果はホールの使用許可を12ヵ月間も取り消されたことでした．だから，捨て身の方法に頼らざるをえなかったんです」

「市で仕事をする権利はもってるんですか」

「まあね．本名を使えないので『ヌンボ』になってますよ．このことでは面倒な質問をされたくないんです．ところで，故意にラトビアのゲームを選ばれたんですか」

「とんでもない．どうしてですか．あのテーマに，何か妙なことがあったんですか」

「私のほうが聞きたいですね．ラトビアには一種の境界委員会があります．ラトビアの地区の人口はいずれも 50 000 人以下で，その 3 倍の人口をもつリガだけが例外です．私はそれを分割するのが問題なんだろうと思ってます．このような例外があるので，私の計算が狂うんですよ」

私は意味がわからなかった．彼は肩をすくめていった．

「ベンフォードの法則[*4]に違反します」

「なんですって」

マドックスは説明した．

「コンピュータが出現する前の昔の時代を覚えていますか．複雑な掛け算と割り算を，対数表を使って計算していた時代ですよ」

「もちろんです．私も対数表の使い方を勉強しましたよ．学校の数学で，もっとも大切なものでした．数の対数をとって，足したり引いたりして，答えの対数をだしましたね」

「そのとおりです．歴史はだれかが公立図書館の対数表の最初の数ページが，終わりの数ページより汚れていることに気づいたときにはじまります」

「えっ．それはおかしいですよ」

「わかってます」

「ほら，たとえば，スティーブン・ホーキングの『ホーキング，宇宙を語る』[*5]だったらわかるでしょうよ．大半の人が最初の数ページを読んで，あとは断念しますから」

「たしかにそうですが，私は対数表を小説みたいには読みませんね」

「そりゃ，そうでしょう」

「それでも，最初の数ページが汚れていました．どうしてか，わかりますか」

私は白状した．

「見当がつきません．でも，ビールをもう 1 杯飲みたいですね」

マドックスは私のビールを頼みにいき，もどってきて，また話をつづけた．

「1938 年に物理学者フランク・ベンフォードがその理由に気づきましたが，説明しようとする結果以上に，この理由は重要な謎を提示しました．ベンフォードが論証したのは，対数計算で物理学者と技術者が使う数が，9 からはじまるより，1 からはじまる確率[*6]が多いということでした」

「どうして，そんなことになるんでしょうね」

「ある瞬間にもどることにしましょう．ベンフォードは最初の数字の出現頻度，つまり最初の数字がある与えられた値をとる確率が，1 から 9 に増えていくと，規則的に低くなることに気づいたんです」

私は笑った．

「ほんとうだとは思えないね，マット．数字の確率は，どれもおなじですよ」

彼は顔をしかめた．

「そんなにカッカとしないでくださいよ．ベンフォードは河川の流域面積から化合物の分子の質量まで，数値データの異なる 20 の集合を分析しました．そして経験的に最初の数が n である確率が，次式で与えられることに気づいたんです．

$$\log (n+1) - \log n$$

ここでは対数の底は 10 ですよ．n が 0 の場合，最初の数字の定義そのものによって除去されます．ベンフォードはこれを異常数の法則とよびましたが，現代ではベンフォードの法則として知ら

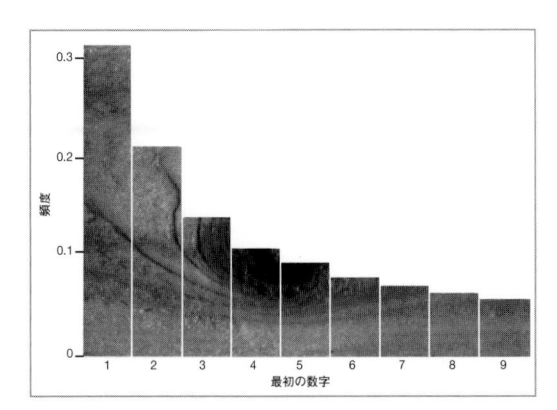

図1 ベンフォードの法則が予想する最初の数の理論頻度.

れています（図1）. この法則はそれ以後, ソロモン諸島の電気の領収書からアフリカの湖の面積まで, 膨大な異なるデータの集合で検証されてきました」

私は話が飲みこみにくいことに気がついた.
「しばらくのあいだ, あなたを相手にして, すべての数の蓋然性が等しいという考えは間違っていると説得することにしましょう. 実験によっても等しくはないのです. しかしベンフォードの対数の分布を, 証明するのは容易じゃありません」

彼は一休みした.
「それでも, 法則は有効だと仮定してみましょう. そうすれば市の立つ広場で, 私のちょっとしたイカサマが通用する理由がわかるでしょう.」

「このおかしな法則を受けいれれば, 1を最初の数としてもつ確率は, $\log 2 - \log 1 = 0.301\cdots$になるでしょう. また, 2の確率は $\log 3 - \log 2 = 0.477\cdots - 0.301\cdots = 0.176\cdots$になるでしょう. ここで, あなたが1か2で勝つ確率は2つの合計, つまり $0.477\cdots$で, 50%を少し切ります. あなたのもうけの期待は,

$$10 \times 0.477\cdots - 5 \times 0.522\cdots = 2.156\cdots$$

ですね. これがひそかなペテンです. あなたは1回りごとに, 平均して2フラン以上勝ちますよ」

「ベンフォードの法則を信じはじめましたね」
「まさにそのとおりだ. よろしい, その理論を受け入れる用意ができましたよ」
「いや, まだですね. まず, いくつかの実験をしてみましょう. 十分に受け入れる用意ができるのは, そのあとです」
「わかりました. 私はどんな種類のデータを使うべきですかね」
「使える数の数が制限されていなければ, どんな数でもいいですよ. たとえば, 人の年齢とか週日の文字数とかがいいですね」
「ツーリストへの交換レートがいいでしょう」
「なるほど」
「それでいきましょうよ」

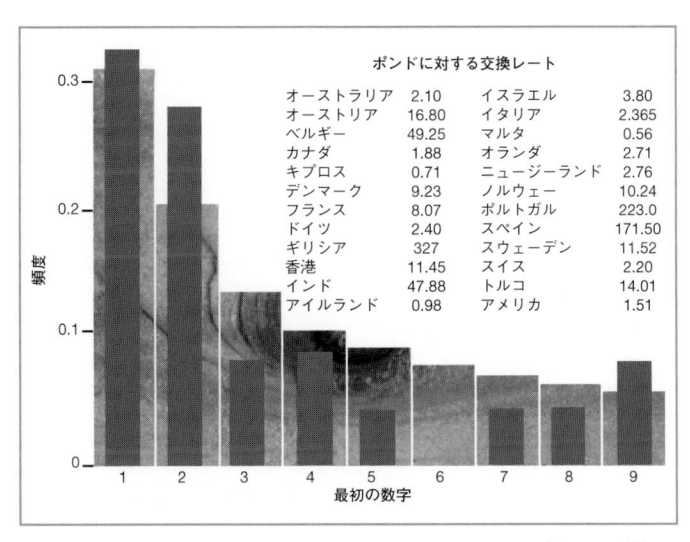

ポンドに対する交換レート			
オーストラリア	2.10	イスラエル	3.80
オーストリア	16.80	イタリア	2.365
ベルギー	49.25	マルタ	0.56
カナダ	1.88	オランダ	2.71
キプロス	0.71	ニュージーランド	2.76
デンマーク	9.23	ノルウェー	10.24
フランス	8.07	ポルトガル	223.0
ドイツ	2.40	スペイン	171.50
ギリシア	327	スウェーデン	11.52
香港	11.45	スイス	2.20
インド	47.88	トルコ	14.01
アイルランド	0.98	アメリカ	1.51

図2 ベンフォードの法則（背後の柱）と比較した交換レート（グレーの棒）にたいする最初の数の頻度.

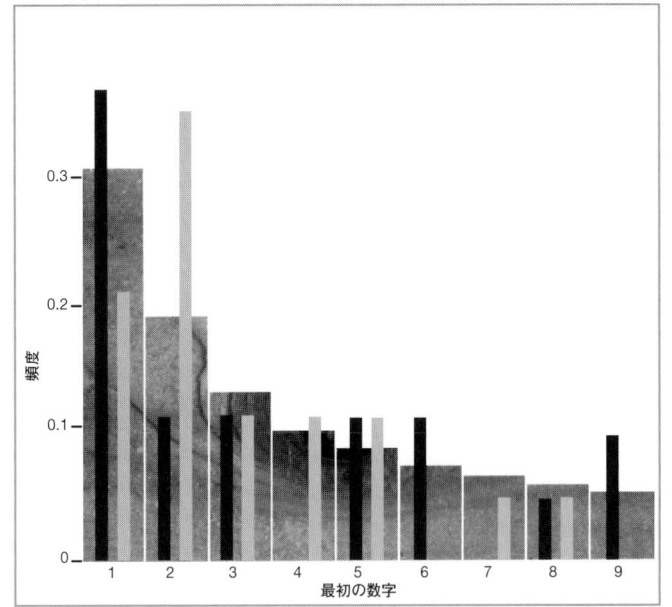

70　Ⅱ 世界の理解

バハマ諸島各島の面積[*7]	平方マイル	平方キロメートル
アバコ	649	1 681
アクリンズ島	192	497
アンドロス島	2 300	5 957
ビミニ島	9	23
キャット島	150	388
クルックドとロングケイ	93	241
エリューセラ	187	484
グレート・イクスーマ島とイクスーマ諸島	112	290
グランド・バハマ	530	1 373
イナグア	599	1 551
ロング島	230	596
マヤグアナ	110	285
ニュー・プロヴィンデンス島	80	207
ラッジド	14	36
ラム	30	78
サン・サルバドル	63	163
スパニッシュ・ウェル	10	26

図3　バハマ諸島の面積にたいする最初の数字の頻度．平方マイル（濃い灰色の棒）と平方キロメートル（うすい灰色の棒）．

　私は交換レートを調べてみた．さまざまな最初の数の出現数（括弧内）は以下のようになった．
　　1(8)，2(7)，3(2)，4(2)，5(1)，
　　6(0)，7(1)，8(1)，9(2)
　これはベンフォードの法則にかなり近かった（図2）．私はいった．
「別のものでやってみましょう．バハマ諸島の面積はどうですか」
「いいじゃないですか」
「平方マイルを使いますか，平方キロメートルを使いますか」
　マドックスがいった．
「両方でやってみましょう」（図3）
　私はいった．
「交換レートほどぴったりしませんね」
「だめですね．でも，あなたはデータのひじょうに小さな集合を使ってます．もちろん，1と2がひじょうに優勢なことは確認されるでしょう」
「そのとおりですね，マドックス．なぜ最初のもっとも小さな数の頻度がもっとも高いんですか」
　彼は陰謀家のように私の耳にささやいた．
「家々の並ぶ通りを考えてくださいよ．1から番号がついてるでしょう．最初の数がある定められ

た数である確率は，通りの家数で大きく変わります．9軒の家があるとすれば，それぞれの数はおなじ頻度であらわれますが，家が19軒あれば数1は一番めと数10から19の家で取得され，50%をこえる11/19の頻度になります．家数が増えれば，ある与えられた数が最初に現れる頻度は複雑な形で増減しますが，計算は可能です（図4）．9つの頻度が等しいのは，家数が9，99，999軒のときだけです」
「わかりますよ」
「つまり頻度が等しいという，あなたの最初の推測は正しくないのです」

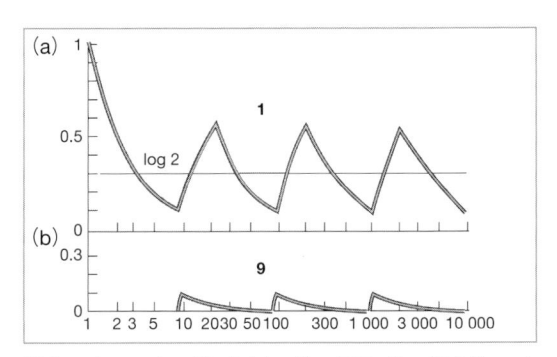

図4　1とnのあいだに含まれる数の最初の数の頻度が，nとともにどのように変化するか．(a) 数1．(b) 数9．

「ええ，そうですね」
「水平の対数目盛りで描きさえすれば，グラフが周期的に，ほぼおなじ形をくり返すことに気づかれるでしょう．これはまた10の続いた2つの累乗のあいだで，おなじ変化が観察されるからです．ここで家数が変わるときに，多少なりとも頻度のゆらぎをならせば，ベンフォードの法則が得られます」
「あなたのいうことを信じますよ」
「平均的な値が正しく評価されさえすればね．これがこの話の真相だと思われるかもしれませんが，統計的な平均値も採用された厳密な仮説によって変わります．通りの長さもまた等しい確率で現れるわけはありません」
「違いますね．たしかにベンフォードの法則が正しいとしても，通りの長さの最初の数では法則を検討すべきです」
「そのとおりです．それに，この種の考えを発展させていくと，ベンフォードの法則のすばらしい性質にたどりつきます．すなわち全体がその一部と相似であり，つまり尺度とは無関係です．バハマ諸島の面積を平方マイルで測ろうが平方キロメートルで測ろうが，家の数に7を掛けようが93を掛けようが，アルファ崩壊の半減期を秒で計算しようが世紀で計算しようが，サンプルを十分多くとりさえすれば，おなじ法則を適用できるのです．ラトガーズ大学のピンカムという教授は，ベンフォードの法則がその部分と相似の唯一の法則であることを証明しました」

私はよく考えた．
「あなたはベンフォードの観察を，自然界のその部分と相似の現象の証明とみなすべきだといってるんですね」

彼は首を縦にふって認めた．
「われわれ人間は1，2，3……という等差数列でものごとを考えたがります．だから，最初の数にたいする確率が等しくないことに気づくと驚きます．しかし，こうした不均等も自然が等しい確率で，x, x^2, x^3……という等比数列で選んだとして説明することができるのです」

私はこんどはもっと長く考えた．
「そうですね．でも自然はどうして，これほど奇妙な方法で操作しなければならないのでしょう」

彼は居心地悪そうに椅子をずらした．
「答えにくいのですが，こんなふうに思われますね．あなたは好きなようにデータを選んで，ベンフォードの法則を検証して楽しむことができるのです．それが適用できそうな回数には，驚くべきものがありますよ．自然は絶対的な長さという目盛りでは，あまり包括されないのだと思います．最近，ベンフォードの法則について確認されたことを，まとめて話しさせてください．オックスフォード大学のB・バックとA・マーチャント，キャップ大学のS・ペレスの研究です[*8]．彼らのデータはアルファ崩壊の半減期で，つまり放射性サンプルがヘリウム原子核の放出によって，放射能の半分を失うのに要する時間ですね．彼らは観察される半減期と物理学者が計算した半減期に，ベンフォードの法則が適用できることを証明しました（図5）．彼らはまたベンフォードが第2の数字に関して見つけたより複雑な公式を検討し，この法則を立証したのです」
「すばらしいハイテクの実例ですね」

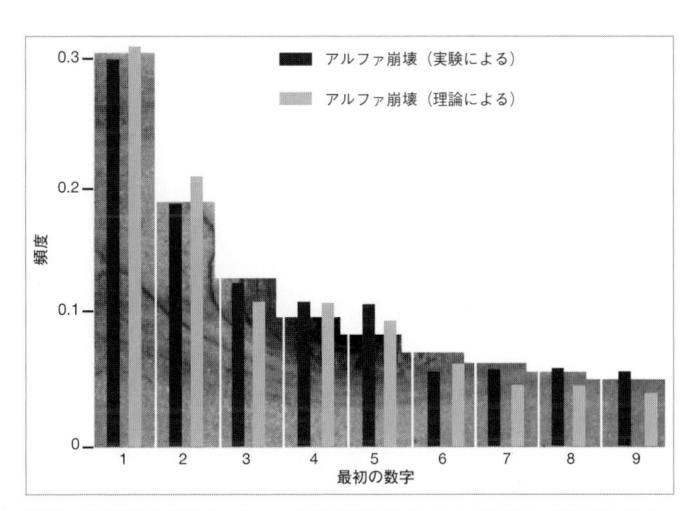

図5 477種類の核種のアルファ崩壊の半減率について実験的・理論的に見られた最初の数字の頻度．

「まったくです．そのときB・バックらはアルファ崩壊の場合に，その部分と相似のふるまいを物理的に説明できることを指摘しました．1928年にはジョージ・ガモフが，この崩壊を説明するために，まったく新しい量子論を使用しました．アルファ粒子は井戸型ポテンシャルのなかに存在し，"トンネル"を抜けてもれ出します．一定の期間内のこの事象の確率は"経路積分"*9の形と，時間に比例する累乗に上げることで得られるのです．つまり経路の時間，すなわち半減期はもちろん算術的でなく，幾何学的数列に対応します．自然が一様確率をもつ"ランダムに"経路積分を選べば，これらアルファ粒子の半減期がこれらの積分の累乗に依存する法則は，その部分と相似のふるまい，つまりベンフォードの法則にたどりつきます」

私は考えた．アルファ崩壊はすばらしいが，バハマ諸島の面積や，モルジブの環礁区の人口や，交換レートについても，おなじことがいえるのだろうか．それらは原子物理学類似に支配されていないのだ．

その部分と相似に関する現在の概念は，マンデルブローのフラクタルの概念である．それらの目盛りの自立性は，微小な部分と全体のあいだの内的相似によって，おのずと明らかになる．ベンフォードの法則の「最後の瞬間」の解釈では，関係するデータがある隠れたフラクタルの支配を受けており，このためベンフォードの法則はカオス理論の一部となっている．フラクタルは決定論的な動的システムの自然幾何学だが，高度に複雑な自然幾何学だからである．つまりベンフォードの法則は，自然の数秘学が自然の隠れた動的なカオスの結果であることを語っている．

このことはそれほど異常ではない．よく知られるように，フラクタルは群島と海岸の形状の適切なモデルを与える．また自然の侵食作用の混沌とした過程はフラクタルの構造によっている．つまり，これらすべての現象は調和する……

おなじように，私はこの結論を大したものだと認めている．結論が多少汚れた本の注意深い検討で生じた理論に由来すると考えれば，なおさらのことである．

▶訳注

*1 遊園地などでの2人乗りのアトラクションのことをさすと思われる．
*2 Numbo（NumberとJumboとの造語）とは，もともとホフスタッターの主導のもとに，Daniel Defaysが考案したコンピュータによる数学的な認識モデルのこと．これを踏まえての人名と思われる．
*3 自然地形としての環礁ではなく，行政区画として分けられている区画．1つの区画に複数の環礁がある場合もある．
*4 Benford's Law．自然界に出てくる多くの数値の，先頭の数字の分布が一様ではなく，ある特定のものになっているというもの．$\log 10 (1+1/D)$に従うとされる．最初の桁が1である確率はほぼ3分の1にも達し，大きな数値ほど最初の桁に現れる確率は小さくなる．提唱したフランク・ベンフォード（Frank Benford, 1883-1948；物理学者）にちなんだ命名．
*5 原題"A brief history of time"．世界的ベストセラー『ホーキング 宇宙を語る』（早川書房，1989）．Stephen William Hawking（1942-）はイギリスの理論物理学者．
*6 chance．「機会」ではなく，「確率」と訳される．
*7 実際の諸島の名前や面積と若干異なるが，原書のままとした．
*8 おそらく次の論文のこと．B. Buck, A. Merchant & S. Perez：An illustration of Benford's first digit law using alpha decay half times, *European Journal of Physics*, n°, **14**, pp.59-63, 1993.
*9 量子力学の基本方程式である「シュレディンガー方程式」の時間依存の解を求める近似法．

ラクダが足りない

―分子1のエジプト分数[*1]による群
れの分割の解決法は？―

　ベドウィンの族長ムスタファ・イブン・モフタは，アッラーの力を借りて残忍な敵対相手と戦い，自分の小部族を防衛した．しかし，悲しいことに戦闘中に致命傷を負い，意識を失って死体だらけの戦場に横たわった．夜になった．長年の友人だった理髪師のアリが彼を見つけ，傷の手当をした．そして，アラビア半島北部の砂漠を数十kmも横断して，野営地まで運びこんだ．

　意識をとりもどしたムスタファは，妻たち，息子たち，娘たち，孫たちにとりかこまれていた．彼はため息をつきながらいった．

「アッラーのおかげで，まだ生きているよ．おれは戦いにもどらなければならない」

　不運な男はどうにか頭をあげることができた．

「お願いです．横になってください．あなたは部族を勝利に導いたのです．気分はどうですか」

　第一夫人が彼を支えヤギの革袋の水を飲ませて元気づけた．ムスタファはうめくようにいった．

「1000頭以上のラクダに踏みつけられたみたいだよ．だれが助けてくれたんだ」

　第一夫人が答えた．

「理髪師のアリです」

「彼をここに呼んでくれ」

　彼の長男がアリを探しに行った．

　アリはいつものように，自分ではひげをそろえないベドウィンたちのひげをそろえていた．「彼自身のひげは誰がそろえるのだろうか」と考えていた[*2]．ムスタファが意識をとりもどしたことを知った彼は，親しい首領の顔を見に駆けつけた．そして，ムスタファのテントにはいりこんだ．

「サラーム・アライクム[*3]．すごくよくなられたみたいですね」

「アライクム・サラーム．おまえとアッラーのおかげで，また家族に会うことができたよ．悲しいことに，情けないからだは手の施しようがないほど痛めつけられたので，死は待ってくれそうにないな」

　彼は友人が異議を唱えようとするのを，身振りで押しとめた．

「慰めないでくれ．おれは3人の息子に財産を分与しなければならないので，その方法について，おまえに話をしておきたいんだ．おれは息子たちをすごく愛しているけど，あの子たちの頭はそんなによくないんだよ．財産を相続させる前に，頭の質を証明させる必要があると思ってるんだ」

　アリは困ったようだった．

「ムスタファ，私にはわかりかねますよ」

「おれの財宝のなかには，大アル＝フワーリズミー[*4]が自分でもってきたといわれる，古い計算論があるんだ．彼は17頭のラクダをもつ金持ちの商人のことを論じている．商人は死ぬときに，長男にラクダの2分の1を，次男に3分の1を，三男に9分の1を分けてやろうと決定したんだ」

「そのような面倒な問題のことをおぼえてますよ．もちろん，長男に8頭と半分のラクダをやるというのはだめですよね」

「三男に1と9分の1頭のラクダをやるというのもだめなんだ．この問題には巧妙な解決方法があるんだけど，思いだせるかね」

「はい，思いだせます．年よりの賢者が追加のラクダを1頭つれてきて，ぜんぶで18頭にするん

です．そこで長男は2分の1の9頭をもらい，次男は6頭を，3男は9分の1の2頭をもらいます．これで17頭になりますよ．賢者はそのあと貸してあったラクダをとりもどし，みんなが満足したというわけです．3人の息子は約束以上のラクダを手に入れたんですから，よけいに満足したでしょう」

「たしかにな．この謎々の暗示的な意味は，数学とほとんどおなじほど魅力的だよ」

「でも，ムスタファ，あなたには17頭以上のラクダがいますよね」

「そうなんだ，アッラーのご加護で39頭いるよ．それに，おれは死の床についていた親父に，絶対にラクダを売らないと約束したんだ．いまさら17頭にへらすことはできないよ．もちろん必要だとわかれば，何頭かの追加のラクダを借りることはできる．しかし，おれに答えられない問題があるんだ．借りて返す技術を使うには，ほかに何頭のラクダがいるんだろうな」

アリがいった．

「とりあえず3倍にすることができるんです．51頭のラクダからはじめて3頭のラクダを借り，それを分けるために，おなじ分数を使います」

ムスタファは首を振って，苦痛に顔をしかめた．

「この問題をよく考えたんだよ，アリ．でも，賢者から3頭の追加のラクダを借りなければならないなんて，手際がよくないぞ」

アリはひげをなでた．

「つまり，この奇妙な方法を使うには，ほかに何頭のラクダが必要かという問題の解決にはならないというんですね」

「そうだ．おれは息子たちに全体に見合った，ある分数を割り当てたいのだよ．1頭だけの追加のラクダを借りて，あとで返すことができるような分数をな」

アリは身を反らせて笑った．

「ムスタファ，数はいつも私の専門です．考えてみますよ……」

彼の視線は何秒か空間をさまよった．そして，つづけていった．

「アッラーのおかげで，たぶん，ある方法がありますが，まず最初の仕掛けが，どのように作用するかを理解する必要があります」

ムスタファは頭をかきむしった．

「正直いって困ってるよ．助けになるラクダは，芯に欠陥のあるランプの精みたいに見え隠れしてるしな」

アリがいった．

「特定のえりぬきの分数を使う，いくつかの手だてがあるはずです．ラクダが12頭いて，息子さんたちが2分の1，3分の1，6分の1と受けとるのなら，ご長男に6頭，ご次男に4頭，ご三男に2頭となって，追加のラクダの必要はありません．そうだ！　一筋の光が見えてきたと思います

図1　3人の息子は17頭のラクダを相続することになった．長男はラクダの2分の1を，次男は3分の1を，三男は9分の1を相続する．彼らはラクダを切り分けないで，どのようにして分けることができるのだろうか．

ラクダが足りない

―分子1のエジプト分数[*1]による群れの分割の解決法は？―

ベドウィンの族長ムスタファ・イブン・モフタは，アッラーの力を借りて残忍な敵対相手と戦い，自分の小部族を防衛した．しかし，悲しいことに戦闘中に致命傷を負い，意識を失って死体だらけの戦場に横たわった．夜になった．長年の友人だった理髪師のアリが彼を見つけ，傷の手当をした．そして，アラビア半島北部の砂漠を数十kmも横断して，野営地まで運びこんだ．

意識をとりもどしたムスタファは，妻たち，息子たち，娘たち，孫たちにとりかこまれていた．彼はため息をつきながらいった．

「アッラーのおかげで，まだ生きているよ．おれは戦いにもどらなければならない」

不運な男はどうにか頭をあげることができた．

「お願いです．横になってください．あなたは部族を勝利に導いたのです．気分はどうですか」

第一夫人が彼を支えヤギの革袋の水を飲ませて元気づけた．ムスタファはうめくようにいった．

「1000頭以上のラクダに踏みつけられたみたいだよ．だれが助けてくれたんだ」

第一夫人が答えた．

「理髪師のアリです」

「彼をここに呼んでくれ」

彼の長男がアリを探しに行った．

アリはいつものように，自分ではひげをそろえないベドウィンたちのひげをそろえていた．「彼自身のひげは誰がそろえるのだろうか」と考えていた[*2]．ムスタファが意識をとりもどしたことを知った彼は，親しい首領の顔を見に駆けつけた．そして，ムスタファのテントにはいりこんだ．

「サラーム・アライクム[*3]．すごくよくなられたみたいですね」

「アライクム・サラーム．おまえとアッラーのおかげで，また家族に会うことができたよ．悲しいことに，情けないからだは手の施しようがないほど痛めつけられたので，死は待ってくれそうにないな」

彼は友人が異議を唱えようとするのを，身振りで押しとめた．

「慰めないでくれ．おれは3人の息子に財産を分与しなければならないので，その方法について，おまえに話をしておきたいんだ．おれは息子たちをすごく愛しているけど，あの子たちの頭はそんなによくないんだよ．財産を相続させる前に，頭の質を証明させる必要があると思ってるんだ」

アリは困ったようだった．

「ムスタファ，私にはわかりかねますよ」

「おれの財宝のなかには，大アル＝フワーリズミー[*4]が自分でもってきたといわれる，古い計算論があるんだ．彼は17頭のラクダをもつ金持ちの商人のことを論じている．商人は死ぬときに，長男にラクダの2分の1を，次男に3分の1を，三男に9分の1を分けてやろうと決定したんだ」

「そのような面倒な問題のことをおぼえてますよ．もちろん，長男に8頭と半分のラクダをやるというのはだめですよね」

「三男に1と9分の1頭のラクダをやるというのもだめなんだ．この問題には巧妙な解決方法があるんだけど，思いだせるかね」

「はい，思いだせます．年よりの賢者が追加のラクダを1頭つれてきて，ぜんぶで18頭にするん

です．そこで長男は2分の1の9頭をもらい，次男は6頭を，3男は9分の1の2頭をもらいます．これで17頭になりますよ．賢者はそのあと貸してあったラクダをとりもどし，みんなが満足したというわけです．3人の息子は約束以上のラクダを手に入れたんですから，よけいに満足したでしょう」

「たしかにな．この謎々の暗示的な意味は，数学とほとんどおなじほど魅力的だよ」

「でも，ムスタファ，あなたには17頭以上のラクダがいますよね」

「そうなんだ，アッラーのご加護で39頭いるよ．それに，おれは死の床についていた親父に，絶対にラクダを売らないと約束したんだ．いまさら17頭にへらすことはできないよ．もちろん必要だとわかれば，何頭かの追加のラクダを借りることはできる．しかし，おれに答えられない問題があるんだ．借りて返す技術を使うには，ほかに何頭のラクダがいるんだろうな」

アリがいった．

「とりあえず3倍にすることができるんです．51頭のラクダからはじめて3頭のラクダを借り，それを分けるために，おなじ分数を使います」

ムスタファは首を振って，苦痛に顔をしかめた．

「この問題をよく考えたんだよ，アリ．でも，賢者から3頭の追加のラクダを借りなければならないなんて，手際がよくないぞ」

アリはひげをなでた．

「つまり，この奇妙な方法を使うには，ほかに何頭のラクダが必要かという問題の解決にはならないというんですね」

「そうだ．おれは息子たちに全体に見合った，ある分数を割り当てたいのだよ．1頭だけの追加のラクダを借りて，あとで返すことができるような分数をな」

アリは身を反らせて笑った．

「ムスタファ，数はいつも私の専門です．考えてみますよ……」

彼の視線は何秒か空間をさまよった．そして，つづけていった．

「アッラーのおかげで，たぶん，ある方法がありますが，まず最初の仕掛けが，どのように作用するかを理解する必要があります」

ムスタファは頭をかきむしった．

「正直いって困ってるよ．助けになるラクダは，芯に欠陥のあるランプの精みたいに見え隠れしてるしな」

アリがいった．

「特定のえりぬきの分数を使う，いくつかの手だてがあるはずです．ラクダが12頭いて，息子さんたちが2分の1，3分の1，6分の1と受けとるのなら，ご長男に6頭，ご次男に4頭，ご三男に2頭となって，追加のラクダの必要はありません．そうだ！　一筋の光が見えてきたと思います

図1　3人の息子は17頭のラクダを相続することになった．長男はラクダの2分の1を，次男は3分の1を，三男は9分の1を相続する．彼らはラクダを切り分けないで，どのようにして分けることができるのだろうか．

よ．3つの分数の合計が，1になってはいけないんです．そうでなければ，このような策略はうまくいきません．ラクダを1頭も残さないで分配するわけですからね．ほら，1/2＋1/3＋1/9の和は，いくつになりますか」

ムスタファはいった．

「うーん，17/18だよ．あたりまえじゃないか．息子たちはラクダの総数の17/18しか相続できないんだな．総数が17頭なら正確に分配できないが，総数が18頭なら息子たちは18頭の一部を受けとれて，1頭残ることになる」

急に1つの考えが彼の頭を横切った．

「ラクダを貸してくれた賢者は，ほんとうに賢明な人間だったのかね．彼は分数の合計が1に等しくないことを，だれにも指摘していないよ」

「それどころか，彼の慎み深さに賢明さがひそんでいるんです．息子に割りふる3つの分数の和が，分子が分母より1単位だけ小さい分数だから，この策略がうまくいくんですよ．ここでは分子が17で，分母が18です」

と，アリはいった．おおらかな笑いで，彼の顔が明るくなった．

「このような分数はたくさんあります．1以上のすべての整数 d にたいして，合計として $(d-1)/d$ を選ぶことができるんです……わかりました！ あなたには39頭のラクダがいるんですよね」

「そうだ」

「ところで，われわれがすべきことは，合計が 39/40 になる3つの分数を選ぶことです．たとえば 1/2, 1/4, 9/40 なんかですね」

アリは勝ち誇ってすわりなおしたが，熱っぽさは長くつづかなかった．

「ムスタファ，あなたは落ち着いているみたいですね」

「この答えには単純さが欠けてるよ，アリ．それぞれの分数は"何かにたいして1"という形でなければならないんだ．3にたいして1とか，19にたいして1とかな．しかし，40にたいして9というのはだめだよ」

「そうか，あなたは分子が1の分数を望んでるんですね」

「そのとおりだ」

「ようするに，$1/a+1/b+1/c=(d-1)/d$ という方程式の解を，整数で求めるわけですよ．あなたは $(d-1)/d$ を，3つの逆数の和として表現したがってます．エジプト人はよく逆数の和になる分数を使いました．それで，$1/a, 1/b, 1/c$ の和は"エジプト分数"とよばれてます」

「おれはおまえの方程式を簡略化する方法を見つけたよ」

ムスタファはそういうと，

$$1/a+1/b+1/c+1/d=1$$

と書いた．アリはうれしそうに両方の太ももをたたいた．

「つまり $a=2, b=3, c=9$ なら，$1/2+1/3+1/9=17/18=1-1/18$ だから，d は18になるはずですね．あとは，あなたのエジプト式4元方程式に，別の解を見つける仕事が残ってます．逆

数の合計が1になる4つの整数を見つける仕事がね」

ムスタファは眉をひそめた．

「おれには少なくとも，1つの別の解があるんだよ．1/4+1/4+1/4+1/4=1だ．そのほかにもあるのかな」

「われわれはあなたの方程式のすべての解を見つけなければなりませんよ」

アリは1束の紙をとった．

「このデリケートなテーマを，数学者たちはディオファントス方程式*5とよんでます．つまり，整数を使うだけで解かなければならない方程式ですね．紀元3世紀のアレクサンドリアのディオファントスが，こうした方程式を研究したからです」

ムスタファは苦痛を和らげるために，ベッドのなかで苦労してからだの向きを変えた．

「アリ，おまえはすべての解を求めるにしては，あまり野心的でないようだな．たくさんの解があるんだろうが」

「一般にディオファントスの方程式には，例外はあっても，たくさんの解はありません．そして，この場合は……」

アリは紙になぐり書きをはじめた．

「有限個の解しかないことを証明できると思います．それに，この証明でわれわれはすべての解を，系統的な方法で見つけることができるでしょう．それらの解のなかに，あなたの気にいる解が1つあるでしょうね．$a \leq b$（aはbより小さいか等しい）で，$b \leq c \leq d$というように大きくなる順序で並ぶ，数a, b, c, dがあると仮定しましょう．aは高々4に等しくなります．実際にaが5より大きいか等しいとすれば，b, c, dは少なくとも値は5になり，逆数の合計は1/5+1/5+1/5+1/5=4/5より小さいか等しいから，1にならないでしょう」

ムスタファは混乱していた．

「これはどんなところで，われわれの救いになるんだろうな」

「われわれはまた，それぞれの数が少なくとも2に等しいことを知ってます．そうでなければ合計は1/1=1からはじまり，どうしても1より大きくなるでしょう．だから検討が必要なのは，aが2か3か4の3つの場合しかないんです．$a=2$であれば，方程式は1/2+1/b+1/c+1/d=1になるしかありません」

彼はこの方程式とほかの場合の方程式を，少し簡略化した．それはつぎのようになるだろう．つまり1/b+1/c+1/dの和は，$a=2$なら1/2，$a=3$なら2/3，$a=4$なら3/4になるはずである．

ムスタファは立ち往生したようだった．

「しかし，アリよ，おまえがしたことは，1つの方程式を3つにおきかえただけではないのかな」

「はい，そうですが，それぞれは最初の4つの変数でなく3つの変数です．さらに私は，これらの方程式について，おなじ推論をくり返すことができるのですよ．たとえば最初の方程式1/b+1/c+1/d=1/2にたいしては，$b \leq c \leq d$となっているbが6をこえないことが明らかです．そうでなければ，和はせいぜいで1/7+1/7+1/7=3/7に値し，これでは1/2より小さくなります．おなじように2番めの方程式にたいしては，bは高々4で，3番めの方程式にたいしてもまた，bは多くても値は4になります．だから，aの値による3つの場合分けは，bの値に応じて，下位の場合の無限数に再分割されることになります」

ムスタファは興奮しきっていった．

「それじゃ，おまえはまた，おなじ手口を使うんだな！」

「そのとおりです．すでにいったとおり，1/b+1/c+1/d=1/2なら，bは高々6に等しいのですよ．また$a=2$で，$a \leq b$なので，$b \geq 2$ですが，$b=2$は適さないし（合計は1/b=1/2ではじまるので大きすぎます），だから$b \geq 3$になります．$b=3$では，1/3+1/c+1/d=1/2となり，つまり1/c+1/d=1/6になりますよ」

ムスタファは大きな声でいった．

「それでおれたちは，1/13+1/13=2/13が1/6より小さいので，高々12だと決めるんだな」

「そのとおりです．それに，これはcにたいして有限個の部分的ケースをあたえ，それらのそれ

ぞれにたいして，d の唯一の数値をあたえますし，われわれはこれを正確に計算することができます．たとえば $a=2$, $b=3$, $c=11$ なら，d は $1/2+1/3+1/11+1/d=1$ を満たさなければならないので，だから $d=66/5$ となるはずです．d は整数でないので，$a=2$, $b=3$, $c=11$ の解はありません．それに反して $a=2$, $b=3$, $c=10$ なら，$d=15$ のときそしてそのときのみ，$1/2+1/3+1/10+1/d=1$ となり，こんどは1つの解があります．一般的な形式では，選ばれた a, b, c にたいして，d が整数の場合そしてその場合にのみ，1つの解があるでしょう．

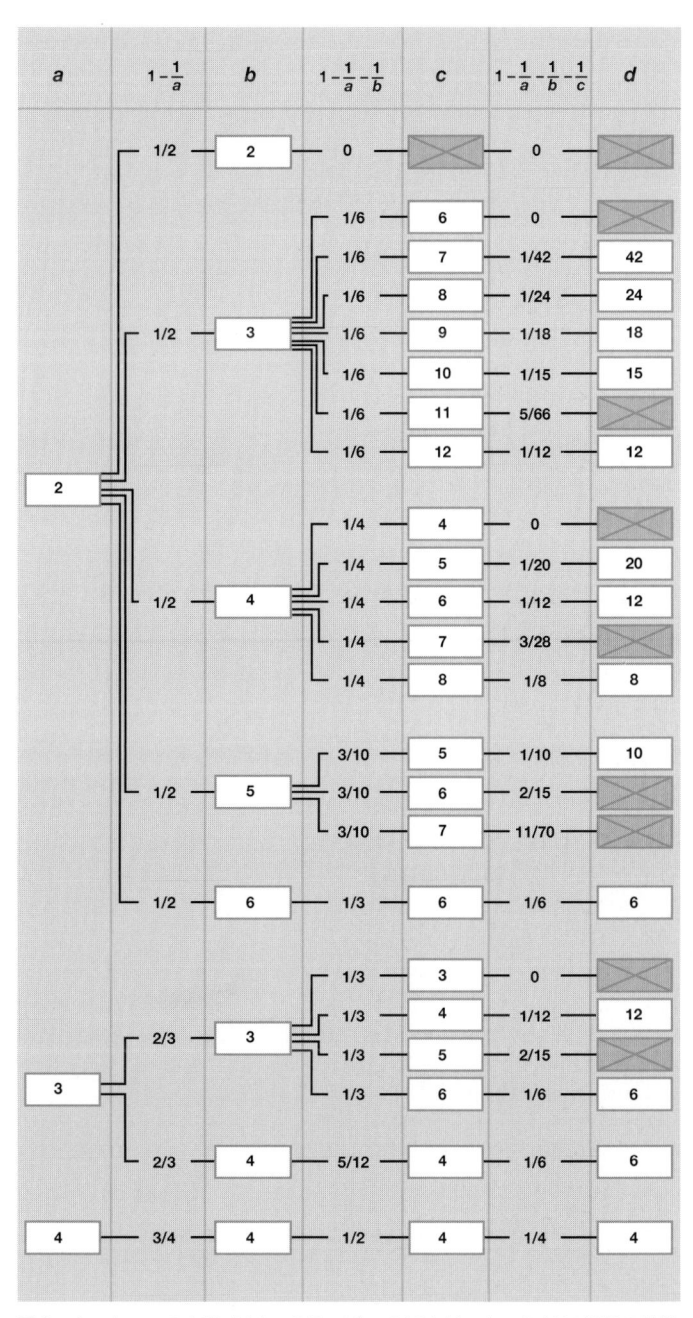

a	$1-\dfrac{1}{a}$	b	$1-\dfrac{1}{a}-\dfrac{1}{b}$	c	$1-\dfrac{1}{a}-\dfrac{1}{b}-\dfrac{1}{c}$	d
2	1/2	2	0	×	0	×
	1/2	3	1/6	6	0	×
			1/6	7	1/42	42
			1/6	8	1/24	24
			1/6	9	1/18	18
			1/6	10	1/15	15
			1/6	11	5/66	×
			1/6	12	1/12	12
	1/2	4	1/4	4	0	×
			1/4	5	1/20	20
			1/4	6	1/12	12
			1/4	7	3/28	×
			1/4	8	1/8	8
	1/2	5	3/10	5	1/10	10
			3/10	6	2/15	×
			3/10	7	11/70	×
	1/2	6	1/3	6	1/6	6
3	2/3	3	1/3	3	0	×
			1/3	4	1/12	12
			1/3	5	2/15	×
			1/3	6	1/6	6
	2/3	4	5/12	4	1/6	6
4	3/4	4	1/2	4	1/4	4

図2 ムスタファの方程式 $1/a+1/b+1/c+1/d$ には，ちょうど14通りの整数解がある．×印の欄は d が分数か 0 に等しい不可能な場合を示す．

さらに，おなじ論法が $1/a+1/b+\cdots\cdots+1/z=p/q$ という形のすべての方程式に適用されます．ここで p と q は一定の正の整数であり，$a, b\cdots\cdots z$ は求められた正の整数です．つまり，一定の個数のエジプト分数で与えられる分数の有限個の表し方があり，すべての解は単純な一連の演繹で得られます」

ムスタファはせきこんで血をはいた．

「ひじょうに一般的な定理を証明したようだな，アリ」

「そのとおりです．こんどは，あなたの方程式のすべての解を計算しますので，ちょっと待ってください」

アリは熱心に書きだした（図2）．

アリは指摘した．

「私は14通りの解を見つけています．これで息子さんたちに分ける方法は一目瞭然です．図2の最初の解は，$1/2+1/3+1/7+1/42=1$ ですね．ムスタファ，あなたに41頭のラクダがあれば，ご長男に群れの 1/2 を，ご次男に 1/3 を，ご三男に 1/7 を相続させると決断できるでしょう．あなたがアッラーの許しをえて亡くなれば，彼らはあなたの意志を満たすために，42番めのラクダを1頭見つけなければなりません．そうすれば，ご長男は21頭の，ご次男は14頭，ご三男は6頭のラクダを受けとることになります」

瀕死の族長は理髪師の手を握った．

「アリ，おまえはおれの願いに応えてくれた．おれはあと2頭のラクダを，別に手に入れなきゃならないんだ．分割の項目をすぐにやりなおしてくれ……」

テントの外に族長が危篤だという噂が広がった．急に小さな男の子が駆けこんできた．族長は威厳があるが，穏やかな目で男の子を見た．

「おや，ハミドかい？　おまえにはこんなに乱暴に，一族の首長に近づく習慣があるのかね」

「ごめんなさい，ムスタファ・イブン・モフタ．あなたの第3夫人のファティマが，男の子を生んだんです．あなたの4番めの息子ですよ[*6]」

▶訳注

*1　分子が1である分数を「単位分数」とよび，古代エジプト人は分数を表すのに，異なる単位分数の和として表した．たとえば，5/7 は 1/2+1/5+1/70 と現した．

*2　ラッセルのパラドックス「床屋のパラドックス」（ある村でたった一人の男性の床屋は，自分で髭を剃らない人全員の髭を剃り，それ以外の人の髭は剃らない．この場合，床屋自身の髭は誰が剃るのだろうか？）にひっかけてのもの．

*3　アラビア語の日常でのあいさつ．「サラーム」は，ヘブル語の「シャローム」などとセム語として共通で，「平和」「平安」といった意味．

*4　(780-850)．アラビア数学の代表者の一人．天文学，地理学，暦学でも研究をおこなった．「アルジェブラ」（代数学）は彼に由来し，中世・近世を通じてヨーロッパの数学に大きな影響を与えた．

*5　整数 x, y に対して $3x+2y=1$ などのように整係数の多変数不定方程式の整数解や有理数解を対象とする．数論の重要な研究課題と考えられている．

*6　わずかの時間差によって，この息子にも相続権が生じる．よって分割の再々度のやり直しが必要となる．

III 数には数を

パスカルのフラクタル

―パスカルの三角形の整数論からあらわれる
　意外な幾何学的性質―

　この章のようなことを書こうとするアイデアは，たいてい幸運な偶然から生まれる．私は少し前に，『情報の整数論と理論』という表題の，計算の論理構造の不確実な面に関するグレゴリー・チェイティンの本を読んだ[*1]．そこから考えこまされ，考えは計算方法の規則性におよぶことになった．

　G・チェイティンの本には，私の知っているグラフと知らない関連する定理があった．そして，グラフと定理はパスカルの三角形に関係していた．図1は三角形に配置された数の升目をあらわしており，左側と右側は「1」だけで埋められている．また，それぞれの数はすぐ上にある2つの数の和である．それを記号で書けば次のようになる．

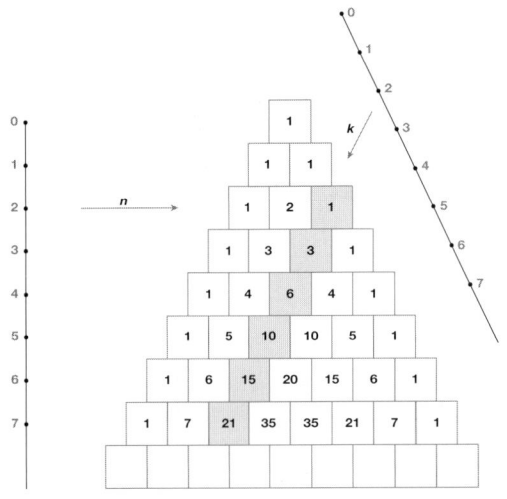

$$\begin{matrix} g & & d \\ \downarrow & & \downarrow \\ & g+d & \end{matrix}$$

　n列のk番めの数（nとkは0から数える）は，二項係数$C(n,k)$とよばれる．これらの数は$(1+x)^n$から発展した公式でxの係数をあらわすので，このような名称になったのである．たとえば，等式$(1+x)^4 = 1+4x+6x^2+4x^3+x^4$は，パスカルの三角形の4列に相応する．二項係数はどの数学でも重要であり，それらは偶数であったり奇数であったりする．それらの数の偶奇（パリティ）をどのようにして予測するのだろうか．G・チェイティンの本が論じているのは，この問題である．

　パスカルの三角形か，三角形の壁面でレンガのように配置された正方形の升目を描いてみよう．つぎに奇数に相応する升目を黒で，偶数に相応する升目を白で彩色しよう．この図形を描くには，パスカルの三角形の正確な数を計算する必要はないのだ．1は奇数，奇数＋奇数＝偶数＋偶数＝偶数，奇数＋偶数＝偶数＋奇数＝奇数ということを知っていれば十分である．つまり，あなたは三角形の両方の側の升目（そこには1がある）を黒く塗ったあと，上の2つの升目がおなじ色であれば升目を白で残し，そうでなければ黒く塗ることになる．このようにすれば，三角形全体を手早く彩色できるだろう．

　かなり人目を引くこの結果は，黒と白の三角形がいりくんだ構造となり，それは「シェルピンスキーの三角形（ギャスケット）」[*2]とよばれるも

図1 パスカルの三角形．それぞれの数はすぐ上にある2つの数の和である．

のによく似ている．

シェルピンスキーの三角形をつくるには，黒の大きな三角形からはじめることになる．辺の中点を線分で結んで，その三角形を4つの等しい三角形に分割し，中央の三角形を白く彩色する．残りの3つの小さな三角形にもおなじ操作をくり返し，それを際限もなくつづけていこう．シェルピンスキーの三角形は「フラクタル」という幾何学的図形のカテゴリーに属している．フラクタルとは大きくなったときに，どんなに大きくなろうと，構造が細部とおなじ形式をそのまま維持する図形である．たとえば，完全な球体の表面を拡大した画像は平板になり，構造は見えなくなる．だから，球体はフラクタルではないのだ．ところが，シェルピンスキーの三角形は無限に再分割され，完成すればいっそう複雑になる．シェルピンスキーの三角形はフラクタルである．

ひじょうに大きな数の列で構成された黒と白のパスカルの三角形を遠くから見れば，シェルピンスキーの三角形に似ているだろう．この性質には奇妙な帰結がある．

たまたま，ある整数を選ぶと，偶数か奇数になる確率はおなじになる．整数が偶数になる確率は1/2であり，それは奇数にたいしてもおなじことである．あなたはパスカルの三角形に記入された数にたいしても，このことがおなじように真実だと考えるかもしれない．すなわち数の半分が偶数で，あとの半分が奇数だということである．しかし，あなたは以下に見るように間違っている．パスカルの三角形で偶数に結びつく確率は，図2の白い部分の面積に比例し，それにたいして奇数になる確率は，黒い部分の面積に相応する．パスカルの三角形の線の数が増えれば，この確率はしだいにシェルピンスキーの三角形に対応する比率に近くなる．そして，ここに問題がある．シェルピンスキーの三角形の白い部分の相対的な面積はどれくらいだろうか．

この三角形の幾何学的構造を検討してみよう．全体の面積が1に等しい大きな黒い三角形からはじめよう．全体の面積の1/4に等しい面積をもつ，逆さの三角形を白く塗ろう．おなじ面積(1/4)の黒い小さな三角形が3つ残り，その結果，残る黒の面積は1から3/4に減少する．つぎに，それぞれの三角形のなかの逆さの三角形を白に塗ろう．黒の面積は3/4×3/4にさらに小さくなる．これを際限もなく反復することにしよう．三角形はしだいに白くなり，黒の面積が占める範囲は3/4×3/4×……3/4になる．つまり，0に向かうのである．

いいかえれば，シェルピンスキーの三角形の黒

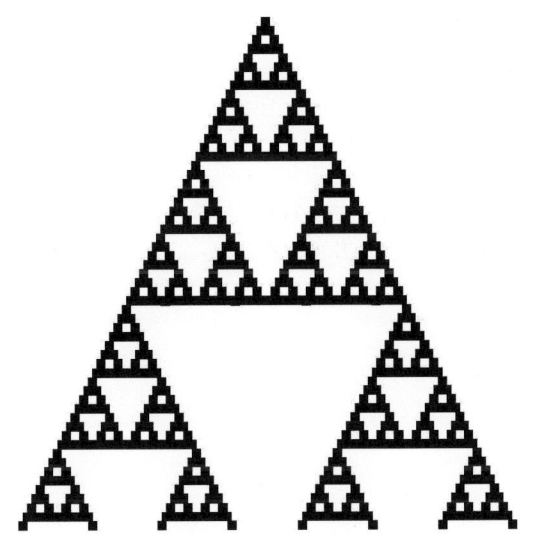

図2 パスカルの三角形の構造．白＝偶数，黒＝奇数．

図3 シェルピンスキーの三角形．無限に1/4に再分割される三角形から生じるフラクタル．

い部分の面積は（極言すれば）0に等しく，白い部分の面積は1に等しい．パスカルの三角形に関していえば，三角形のほとんどすべての数は偶数だという意味になる．

ひじょうに大きなパスカルの三角形では，奇数に結びつく確率は0に近い．つまり，われわれはフラクタルという観点からシェルピンスキーの三角形を考えて，パスカルの三角形から驚くべきことを学びとったのである．

数学者という名に値するすべての数学者は，こうした考えを一般化できるかどうか考える．偶数と奇数は「法」（モジュロ）による計算法の特定の場合である．この計算方法がどのように構成されるかを説明することにしよう．

加群とよばれる数，たとえば5を選び，すべての数を5で割った余りにおきかえてみよう．余りは5より小さいから，0, 1, 2, 3, 4しか得られない．この限られた数の体系を計算法とすることができる．得られた和を5で割ったあとの余りにおきかえれば，任意の2つの数を法5で加算することができる．余りの和は法5の和の余りに等しい．この種の計算は法5の計算論，または短縮して (mod 5) とよばれる．この種の計算では $2+2=4$ がふつうだが，$3+4=7$ で，7を5で割った余りが2に等しいから，$3+4=2$ (mod 5) となる．(mod 5) の加法の一覧表は表1のとおりである．

なにかべつの加群を使うことはできるし，乗法の規則も多様だが，この章では乗法を扱わないことにしよう．

偶数と奇数の区別は，法2の整数論そのものである．偶数を2で割れば余りは0になり，奇数を2で割れば余りは1になる．つまり，すべての偶数は0に等しく (mod 2)，すべての奇数は1に等しい (mod 2)．

われわれは以下の問題を提起することにより，図2を一般化することができる．すなわち，パスカルの三角形を5および，5以外のすべての加群にたいして，どのように表現するのだろうか．

さまざまな法にたいする結果は，図4に表現されている．白い升目に記入された数は，選ばれた法で0に対応し（すなわち，それらはちょうど倍数である），ほかのすべての数値は黒くなっている．

これらの図形をパスカルの三角形として構成することもできるが，選ばれた加群に対応する表を使って加算することもできる．そこではまた，三角形の面積の注目すべき配置が観察される．あなたの選ぶ構造をつくりだすことはできるが，新しい領域を探索するいくつもの方法がある．つぎのような可能性が考えられる．

(1) 彩色のルールを変える

$C(n,k)$ が1に等しいとき (mod 5)，n 列の k 番めの升目を黒く塗ると，三角形はどうなるか．あるいは，より野心的に0＝白，1＝赤，2＝黄，3＝青，4＝黒というパレットを使うと，何が起こるか．

(2) 法を変える

(mod 3), (mod 11), (mod 1001), では，何が起こるか．

(3) ルールを変える

「1」以外の数を使って三角形の2辺を埋め，上の2つの数を合計しないで，差を出してみよう．

$$g \quad d$$
$$\downarrow \quad \downarrow$$
$$g-d$$

あるいは左側の数に，右側の数の2倍を足してみよう．

$$g \quad d$$
$$\downarrow \quad \downarrow$$
$$g+2d$$

表1

+	0	1	2	3	4
0	0	1	2	3	4
1	1	2	3	4	0
2	2	3	4	0	1
3	3	4	0	1	2
4	4	0	1	2	3

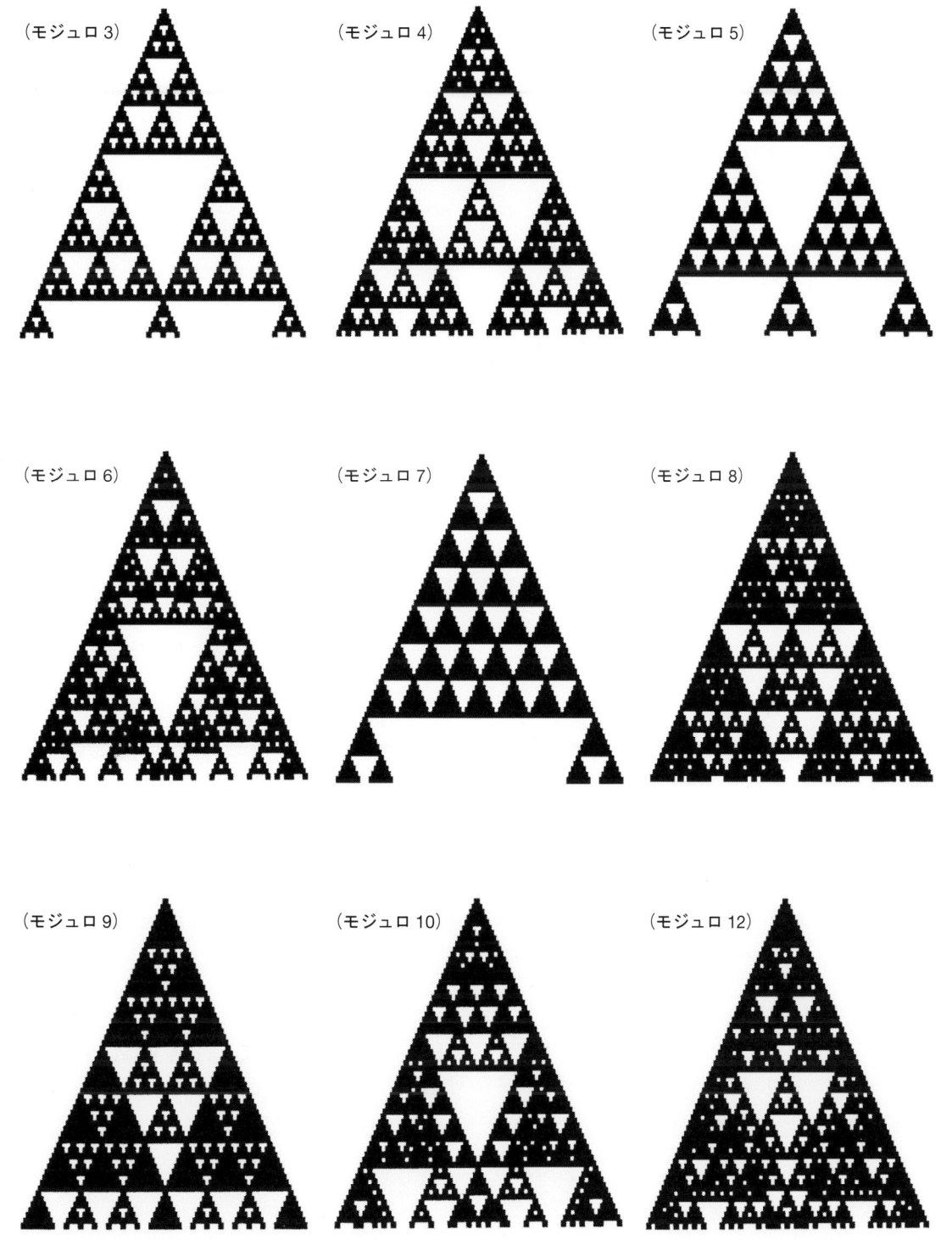

図4 パスカルの三角形における法（モジュロ，mod）3，4，5，6，7，8，9，10，12の構造．
弱い加群の構造には，より単純化する傾向がある．

こうした操作のためには，コンピュータは必要ではない．手でも30列か40列を計算することができる．

いずれにしても先行するすべては，G・チェイティンの本のグラフに関連するが，そのようにいえば，この定理はずっと驚異的だった．対応する二項係数を計算しないでも，ある升目が黒か白かを予測することができる．この定理を説明するには，一定の底での数の表現という，もう1つの考えに頼らなければならない．

通常の記数法は10進法であり，それは10を底とする．たとえば，

$$321 = (3 \times 10 \times 10) + (2 \times 10) + (1 \times 1)$$

たとえば7を底とすれば，おなじ321という記号が以下に等しくなる．

$$(3 \times 7 \times 7) + (2 \times 7) + (1 \times 1)$$

つまり10進法の記数法では，162になるのである．

コンピュータは2を底とする記数法，または2進法である．このシステムには，0と1という2つの数しかない．表2は2進法の表である．

nとkという2つの数を2進法でとりあげ，列をそろえて両方を上下に書いてみよう．たとえば，$n=1\,001$（2進法の9）と$k=101$（2進法の5）だとすれば，以下のように書かれることになる．

表2

10進法	2進法
0	0
1	1
2	10
3	11
4	100
5	101
6	110
7	111
8	1000
9	1001
10	1010

1 001
101

上のようなおなじ列で，数kの2進法のそれぞれの桁が，数nの同じ列の数より小さいか等しいとすれば，「kがnをふくむ」といわれ[*3]，$k \rightarrow n$と書かれる．いいかえれば，1対の数が以下のように示されなければ，$k \rightarrow n$である．

0
1

逆の場合は，$k \nrightarrow n$と書かれる．

たとえば，$5 \rightarrow 9$かどうかを知るために，上に書かれた数を参照すれば，右から3つめの位で0が1の上におかれていることが観察されるので，$5 \nrightarrow 9$である．反対に，$21 \rightarrow 23$を2進法で書けば，

$$23 = 10\,111$$
$$21 = 10\,101$$

となり，下の列のどの数も，上の列の対応する数より大きくない．G・チェイティンが引用した定理は1世紀前に，フランスの数学者エドゥアール・リュカ[*4]の手で証明された．この定理は以下のとおりである．

〔定理〕$C(n, k)$は，パスカルの三角形のn列のk番めの要素は，

$k \nrightarrow n$なら偶数
$k \rightarrow n$なら奇数

私はこの条件を「リュカの定理」とよぶことにしよう．手っとり早く，$C(n, k)$という偶奇の効力で検証することができる．たとえば$21 \rightarrow 23$だから，$C(23, 21)$は奇数にちがいないという結果になり，$C(23, 21) = 253$であることが検証できる．たとえば$C(17, 5)$の偶奇を見つけようとすれば，2つの数を2進法で書けば足りる．

$$17 = 10\,001$$
$$5 = 101$$

右から3つめの位が$5 \nrightarrow 17$で，つまり$C(17, 5)$が偶数であることを意味している．実際に，この数を$C(17, 5) = 6\,188$と計算することができる．

リュカの定理をほかの例で検証することができるが，ここでは証明しないでおこう．それはパス

カルの三角形の計算法を，法2の計算方法と底2の記数法に結びつけるので，結果は注目すべきである．

数の興味深い特性は，ふつうは書かれる底[*5]に左右されない．つまり，リュカの定理は有名な例外を構成する．

リュカの定理を一般化することができるのだろうか．われわれは最初の興味深い場合である，法3の場合だけを検討することにしよう．パスカルの三角形（mod 3）の構造は図5に表現されており，そこではn列のk番めの升目が彩色されている．

表3

k	0 1 2 3 4 5 6 7 8 9 10 11	10進法
C(11,k)	1 2 1 0 0 0 0 0 0 1 2 1	mod 3

$C(n,k)=0 \pmod 3$ なら白，
$C(n,k)=1 \pmod 3$ なら黒，
$C(n,k)=2 \pmod 3$ ならグレー

この構造を予測することができるだろうか．

リュカの定理は$C(n,k) \pmod 2$をnとk（底2）の数値に結びつける．$(n,k) \pmod 3$を，ふたたびnとk（底3）の数値に結びつけよ

図5 パスカルの三角形（mod 3）．白=0（mod 3），黒=1（mod 3），灰色=2（mod 3）．（口絵2参照）

うとするのが自然なように思われる．

たとえば，底3で102と書かれるn列＝11（10進法）で実験してみよう．

数値は表3のとおりである．

nとkを底3で書き，おなじ結果をだす場合を集めてみよう．

$C(n,k)=0 \pmod 3$
| n | 102 | 102 | 102 | 102 | 102 | 102 |
| k | 010 | 011 | 012 | 020 | 021 | 022 |

$C(n,k)=1 \pmod 3$
| n | 102 | 102 | 102 | 102 |
| k | 000 | 002 | 100 | 102 |

$C(n,k)=2 \pmod 3$
| n | 102 | 102 |
| k | 001 | 101 |

私は比較しやすいように左側に0をくわえて，すべての数が同じ桁数の数字になるようにした．

2進法の場合のように，$k \to n$は「kの各位の数は，おなじnの列の数より小さいか等しい」を意味するが，ここでは底3の記数法が使われている．たとえば，$k=000, 001, 002, 100, 101, 102$にたいする場合にのみ，$k \to 102$である．われわれは前の結果と比較して，まさに$C(n,k)$が1か2 $\pmod 3$に等しいことを発見する．いいかえれば，nとkが底3で書かれて，$k \to n$の場合，かつその場合に限って，$C(n,k)$は0 $\pmod 3$に等しく，つまり3の倍数である．

われわれは先行するものを証明しなかったが，あなたが違う場合を試みれば，これがつねに機能することを理解するだろう．これはリュカの定理「$C(n,k)$は，$k \to n \pmod 2$のとき，かつその場合に限って0 $\pmod 2$に等しい」の一般化であり，この与件ではわれわれは2を3でおきかえることができる．

ある数が偶数でなければ，かならず奇数である．だから，リュカの定理はある完全な情報（mod 2）をあたえる．それに反して$k \to n$の場合に，数値は1か2 $\pmod 3$になることがあるので，一般化は不完全（mod 3）である．この数値をどのようにして決定できるだろうか．

さらにつづける前に，構造を推測しようと試みてみよう．そこで，あなたに手がかりをあたえよう．nにおける数2がkにおける数1に対応するとき，nとkのその対応する1対の数は判別的[*6]だといおう．判別的な1対の数を書きとめておこう．ここにはひじょうに興味深い解がある．

[リュカの定理（mod 3）]

$C(n,k) \pmod 3$は以下に等しい

$k \not\to n$なら0

$k \to n$で，判別的な対の個数が偶数なら1，

$k \to n$で，判別的な対の個数が奇数なら2

私はこの定理の1つの証明を見つけたが，それはあまりエレガントではない．この結果は私の知るかぎりでは発表されたことがないが，間違いないことが知られている．いずれにしても，これは実用的であり応用しやすい．たとえば，$C(64, 30) \pmod 3$を計算するには，以下のように書けば十分である．

$n=10$進法の$62=$底3の2 022
$k=10$進法の$30=$底3の1 010
　　　　　　　　　　　　　＊　＊

最初に$k \to n$だから，結果は1か2である．星印で示した判別的な2対の数があり偶数個なので，$C(64, 30)$は1 $\pmod 3$に等しいはずである．私は19桁のこの数を計算するまでもなく，その値（mod 3）を知っている．

この定理のもっと手近な実証のために，$C(14, 10)$を以下のように試みてみよう．

$n=10$進法の$14=$底3の112
$k=10$進法の$10=$底3の101
　　　　　　　　　　　　　＊

ここでもまた$k \to n$だが，1対の判別的な数しかなく奇数個だから，$C(14, 10)$は2 $\pmod 3$に等しい．実際に，$C(14, 10)=1\,001=999+2=3 \times 333+2$となる．私は正しいのだ！

3より大きな法の加群にたいして，リュカの定理はどうなるのだろうか．それを調べる楽しみを，あなたに残しておくことにしよう．ここには

いくつかの問題がある．

問題1．任意の法 m を選ぼう．底 m で書かれた数 k と n に対し，k のそれぞれの数が n の対応する数より小さいか等しければ，$k \to n$ と規定しよう．リュカの定理の直観的な一般化は，
$$k \not\to n \text{ なら } C(n,k) \text{ は } 0 \pmod{m} \text{ である．}$$
これは真だろうか．

問題2．これが真でなければ，n のどの数値にたいして真だろうか．

問題3．どのようにして $C(n,k) \pmod 4$ を決定できるだろうか．

問題4．どのようにして $C(n,k) \pmod 5$ を決定できるだろうか．

問題5．どのようにして $C(n,k) \pmod 6$ を決定できるだろうか．1つの方法は結果 $(\mod 2)$ と $(\mod 3)$ を見つけて，それらを組み合わせることにある．このためには底2と3で，n と k を計算しなければならない．しかし，それらの数 $(\mod 6)$ だけに依存するテストはあるだろうか．

問題6．（野心的な人たちのために）．一般の法 m にたいして，どのようにして $C(n,k) \pmod m$ を決定できるだろうか．

▶訳注

*1 Gregory J. Chaitin (1947-)．アルゼンチン出身，アメリカ在住の数学者，コンピュータ科学者．ここで言及されているのは，Algorithmic Information Theory, (Cambridge University Press, 1987) のこと．

*2 フラクタル図形の1種であり，自己相似的な無数の三角形からなる図形である．「〜のギャスケット」ともいう．ポーランドの数学者ヴァツワフ・シェルピンスキー（Wacław Franciszek Sierpiński；1882-1969）にちなんで名づけられた．

*3 impliquer (imply，英) の訳．「含む」は本来「含意する」．つまり，「AならばB」を「AはBを含意する」という．ただし，集合ではA⊂Bとなるが，視覚的にはBがAを包み込んでいる様子となる．それでもなお，「AがBを含む」が正しいのである．もっとも本文の場合，$k \to n$ をこの言い方で表すのが適切か否かは別問題である．

*4 フランスの数学者．「彫刻と数」の訳注 *6 の (p. 17) 参照．

*5 p 進法における p を「底」（てい）という．

*6 determinante．「判別的」と訳した．2次方程式の「判別式」，行列の「行列式」（原義は判別式）なその原語は，determinant（英）である．「決定的」よりベターな訳である．

分けて，そして統一せよ*1
―オイラーを訪ねれば完全数のメリットに気づかされる―

サモワール*2 を見たとき，1つの問題があることがわかった．私はサモワールを見ようとは思ってもいなかったのだ．ゼベディー・J・J・バニドゥが研究室におかなければ，見ることはなかったのである．そんなものを見ることは，あまりありそうに思えなかった．古美術品や絵画を備えつけた研究室は珍しく，そこにはサラ・ベルナール*3 好みの室内様式のビロードの分厚いカーテンがさがっていた．

私は最初から話をはじめるほうがよかったのだろう．あなたはもちろん，うちの庭のキイチゴの木のうしろにある空間と時間を横切る近道*4 をご存じだろう．隣人を不安にすることがあるので，この近道のことはあまり話したくないのだ．私はおもに惑星オンビリクスにいくとき，この近道を利用する．オンビリクスは情報科学者がいうように，「デフォルトによる」*5 目的地であるように思われる．私の旧友のゼベディー・バニドゥ教授は，この惑星に住んでいる．私はたいへんな集中力を使って，この庭の近道がほぼすべての場所と，すべての時代につれていってくれることに気がついた．難点は私の心がさすらっているときに，ときどき目的地が揺れ動くことである．

私は今回は明らかに帝政時代のロシアにいた．問題はどうして帝政時代のロシアに着いたかということだった．暖炉の角にすわっている人は，だれだろうか．

私は思考を再構成しようとして，バニドゥ教授がコンピュータの無限プログラムを実行するオンビリクス情報科学研究室に向かったのだった（彼はときどきこの仕事をしたが，私は成果の発表をいっさい禁じられていた．なぜなら少数の人しか，キイチゴの木のうしろに空間と時間を横切る近道をもつ人たちを確かめられないからであり，彼らは私自身とおなじく秘密をまもっている）．無限プログラムとは奇数の完全数の存在に関する，オイラーの問題を決定的に解くためのプログラムである．

簡単にいおう．私はオイラーの家にいたのだった．

あらゆる時代をつうじて，もっとも生産的な数学者だったレオンハルト・オイラーは，1727年にサンクト・ペテルブルク（ロシア）のアカデミー会員に選ばれた．アカデミーを創設したのはエカテリーナ・アレクセイヴナ，別名エカテリーナ1世*6 であり，彼女はオイラーを常任の数学者にしたいと望んだのだった．1725年から27年まで統治した1世は，オイラーがロシアの土地に足をふみいれた日に亡くなった．オイラーはこのため長い年月のあいだ，低い政治的姿勢をとらざるをえなかった．彼は数学者としての活動にかぎることで命拾いをしたのだろうし，数学者として大きな利点を手にしたのだった．1742年までロシアで暮らした彼は，そのあとベルリンにいき，また1766年にエカテリーナ大帝*7 の支配するロシアに帰って，1783年に生をおえた．彼は1770年ごろに視力を失った（このことは数学的な生産にまったく影響しなかった．彼は数学にたいして「内なる目」を使ったのだった）．つまり，私はエカテリーナ大帝が君臨するサンクト・ペテルブルクにいたのである．

図1 レオンハルト・オイラーは1707年にバーゼルに生まれ，1783年にサンクト・ペテルブルクで亡くなった．彼は彼の前後のだれよりも多くの独創的な数学的発見をした．

オイラーはロシア語で何かいった．私が返事をしなかったので，フランス語でいいなおした．
「どなたですかな (Qui est là)」
彼の聴覚は盲目のためにひじょうに鋭敏になっていたのである．彼は私の呼吸の音を聞いたのだった．私はたどたどしいフランス語で，自分が未来の数学者であることと，遠い星に向かう旅行中に，たまたまサンクト・ペテルブルクに着いたことを説明した．彼は明らかに私を頭のおかしい人間だと思ったのだが，礼儀正しさを失わなかった．私は信じてもらおうとしてノーム・エルキーズの反例のような，ここ数年の数学の発見を説明した．エルキーズの推測によれば，3つの4乗の和はまた4乗でありえなかったのである．彼は私の話に関心をもったが，彼を確信させたのは，なかでも私が着ていた衣服の異様な感触だったと思う．彼は時間内の旅行を可能にする力学の新しい説明にひかれたようだった．すべてがオイラーにインスピレーションをあたえたのだ．

私はこの危険な研究から彼の関心をそらせるために—オイラーが力学の解明に成功して，未来の歴史から何かを引きだした場合を想像していただきたい—オンビリクスの研究所にしようと考えていた問いを説明した．それは奇数の完全数は存在しないという予想を検証することだった．オイラーはこの問題を研究して解決できなかったので，それにふれたことで熱烈な議論に火がついた．しかし，彼は未来の大半の研究の土台を示していたのである．

あなたは完全数のことを知っているだろうか．完全数とは，本来の[*8]約数（かつては「それらの割り切れる部分」といわれていた）の和に等しい数のことである．比較的小さな2つの例を示すことにしよう．

$$6 = 1+2+3$$
$$28 = 1+2+4+7+14$$

数学的には整数 N もそれ自体の約数と考え，N の約数の和に等しい関数 $\sigma(N)$ に N を含めるほうが好ましい．したがって完全数とは，等式 $\sigma(N)=2N$ を実証する数のことである（記号 σ は総和を象徴するギリシア文字の「シグマ」である）．N を N の約数に含める理由の1つは，たとえば関数 $\sigma(N)$ が以下のような意味で乗法的になることにある．つまり，M と N がたがいに素であれば—1より大きい公約数がないということ—$\sigma(MN)=\sigma(M)\sigma(N)$ になるという理由である．かこみAで，その理由を説明しよう．この合法性は，それぞれの数が1以外の公約数をもてば成立しない．たとえば，以下のとおりである．

$$\sigma(2)=1+2=3$$
$$\sigma(4)=1+2+4=7$$
$$\sigma(8)=1+2+4+8=15$$

しかし，$15 \neq 3 \times 7$ により $\sigma(8) \neq \sigma(2)\sigma(4)$ ではない．

完全数に関する最初の一般的定理を証明したの

A．「約数の和」関数の乗法性

1つの例 $120=8\times15$ について考えよう．$8=2^3$ の約数は 1, 2, $2^2=4$, $2^3=8$ である．それは下の表の最初の行に書かれている．$15=5\times3$ の約数は 1, 3, 5, $3\times5=15$ である．これらを最初の行に書きこもう．この積 $(1+2+2^2+2^3)(1+3+5+15)$ を展開すれば，われわれは表のすべての項の和，すなわち，まさに 120 の約数の和を獲得する．なぜなら，項のそれぞれは $120=2^3\times3\times5$ で，因数の異なる選択に対応するからである．その結果，$\sigma(120)=\sigma(8)\sigma(15)$ ということになる．

8の約数→	1	2	2^2	2^3
15の約数↓				
1	1	2	2^2	2^3
3	3	2×3	$2^2\times3$	$2^3\times3$
5	5	2×5	$2^2\times5$	$2^3\times5$
3×5	3×5	$2\times3\times5$	$2^2\times3\times5$	$2^3\times3\times5$

120の約数

この証明は m と n が共通因数をもつ場合には適用されない．たとえば，8と$14=2\times7$にたいしては，表は以下のようになる．

8の約数→	1	2	2^2	2^3
14の約数↓				
1	1	2	2^2	2^3
2	2	2^2	2^3	2^4
7	7	2×7	$2^2\times7$	$2^3\times7$
2×7	2×7	$2^2\times7$	$2^3\times7$	$2^4\times7$

112の約数

この表の要素はまさに $112=8\times14$ の約数だが，なかには反復されるものもある．たとえば，2, 2^2, 2^3, 2×7, $2^2\times7$, $2^3\times7$ は2回あらわれる．だから，おなじアプローチで主張できる最上のことは，m と n が共通因数をもてば，$\sigma(mn)<\sigma(m)\sigma(n)$ だということである．

乗法性の直接的な帰結は，$l, m\cdots\cdots n$ がたがいに2つずつ素であれば，$\sigma(lm\cdots\cdots n)=\sigma(l)\sigma(m)\cdots\cdots\sigma(n)$ になることである．

問1 あなたはこれらの帰結より，素因数 $N=p^aq^b\cdots\cdots r^c$ の書き方から，$\sigma(N)$ にたいする公式を引きだすことができるだろうか？

はユークリッドだった．すなわち 2^p-1 が素数の場合，N が $2^{p-1}(2^p-1)$ の形であれば，N は完全数である．σ は乗法性をもつので，それを容易に証明することができる．2^p-1 が素数なので，約数は 1 と 2^p-1 のみになり，だから以下のようになる．
$$\sigma(2^p-1)=1+(2^p-1)=2^p$$
他方では，
$$\sigma(2^{p-1})=1+2+4+\cdots\cdots+2^{p-1}=2^p-1$$
したがって，
$$\sigma(N)=\sigma(2^{p-1}(2^p-1))$$
$$=\sigma(2^{p-1})\sigma(2^p-1)=(2^p-1)2^p$$
$$=2\cdot2^{p-1}(2^p-1)=2N$$

$p=2$，$2^2-1=3$ が素数であれば，ユークリッドの結果は $2\times3=6$ が完全数であることを証明した．$p=3$ なら $2^3-1=7$ もまた素数であり，$2^2\times7=28$ は完全数である．この定理でふたたび，すでにあげた2つの例があたえられる．$p=4$ であ

れば $2^4-1=15$ は素数でなく，合成数である（$15=3\times5$）．ここでユークリッドの公式が，完全数をあたえないことを証明しよう．以下のとおりである．
$$2^{p-1}(2^p-1)=2^3(2^4-1)=8\times15=120$$
また乗法性によって，
$$\sigma(120)=\sigma(8)\sigma(3)\sigma(5)$$
$$=15\times4\times6=360$$
だから，$\sigma(120)=3\times120$ で，2×120 ではない．N は3完全数である．

数 $M_p=2^p-1$ はメルセンヌ数といわれ，それらが素数であれば，メルセンヌ素数といわれる．37のメルセンヌ素数が知られており，少なくとも私が背を向けていた期間に新しい発見がなかったのは，ありそうにないということではない．なぜなら，より速いコンピュータがつくられてから，メルセンヌの新しい素数を求めることで能力が測られているからである．M_p が素数であれ

表1 メルセンヌ素数 (＊は原著に追加)

$M_p = 2^p - 1$ は，以下の p にたいして素数である

2	89	4 253	86 243
3	107	4 423	110 503*
5	127	9 689	132 049
7	521	9 941	216 091
13	607	11 213	756 839
17	1 279	19 937	859 433
19	2 203	21 701	1 257 787
31	2 281	23 209	1 398 269
61	3 217	44 497	2 976 221
			3 021 377

ば，p が素数であることの証明はやさしいが，その逆は成立しない．最小の反例は $p=11$ にたいするものであり，つまり $2^{11}-1=2047=23\times 89$ である．

オイラーはユークリッドの定理の逆を証明した．それは N が偶数の完全数なら，素数 2^p-1 で $N=2^{p-1}(2^p-1)$ のような整数 p が存在することである．たとえメルセンヌの数が素数となる条件を決定できなくても，その結果で偶数の完全数が完全に特徴づけられるだろう．オイラーはまた奇数の完全数が存在するとすれば，$N=p^{4k+1}s^2$ という形式をとるはずであり，そこでは p は s を割らない $4m+1$ という形式の素数であることを証明した．さらに σ の乗法性に起因するオイラーの結果の証明は，コラムBに記されている．以下に詳細に記載されるいくつかの出来事をふくむ，完全数の歴史のキーとなる出来事はコラムCに示されている．

オイラーは私に質問した．

「奇数の完全数を発見するか，存在しないことを証明するかした人がいるんですか」

B．完全数に関するオイラーによる証明

1. 偶数の完全数は $2^{p-1}(2^p-1)$ という形式でなければならない．ここで 2^p-1 はメルセンヌの素数である．

N を偶数の完全数と仮定し，$N=2^n b$ と書くことにしよう．ここでは，$n \geq 1$ であり，b は奇数である．そこで，$\sigma(N)=\sigma(2^n)\sigma(b)=(2^{n+1}-1)\sigma(b)$ となる．N は完全数だから，$\sigma(N)=2N=2^{n+1}b$ となり，したがって $b/\sigma(b)=(2^{n+1}-1)/2^{n+1}$ となる．右側の分数は既約である．その結果，$b=(2^{n+1}-1)c$ と $\sigma(b)=2^{n+1}c$ のような整数が実在する．$c>1$ なら，b は少なくとも1，b，c で割り切れるので，$\sigma(b) \geq 1+b+c=1+2^{n+1}c > \sigma(b)$ となる．これは不合理である．したがって，$c=1$ と $N=2^n(2^{n+1}-1)$ となる．ようするに $2^{n+1}-1$ が素数でなければ，1とそれ自体以外の約数があるので，$\sigma(2^{n+1}-1) > 2^{n+1}$ となり，これもまた不合理である．この定理は $n+1=p$ を認めることで証明される．

2. 奇数の完全数は $p^{4k+1}s^2$ という形式である．ここで p は $4m+1$ という形の素数で，それは s とともに素数となる．

完全数 N を $p^a q^b \cdots r^c$ という形式で書こう．ここでは p，$q \cdots r$ は異なる素数である．そこで，$\sigma(N)=$ $\sigma(p^a)\sigma(q^b) \cdots \sigma(r^c)=2N$ となる．したがって，われわれが $\sigma(p^a)$ で示したこれら因数の1つは奇数の2倍であり，そのほかのものは奇数である．ところで，$\sigma(q^b)=1+q+q^2+\cdots+q^b$ （q は素数だから）は，b が偶数なら奇数であり，b が奇数なら偶数である．したがって b は偶数になる．以下の指数についても，おなじことがいえる．つまり，われわれは $N=p^a s^2$ で，$s=q^{b/2} \cdots r^{c/2}$ をもつことを証明した．おなじようにして，a は奇数である．$a=4k-1$ であれば，$\sigma(p^a)=1+p+p^2+\cdots+p^a$ は，$a+1=4k$ 個の項の和になる．偶数の累乗 $1k$ は $4l+1$ （さまざまな l にたいして）という形式となり，したがって，それらの和は $4n+2k$ という形式になる．奇数の累乗 $2k$ は，すべて $4l+1$ という形式になり，それらの和は，$4n+2k$，つまりすべては $4l-1$ になる．また，それらの和は $4n-2k$ になる．あらゆる場合に $\sigma(p^a)$ は4で割り切れるが，それが奇数の2倍なので不可能である．したがって，a は $4k+1$ という形式をとる．

最後に，p が $4m-1$ という形式なら，$\sigma(p^{4k+1})$ は法による4の+1か-1に交互に相似の項 $4k+2$ の和になる．だから，それ自体4で割り切れるから，これは矛盾である．よって，p は $4m+1$ という形式になる．

C. 完全数の歴史

西暦	出来事
前300年頃	ユークリッドは $M_p=2^p-1$ が素数なら $2^{p-1}(2^p-1)$ が完全数であることを証明.
100年頃	ニコマコスは6, 28, 496, 8128だけが1と10 000のあいだの完全数であることを指摘. それらがそれぞれ6と8でおわることに注目しよう.
300年頃	イアンブリコスは（誤って）ニコマコスが観察した構造は際限なくつづくと推測した.
1202	フィボナッチはユークリッドが研究した形式の完全数は無限にあると主張した.
1456	著者不詳の草稿（ラテン語）[*9] で5番めの完全数 33 550 336 が指摘された.
1588	カタルディは M_{17} と M_{19} が素数であることを明記.
1603	カタルディは M_p が $p=2, 3, 5, 7, 13, 17, 19, 23, 29, 31, 37$ にたいする素数だと主張.
1638	デカルトはすべての偶数の完全数がユークリッド様式で，すべての奇数の完全数が ps^2 という形式であり，そこでは p が素数であることを証明できると考えた.
1644	メルセンヌは $p=2, 3, 5, 7, 13, 17, 19, 31, 67, 127, 257$ にたいして，11個の完全な素数がユークリッドの形式によってあたえられると主張した.
1738	オイラーは100より小さい素数のうち，M_p が素数であるのは $p=2, 3, 5, 7, 13, 17, 19, 31, 41, 47$ だけであることを主張.
1741	オイラーはクラフトに宛てた手紙のなかで $p=41$ と $p=47$ を撤回した.
1772	オイラーは M_{31} が素数であることを証明.
1844	ルベーグはすべての奇数の完全数は，少なくとも4つの異なる約数をもつことを証明.
1849	オイラーの死後刊行物で，すべての偶数の完全数がユークリッドの形式をとり，すべての奇数の完全数が $p^{4k+1}s^2$ の形式をとって，そこでは p が素数であることが示された.
1869	ランドリは64より小さい p にたいして $2^p\pm1$ のすべての因数の表を発表し，$p=43, 47, 53, 59$ の場合，M_p は合成数であることを証明.
1876	リュカは $p=31$ と 127 にたいして，M_p が素数である証明を提示.
1883	ペルヴュサンは M_{61} が素数であることを証明.
1887	シルヴェスターはすべての奇数の完全数が，少なくとも6つの異なる素因数をもつことを証明.
1888	シルヴェスターは3で割り切れない奇数の完全数が，少なくとも8つの異なる素因数をもつことを証明.
1888	カタランは3, 5, 7で割り切れない奇数の完全数が，少なくとも26の異なる素因数をもつことを証明.
1903	ラザリーニは奇数の完全数が存在しないことはない証明を提示したが，そこには誤りがふくまれていた.
1903	コールは M_{67} が合成数であることを証明.
1911	パワーズは M_{89} が素数であることを証明.
1914	パワーズは M_{107} が素数であることを証明.
1952-1990	メルセンヌの素数が発見された.
1956	ミュスカは 10^{18} より小さい奇数の完全数がないことを証明.
1957	カーノルドは 10^{20} より小さい奇数の完全数がないことを証明.
1973	タッカーマンは 10^{36} より小さい奇数の完全数がないことを証明.
1973	ハギスは 10^{50} より小さい奇数の完全数がないことを証明.
1982	ベックとナジャーは 10^{50} より小さい奇数の3完全数がないことを証明.
1985	キシヨアはすべての奇数の3完全数が，少なくとも異なる11の素因数をもつことを証明.
1989	ブレントとコーエンは 10^{160} より小さい奇数の完全数がないことを証明. 10^{300} より小さい奇数の完全数がないことの証明を予告した.

私は答えた.
「いいえ,この問題はデリケートです」
彼はそっけなくいった.
「よくわかりませんね.私は少しでも結果が出ればと思って,たくさんの時間をかけ,この問題を研究しましたよ」
「少なくとも,あまり多くの実例を研究されなかったと思います.私が住んでいる未来の時代では,2人のオーストラリア人—情報科学者のリチャード・ブレントと数学者のグラエム・コーエン[*10]—が最近,奇数の完全数が存在するとすれば,少なくとも 161 桁の数字だと証明しました.彼らは実際には,この限界は 301 桁に届くかもしれないと予告しています」
彼は好奇心丸だしの声でいった.
「オーストラリア人がですか? あなたはオーストラリア人といわれたんですね.活発な数学的活動の中心はウィーン[*11] だと思いますがね……」
「オーストラリアは新しい遠い土地で,あなたの時代には,まだ探検されていませんでした」
「情報科学者とは,どんな人ですか」
「もっとも複雑な計算を,もっとも早くするために複雑な機械を使う人たちや,そのような機械を考える人たちや,そのような機械の理論を研究する人たちのことです」
「10^{300} という事例を1つ1つ検証できるほど強力な機械を信じることはできませんね.私は数学の理論とは,多くの事例を検証できる数値に縮小するために使われるもの—失礼,使われるであろうもの—だと思っています」
私はいった.
「たしかに,そのとおりです.実際に使用される数学の方法は,もはや結果にしか関心をもちません[*12].彼らが奇数の完全数を発見したとすれば—10^{300} より少ない数がないことがわかる結果になろうと,とても注目すべきことでした—このような結果が証明される方法がわかれば,ずっと刺激的です」
「それじゃ,あなたはきっともう問題を論じないで,その方法を私に説明しようとするのですね」
私を非難する口調だった.

私は許しを乞うた.いろいろなことをいいすぎたのだった.
「もっとも簡単なのは,実例をあげることです.2つの例を話すことにしましょう.1つは 10^4 より小さい奇数の完全数はないという証明で,10^4 は底の原理を確定しますが,ほんとうに典型的であるには不十分すぎます.2つめの証明は 10^6 より小さい奇数の完全数はないことを証明します.
　すべては2つの考えにもとづいています.1つは『約数の和』関数の乗法性であり,2つめは奇数の完全数 N にたいする,$N = p^{4k+1} s^2$ というオイラーの標準的な形です.s を $q^a r^b \cdots$ という異なる素数の積として書いてみれば,$s^2 = q^{2a} r^{2b} \cdots$ と,$N = p^{4k+1} q^{2a} r^{2b} \cdots$ となります.p,q,$r \cdots$ を因数,それらの累乗 p^{4k+1},q^{2a},$r^{2b} \cdots$ を成分,$4k+1$,$2a$,$2b \cdots$ を指数とよぶことにしましょう.私は p を特別の因数とよびます.これは指数が奇数である唯一のものですからね.
　そこで N を奇数だと仮定して,完全数の特徴となる等式 $\sigma(N) = 2N$ を考えてみましょう.σ の乗法性によって,
$$\sigma(N) = \sigma(p^{4k+1}) \sigma(q^{2a}) \sigma(r^{2b}) \cdots$$
となり,したがって,
$$2N = \sigma(p^{4k+1}) \sigma(q^{2a}) \sigma(r^{2b}) \cdots$$
で,ただちに2つの結果が出ます.
・$\sigma(N)$ の奇数の約数は N の約数であり,その逆でもある.
・1つ,しかもただ1つの数 $\sigma(p^{4k+1}) \sigma(q^{2a}) \sigma(r^{2b}) \cdots$ は2で割り切れ,2より大きいどんな累乗でも割り切れない」

　N のいくつかの因数の存在から,ほかの因数の存在を推論するために上記のコメントが使われる.つぎに,この過程を矛盾点に到達するまで,つまり因数の数が大きくなりすぎて,N が限界の 10^4 をこえるまで延長しよう.これが「因数連鎖の方法」とよばれるのは,それぞれに仮定的な成分から,しだいに N を構成するからである.オイラーはいった.
「私はその方法を知ってます.たとえば,特別の因数が指数1をもつ $p=13$ なら,$\sigma(13)$ は $2N$ を

割り切るでしょう．しかし，$\sigma(13)=1+13=14=2\times 7$ だから，7 は N を割り切るはずです．7 は特別の因数ではないので，7^2 か 7^4 のような1対のある累乗が N の成分になります．それが 7^2 なら，$\sigma(7^2)=1+7+49=57$ が N を割り切ります．しかし $57=3\times 19$ だから，おなじ理由で 3^2 と 19^2 か，それより大きな累乗が N を割り切るとなります．その結果，N は $13\times 7^2\times 3^2\times 19^2=2\,069\,613$ の倍数となり，これはわれわれの"目的"である 10^4 より大きくなります」

私はいった．

「おっしゃるとおりです．われわれは別の成分を生みだすために，さまざまな成分を仮定し，使用し，矛盾が生じるまで——主として N がわれわれの限界より大きいことですが——つづけます．可能なすべての成分が検討されて，うまくひっかかりました」

計算をできるだけ省略するのが常識的であり，いくつかの追加のコメントが手助けになる．

われわれがある成分を仮定するとき，指数を素数より1小さい数，すなわち1, 2, 4, 6, 10, 12, 16……にとどめることができる．

- われわれはとくに，特別な因数の指数が1に等しいと仮定することができる．
- q^{2a} が成分なら，10^4 という限界にたいして $q^{2a}\leq 10^2$ を仮定することができる．われわれは一般に q^{2a} が，この限界の平方根より小さいか等しいと仮定する．

問2 どうして，こんな仮定ができるのだろうか（答えは章の最後にある）．

10^4 という限界にたいして，考えなければならない q^{2a} という形式の成分は，以下のとおりである．3^2, 3^4, 5^2, 7^2（$11^2=121$ と $5^4=625$ はいずれも $\sqrt{10^4}=10^2=100$ より大きい）．これら4つの可能性を順番に検討しよう．

3^2．N は $\sigma(3^2)=13$ で割り切れる．13^2 は成分として大きすぎるので，13 は特別な因数である．このとき $2N$ は $\sigma(13)=14=2\times 7$ で割り切れ，7 は N の因数となる．われわれはその指数を2と仮定することができる．ここで $2N$ は $\sigma(7^2)=57$ $=3\times 19$ で割り切れ，とくに 19 で割り切れる．しかし 19 は特別な因数ではなく（それは 13，それに 19 は形式 $4m+1$ でなく，したがって絶対に特別な因数であることはできない），だから 19^2 や 19^4 に等しい成分がなければならない．しかし，これらは大きすぎるし，矛盾に行き着くことになる．

3^4．N は $\sigma(3^4)=121=11^2$ で割り切れる．だから，11^2 か 11^4……に等しい成分がある．これらは大きすぎ矛盾する．

5^2．N は $\sigma(5^2)=31$ で割り切れる．これは $4m+1$ の形でないので，特別な因数ではなく，だから 31^2 や 31^4……に等しい成分がある．ところが，それらは大きすぎ矛盾する．

7^2．この因子はすでに 3^2 に関する論証で消去されている．

これで証明は完了する．われわれは N にたいして 10^4 より小さい 5 000 の奇数を検討しないでも，4つの事例を考えて，この結果に到達した．

問3 われわれの推論を図式的に要約することができる（図2）．あなたはたぶん，限界 10^6 で，似たような証明を試みたいだろう．私の解のグラフィックな表現は，章の最後の解答欄にある．

$$3^2 \to 13 \to 13^2 \to \star$$
$$\downarrow$$
$$2\times 7 \to 7^2 \to 9\times 13 \to 19^2 \to \star$$
$$3^4 \to 11^2 \to \star$$
$$5^2 \to 31 \to 31^2 \to \star$$

図2 10^4 より小さい奇数の完全数がないこと証明するための因数の系統樹．太字の数字は予想される成分である．矢印は N の予想される因数から新しい因数の推論を示しており，13 と 31 のあとの矢印は予想される特別な因数による．星印は大きすぎる成分の存在の結果としての矛盾を示す．

ここでは役にたつ2つの指示がある．

1. 成分 q^{2a} にたいして $\sigma(q^{2a})$ を形成すれば，たいていいくつもの新しい素因数が提供される．このとき，すべてを考えることは必要ではない．それらの1つが矛盾に導けば，その事例の検討が完了する．たとえば，われわれが $\sigma(7^2)$ を考えた

```
                29²
                 ↓                                              5² → 31
              13 × 67                                             ↓
                 ↓                                   61 → 2 × 31 → 31² → 3 × 331 → 331² → *
      3² → 13 → 13² → 3 × 61 → 61² → *
                 ↓
         2 × 7 → 7² → 3 × 19 → 19² → 3 × 127 → 127² → *
                 ↑
              3⁴ → 11² → 7 × 19
                 ↑
              5⁴ → 11 × 71

    3⁶ → 1 093 → *                                          17² → 307 → *

    23² → 7 × 79 → 79² → *
```

図3 10^6 より小さい奇数の完全数が存在しないこと証明する因数の系統樹．記号の意味は図2とおなじ．

とき，3と19という2つの新しい因数があらわれた．しかし，19は矛盾を導くので，われわれは数3を使用した．それでも継続するために，最良の因数を求める必要があるのかもしれない．

2. いくつかの選択は，特定の別の場合に結びつく．たとえば，先行する 3^2 はわれわれを 7^2 に導いた．あなたが下位の場合の研究にさいして，素数が特別の因数であるような特定の仮説を用いなければ，最初の場合と下位の場合を同時に研究することができるだろう．これで計算が省略される．いいかえれば，あなたが考える因数のさまざまな連鎖は，因数の系統樹（あるいは，たぶん因数の林．なぜなら一般にいくつもの系統樹や，別々の連鎖があるから）に統合ができる．

私はいった．

「R・ブレントとG・コーエンが限界 10^{160} のために使った方法は，おもな点でおなじです．しかし，彼らは $q^{2a} \leq 10^{80}$ のような，つまり可能なすべての成分 q^{2a} を検討すれば，ほとんど致命的な数の事例を点検しなければならないでしょう．だから，彼らは方法を単純化したのです」

R・ブレントとG・コーエンが証明したのは，N が数 127, 19, 7, 11, 31, 13, 3, 5 のどれでも割り切れないような奇数の完全数であれば，少なくとも異なる101の素因数をもつはずだということである．より小さな素数101（したがって，異なる101の素数のすべての積）は，まさに 10^{160} より大きく（10^{473} に近い），われわれにはわれわれの矛盾がある．前述の素数を消去しなければならない（あなたを考えこませたにちがいない順序は，計算の反復を避けるためにとくに効率的になるよう選ばれたものである．これは実験によって示された）．

R・ブレントとG・コーエンのプログラムは，ヴァックス・コンピュータで処理されたが，多様な素数やそれらしき素数が別々のファイルに記入され，そのあと素数性を確定するために検証された．出会った最大の因数は $\sigma(61^{42})$ の因数，5 956 707 000 538 571 084 106 691 363 703 だった．彼らはヘンドリック・レンストラのアルゴリズムにもとづく因数分解の新しい方法を使用し，楕円曲線[*13]を活用してこの数を発見した．この計算には，いくつかのサン・ワークステーションで，法による $\sigma(61^{42})$ の約15億回の掛け算が必要だった．彼らは以下のような表現で一般的な考えを説明している．

「個々の因数の連鎖は先行する因数分解にあらわれる最大の素数を使って 10^{80} をこえる成分が得られるまでか，たいていはオイラーの公式と一致して増大する成分をもつ連鎖のすべての素数の積が 10^{160} より大きくなるまで延長された……いくつかの連鎖は，すでに消去された素数があらわれると早く完了した……多くの合成数や高い可能性の素数があらわれ，それらにたいしては因数分解や素数性の検証は必要ではなかった．これらの数と

連鎖の数との共通因数が求められ，この数と指数1の積に含められた．ユークリッドのアルゴリズムによるこのような追求は，一般に因数分解よりはるかに早い」

オイラーは立ちあがり，静かに棚を引きだした．私は目の見えない彼が，望みのものを易々と見つけることに驚いた．オイラーはすばらしい記憶力をもっていたのである．彼は盲目になったあとも，月の運行に関するおそろしく難解な数多くの計算をしたが，これはニュートンの頭痛のタネになった唯一の問題だったといわれている．ピエール・ド・フェルマーがマラン・メルセンヌに書いた1638年8月10日づけの手紙のコピーが，その記録だった．オイラーはいった．

「大フェルマーはこの手紙で『数の素数性の検証をのぞけば，割り切れる部分に関係するすべての問題を解くことのできる解析方法があり，その平方根より小さなすべての素数による整除性の試み以外の方法は知られていない』と主張しています．あなたが説明されたばかりの計算は，大きな数を素因数に因数分解するか，それらの予想される素数性を検証するために使われる方法に立脚しているように思えます．このことをべつにしても，あなた方の方法はフェルマーの仕事をあまり改良していません」

「そのとおりです．この方法は新しくないのですが，有効な因数分解の方法がなければ，必要な計算はおそろしく重くなります．ところで，この主題は早々と進展しています．たとえば，R・ブレントとG・コーエンは因数分解の技術が改良されたおかげで，奇数の完全数の限界 10^{300} に押しもどすことができると予告しました．より厄介な点は $\sigma(13^{72})$ の因数分解です．H・テ・リエルはここで因数 145 009 586 102 490 829 218 552 548 223 336 637 を発見して協力しました」

オイラーは椅子にすわったまま，からだを反らせた．

「すばらしい！ 時間の旅人よ，つぎにこられるときは，こうした因数分解の方法について，もっと話を聞かせてください．ほかのことには，もう関心がありませんので」

「そうですか……でも，ここにくる道をまた見つけられるかどうか，確信がありませんが」

オイラーがこの方法を横取りした場合に，ひょっとしたら時間のパラドックスに関係したくなかったので，私は嘘をついた．そして，この問題にかかわることを避けたいと思って，つけくわえていった．

「休暇をとらなきゃなりませんし」

私は惑星オンビリクスとゼベディー・バニドゥの研究室にしっかりと心を定めて，空間と時間を横断する近道にもどった．オイラーの姿が消えたとき，彼は手を振っていた．

「時間の旅人よ，いいご旅行を！ きっと何日かあとに，われわれはまた完全数について話しあえるでしょう．あなたはまた私の関心を，この未解決問題につれもどしてくださいました．たしかに私はすでに，それらの割り切れる部分の和から約数の問題という一般的な問題に関心をもちましたが，そこでは商は完全数〔訳注；$\sigma(N)/N=2$〕にたいするように，2だとはかぎりませんでしたよ！」

私は返事した．

「多完全数も魅力があります．しかし，あなたに警告しておけば，それらもまた面倒な問題を提起します．1982年にW・ベックとR・ナジャーが，10^{50} より小さい奇数の完全数が実在しないことを証明しました（数 N は $\sigma(N)=3N$ であれば3完全数とよばれます）」（あなたはたぶん奇数の3完全数に適用できる，因数の連鎖の方法の修正を考えたいのではないでしょうか．適切な標準的形式を考えてください）

オイラーは完全に消える前に，うなずいて同意した．私はこんどはオンビリクスの風景と匂いと，聞きなれた音に接することができると予想した．

ところが，私はオンビリクスのかわりに尊大な様子の横柄な物腰の人物を見た．彼は年代物の机にすわり，ガチョウの羽のペンをもっていた．彼はつぶやいた．

「私は実在するし，考える．私が実在するということは，考えることだ……いやいや，これはまったく誤っている．私は実在すると，考えるのだろうか．ばかばかしいことに私は実在することを知っていて，ここに問題があるのだ！ しかし，どうしてだろうか．私はどのようにして，私が実在することを知るのだろうか．私が実在しなければ，私はどのようにして実在すると考えることができるのだろう」

「私は考えるから存在するのです」
と私は反射的につぶやいた．

「すばらしい！ そのとおりだ！」

その人物は1枚の紙に，猛烈な勢いで書きはじめた．私は彼が完全に具体化し，思いついた理由を理解する前に近道にもどって，心を全力でオンビリクスに集中した．

オイラーは私の関心をかきたてた．多完全数の主要な理論的創設者の1人はデカルトだった．私は自分を慰めた．私の時間をこえた出現は短すぎて，人類の文化に確かな効果をおよぼさなかったのである．

▶解答

問1 $N = p^a q^b \cdots r^c$ と書いてみよう．このとき
$$\sigma(N) = \sigma(p^a) \sigma(q^b) \cdots \sigma(r^c)$$
となる．しかし
$$\sigma(p^a) = 1 + p + p^2 + \cdots p^a = (p^{a+1} - 1)/(p - 1)$$
だから，
$$\sigma(N) = (p^{a+1} - 1)(q^{b+1} - 1) \cdots (r^{c+1} - 1)/(p - 1)(q - 1) \cdots (r - 1).$$

問2 すべての素数 p にたいして，上記の公式 $\sigma(p^a)$ は，$a+1$ が $b+1$ を割れれば $\sigma(p^a)$ が (p^b) を割れることを示している．
$$b + 1 = k(a + 1)$$
なら，
$$(p-1)\sigma(p^b) = p^{k(a+1)} - 1 = (p^{a+1})^k - 1^k \text{ が } p^{a+1} - 1$$

で割り切れるからである．だから因数の連鎖が形成されるとき，$a+1$ が素数の場合にかぎることができる．

q^{2a} が成分なら，Nq^{2a}, $\sigma(q^{2a})q^{4a}$ と，したがって $q^{2a} \sqrt{N}$ である．

問3 奇数のどのような完全数も 10^6 より小さくないということの証明については，図3を参照．

▶訳注

* 1 このタイトルはローマ帝国の統治戦略「分割して統治せよ」（'Divide et impera'）のもじりと思われる．
* 2 ロシアをはじめスラブ諸国などで，お湯を沸かすために使用されてきた金属製容器．
* 3 Sarah Bernhardt (1844-1923)．フランスの舞台女優．
* 4 オイラーの創案による「変分法」「オイラー方程式」をさすものと思われる．「近道」とは，変分法による最短経路をさす．
* 5 default．とくに指定されない限り使われる値．入力しない限り与えられている0（ゼロ）の値など．
* 6 エカチェリーナ1世 (1684-1727)．ロマノフ朝第2代のロシア皇帝（在位 1725-1727）．ピョートル1世の妃．
* 7 エカテリーナ（エカチェリーナ）2世 (1729-1796)．ロマノフ朝第8代ロシア皇帝（在位；1762-1796）．啓蒙専制君主として有名．
* 8 propre．その数自体は「本来の」約数に含めない．
* 9 写本名は Codex lat. Monac. 14908．
* 10 ここで想定している論文は，Richard P. Brent and Graeme L. Cohen A (1989)：New Lower Bound for Odd Perfect Numbers, *Mathematics of Computation*, **53**, 431-437. のこと．以下の記述でもここを参照している．
* 11 当時，神聖ローマ帝国皇帝を代々輩出していたハプスブルク家の帝都．今日の「オーストラリア」と「オーストリア」とを区別してしゃれている．
* 12 今日の数論に対する婉曲的な批判と思われる．
* 13 楕円関数のパラメータ表示から得られた平面曲線で楕円とは別物．曲線上の点の位置関係で代数演算を定義し，数々の重要な結果を得る．

多 完 全 数[*1]

―フェルマーのエラーを通じた
視点とデカルトの洞察―

五分間「カバ」という言葉を考えなければ，100万フランもらえるという話を聞いたことがあるだろう．もちろん，あなたが意識すればするほど，「カバ」という言葉を考えないでおくことはむずかしいだろう．私は「カバ」という言葉だけでなく，「デカルト」を考えないでおくべき状況におかれていた．あなたは私がエカテリーナ2世の宮廷でレオンハルト・オイラーと会った厄介な出来事と，奇数の完全数を追求したことを覚えておられるだろう．私は惑星オンビリクスに向かう途中だったが，空間と時間を横切る近道は思考内容で決定される．空間・時間的連続体のなかにあるオイラー「ゾーン」から抜けだそうとした私は，うっかりルネ・デカルトのゾーンにたどりつ

図1 軍人[*2]で，数学者で，哲学者，そしてスウェーデンのクリスティナ女王の教師でもあったルネ・デカルト（1596-1650）．

いてしまったのだ．そして，このゾーンにがんじがらめにされたようだった．

私は頭から多完全数という概念を追いだすことができなかったし，デカルトはこの分野の先駆者だったのである．

整数 N が $\sigma(N)$ を割り切れば，この数 N は多完全数といわれ，ここでは $\sigma(N)$ は N の約数（N 自体をふくむ）の和になる．この多重度は定義によっては商 $\sigma(N)/N$ である．通常の完全数は多重度 2 になり，3 完全数は多重度 3……などになる．最小の 3 完全数は $N=120$ であり，このことは 1557 年のロバート・レコード以来知られてきた．実際に，その約数の和は $\sigma(120)=1+2+3+4+5+6+8+10+12+15+20+24+30+40+60+120=360=3\times 120$ である．

3 完全数は実際には 17 世紀から，何人かのフランスの数学者によって研究されたにすぎない．彼らは 3 完全数を 2 以下の数とよび，4 完全数を 3 以下の数などとよんだ．19 世紀末にリュカの『数論』で使われたこの用語は，N 自体をいいかえる時代の傾向を反映していた．

私はデカルトの時代に滞在したことを利用するつもりだった．そこで彼にたずねた．

「多完全数の追求にどのような興味をもっておられますか」

「これは司祭のマラン・メルセンヌ[*3] のせいですよ．1631 年の初冬に，彼は私に手紙を寄越して，120 以外の 2 以下の数—あなた方の用語では多完全数—を見つけようと提案してきたんです」

「そして，あなたは 1 つ見つけられましたね」

「たしかにそうですが，7 年もたってからのことにすぎません．メルセンヌはその間に，別の問題を提起し，3 完全数の概念を形成しました．ピエール・ド・フェルマーは私より先に，1 つの解答

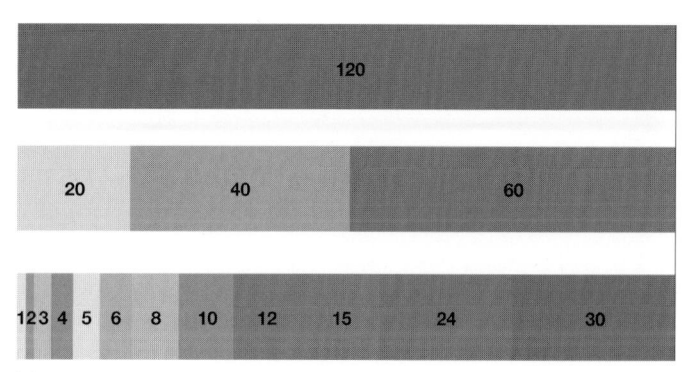

図2 120 が 3 完全数であることは図式的に証明される．その約数は 3 つのグループを形成し，それぞれの和は 120 になる．すべての 3 完全数にたいして，このようなまとめ方の操作を望むことができるのだろうか．

図3 当時の主要な数学者の不屈の文通相手だったマラン・メルセンヌ（左から 3 人め）は，1588 年に生まれて 1648 年に亡くなった．シャルタンが描いたこの絵では，彼はルネ・デカルト，ブレーズ・パスカル，ジラール・デザルグと重量に関する実験について論じている．

を手にしました．彼は 1636 年に，$672=25\times 3\times 7$ という 3 完全数を見つけています」

「彼はどのようにして，この数を見つけたのですか．暗中模索したのですか」

デカルトは優越感を示すようにいった．

「それについては，ちょっとした考えがあります．フェルマーは一般的な方法で見つけたと主張しました．つまり，2, 4, 8……という幾何級数ではじめたというのですね．上の列では各項ごとに 1 を引き，下の列では 1 を足すわけですよ．こんなふうにね．

　　1　3　7　15　31　63　127
　　2　4　8　16　32　64　128
　　3　5　9　17　33　65　129

まったく，このとおりです．この方法が告げる

のは，下の列の n 番めの数で，上の列の $(n+3)$ 番めの数を割った商が（2と3以外の）素数であれば，この素数に中央の列の $(n+2)$ 番目の数を掛けて3倍したものが3完全数になるということです」

私は穏やかにいった．

「よく見せてください……中央の列の n 番めの項が 2^n なら，上の列の n 番めの項が 2^n-1 で，下の列の n 番めが 2^n+1 なんですね．つまり，フェルマーは $p=(2^{n+3}-1)/(2^n+1)$ が素数なら，$3 \times 2^{n+2} \times p$ が3完全数だと主張しているわけですよ」

「そのとおりです．あなたの代数学の記数法が，私の記数法と似ていることがわかって，うれしいですね」

「ええ．われわれはかなりの部分で，あなたの後継者だと思います．私はフェルマーの主張を証明できるはずです．ちょっと見てください……」

「あらかじめ言っておいたほうがいいと思うが…」

私はその定理のあとを追いかけるのに熱中して，彼のいうことを聞いていなかった．そのあとで，私はいった．

「わかりました．われわれは2つのものを利用すべきだと思います．最初に M と N がたがいに素なら，$\sigma(MN)=\sigma(M)\sigma(N)$ だという約数の和関数の乗法性，そして p が素数なら，$\sigma(p^n)=1+p+p^2+\cdots p^n=(p^{n+1}-1)/(p-1)$（前章を参照）であることです．そうすれば，$\sigma(3 \times 2^{n+2} \times p)=\sigma(3)\sigma(2^{n+2}-1)(1+p)$ となります．

ところで $p=(2^{n+3}-1)/(2^n+1)$ であり，だから
$$1+p=(2^{n+3}+2^n)/(2^n+1)$$
となります．だから
$$\sigma(3 \times 2^{n+2} \times p)=4(2^{n+3}-1)(2^{n+3}+2^n)/(2^n+1)$$
になり，それがさらに
$$4 \times 2^{n+2}(2^3+1)(2^{n+3}-1)/(2^n+1)=9 \times 2^{n+2}p$$
に等しくなります．つまりフェルマーが主張したように，$3 \times 2^{n+2}p$ の3倍です．すばらしいですね！ しかし，彼はどのようにして，これを発見したのでしょうか」

「フェルマーのほかの多くの着想とおなじく，これも謎でありつづけています．私はちょっとした考えをもってますけどね．いずれにしても n が3に等しければ，$63/9=7$ は素数であり，したがって $2^5 \times 3 \times 7$ は3完全数です」

「1つの問いを避けることができませんでした．『フェルマーのこの方法は，すべての3完全数をあたえるのか』という問いでした」

「まったく違います．この問題については，あるエピソードがあります．サント・クロワ修道院長のアンドレ・ジュモーが，1638年4月に私に3番めの3完全数を教えて，4番めの3完全数を発見できるかと挑発してきました．3番めの3完全数は $523\,776=2^9 \times 3 \times 11 \times 31$ であり，11×31 は素数ではないので，これは明らかにフェルマーの規則から生じていません．私は実際にはフェルマーのこの方法は，最初の2つの3完全数しかあたえないと思っています．私は考えました．n のどんな数値にたいして，2^n+1 が $2^{n+3}-1$ を割るのだろうかとね．そして，これらの数の商が8に等しい $2^{n+3}/2^n$ より少し少ないだけではないかと思われたのです．つぎに，私は n が4以上の場合について商 $(2^{n+3}-1)/(2^n+1)$ を計算し，厳密に7と8のあいだにふくまれており，したがって整数でなかったことを観察しました」

問1 あなたはデカルトの主張を証明できますか．

彼は結論を出した．

「大フェルマーでさえ，ときどきうっかりすることがありました．私は彼が試行錯誤で答えを見つけ，つぎに，主張する方法を後から調整したのだと思います．時間の旅人よ，あなたにたいする教訓は，仮説が検証される慣例的な例がなければ，定理の証明に取り組むのはエネルギーの浪費だということです」

私は納得して，恥じいっている顔をした．そして，いった．

「4番めの3完全数を発見されたのですか」

「しましたよ，あなた．たしかに容易なことではありませんでした．なぜなら，$1\,476\,304\,896=2^{13}$

数	発見者	年代
表1　いくつかの多完全数 (*は原著に追加)		
3完全数		
$2^3 \times 3 \times 5$	レコード	1557
$2^5 \times 3 \times 7$	フェルマー	1636
$2^9 \times 3 \times 11 \times 31$	ジュモー	1638
$2^{13} \times 3 \times 11 \times 43 \times 127$	デカルト	1638
$2^8 \times 5 \times 7 \times 19 \times 37 \times 73$	メルセンヌ	1638
$2^{14} \times 5 \times 7 \times 19 \times 31 \times 151$	フェルマー	1643
4完全数		
$2^5 \times 3^3 \times 5 \times 7$	デカルト	1638
$2^3 \times 3^2 \times 5 \times 7 \times 13$	デカルト	1638
$2^9 \times 3^3 \times 5 \times 11 \times 31$	デカルト	1638
$2^9 \times 3^2 \times 7 \times 11 \times 13 \times 31$	デカルト	1638
$2^{13} \times 3^3 \times 5 \times 11 \times 43 \times 127$	デカルト	1638
$2^{13} \times 3^2 \times 7 \times 11 \times 13 \times 43 \times 127$	デカルト*	
$2^8 \times 3 \times 5 \times 7 \times 19 \times 37 \times 73$	ルーカス	1891
$2^7 \times 3^3 \times 5^2 \times 17 \times 31$	メルセンヌ	1639
$2^{10} \times 3^3 \times 5^2 \times 23 \times 31 \times 89$	メルセンヌ	1639
$2^{14} \times 3 \times 5 \times 7 \times 19 \times 31 \times 151$	フェルマー	1643
$2^7 \times 3^6 \times 5 \times 17 \times 23 \times 137 \times 547 \times 1\,093$	フェルマー	1643
$2^2 \times 3^2 \times 5 \times 7^2 \times 13 \times 19$	レーマー	1900
$2^8 \times 3^2 \times 7^2 \times 13 \times 19^2 \times 37 \times 73 \times 127$	レーマー	1900
$2^{14} \times 3^2 \times 7^2 \times 13 \times 19^2 \times 31 \times 127 \times 151$	カーマイケル	1910
$2^{25} \times 3^3 \times 5^2 \times 19 \times 31 \times 683 \times 2\,731 \times 8\,191$	カーマイケル	1910
$2^{25} \times 3^6 \times 5 \times 19 \times 23 \times 137 \times 547 \times 683 \times 1\,093 \times 2\,731 \times 8\,191$	カーマイケル	1910
5完全数		
$2^7 \times 3^4 \times 5 \times 7 \times 11^2 \times 17 \times 19$	デカルト	1638
$2^{10} \times 3^5 \times 5 \times 7^2 \times 13 \times 19 \times 23 \times 89$	フレニクル	1638
$2^7 \times 3^5 \times 5 \times 7^2 \times 13 \times 17 \times 19$	デカルト	1639
$2^{11} \times 3^3 \times 5^2 \times 7^2 \times 13 \times 19 \times 31$	レーマー	1900
$2^{20} \times 3^3 \times 5 \times 7^2 \times 13^2 \times 19 \times 31 \times 61 \times 127 \times 337$	フェルマー	1643
$2^{17} \times 3^5 \times 5 \times 7^3 \times 13 \times 19^2 \times 37 \times 73 \times 127$	フェルマー	1643
$2^{10} \times 3^4 \times 5 \times 7 \times 11^2 \times 19 \times 23 \times 89$	カーマイケル	1906
$2^{21} \times 3^6 \times 5^2 \times 7 \times 19 \times 23^2 \times 31 \times 79 \times 89 \times 137 \times 547 \times 683 \times 1\,093$	レーマー	1900
6完全数		
$2^{23} \times 3^7 \times 5^3 \times 7^4 \times 11^3 \times 13^3 \times 17^2 \times 31 \times 41 \times 61 \times 241 \times 307 \times 467 \times 2\,801$	フェルマー	1643
$2^{27} \times 3^5 \times 5^3 \times 7 \times 11 \times 13^2 \times 19 \times 29 \times 31 \times 43 \times 61 \times 113 \times 127$	フェルマー	1643
$2^{36} \times 3^8 \times 5^5 \times 7^7 \times 11 \times 13^2 \times 19 \times 31^2 \times 43 \times 61 \times 83 \times 223 \times 331 \times 379 \times 601 \times 757$ $\times 1\,201 \times 7\,019 \times 112\,303 \times 898\,423 \times 616\,318\,177$	メルセンヌとフェルマー	1643
$2^{19} \times 3^6 \times 5^3 \times 7^2 \times 11 \times 13 \times 19 \times 23 \times 31 \times 41 \times 137 \times 547 \times 1\,093$	レーマー	1900
$2^{24} \times 3^8 \times 5 \times 7^2 \times 11 \times 13 \times 17 \times 19^2 \times 31 \times 43 \times 53 \times 127 \times 379 \times 601 \times 757 \times 1\,801$	レーマー	1900
$2^{61}(2^{62}-1)3^7 \times 5^4 \times 7^2 \times 11 \times 13 \times 19^2 \times 23 \times 59 \times 71 \times 79 \times 127 \times 157 \times 379 \times 757$ $\times 43\,331 \times 3\,033\,169$	カニンガム	1902
$2^{15} \times 3^5 \times 5^2 \times 7^2 \times 11 \times 13 \times 17 \times 19 \times 31 \times 43 \times 257$	カーマイケル	1906
7完全数		
$2^{46}(2^{47}-1) \times 19^2 \times 127 \times C$	カニンガム	1902
$2^{46}(2^{47}-1) \times 19^4 \times 151 \times 911 \times C$	カニンガム	1902
ただし $C = 3^{15} \times 5^3 \times 7^5 \times 11 \times 13 \times 17 \times 23 \times 31 \times 37 \times 41 \times 43 \times 61 \times 89 \times 97 \times 193 \times 442\,151$		

×3×11×43×127 は，ほかの数よりずっと大きかったからですよ」

「すばらしいですね」

「それははじまりにすぎませんでした．私はすぐに6つの4完全数と，1つの5完全数を発見しました（表1）．そして，それが必然的でなかったとしても，もちろん極度に大きな100完全数を発見できただろうと確信しました」

「そのすべてにたいして，フェルマーは何を考えたのですか」

「あの知ったかぶりは4番めの3完全数の発見を，本気で自分の発見だと主張しました．一般的方法だと熱烈にいいはったのですが，それをまったく証明しませんでした．そのあいだに私は，自分が発見した結果の1つを明らかにしたのです」

彼は1枚のリストをつくった．以下のように，とても単純なリストだった．

- N が3完全数で，3で割り切れなければ，$3N$ は4完全数である．
- N が3完全数で，3で割り切れるが5や9で割り切れなければ，$45N$ は4完全数である．
- N が3完全数で，3で割り切れるが7, 9, 13で割り切れなければ，$3×7×14N$ は4完全数である．

問2 あなたはデカルトの以上の結果を，σ の乗法性を使って証明できますか．

デカルトは私に多くの秘密を伝えてくれたし，私のほうは多完全数に関するもっとも最近の結果を説明した．多くの人が多完全数について研究してきたので，新しい発見はつねにひじょうに大きな数に関係し，未解決の理論的問題は極度に困難になっている．たとえば，奇数の3完全数が実在するかどうかは知られていないが，もしあるとすれば少なくとも51桁にちがいない．これはアマチュアの数学者にとって理想的な領域ではない．

おなじ数学者はもはや友愛数に密接に関係する研究に，おなじ理由で近づかない．それでも，私はあなたに古い解決ずみの問題である，興味深い発見を説明しよう．聖書の「創世記」（32章14節）で，ヤコブは兄のエサウに200匹の雌ヤギ，20匹の雄ヤギ，200匹の雌ヒツジ，20匹の雄ヒツジを贈っている．この数にどういう根拠があるのだろうか．9世紀にラウ・ナハションは，つぎのように説明した．

「われわれの祖先のヤコブは賢明に贈り物を準備したのだった．（ヤギとヒツジの）220匹という数には秘密がある．それは284と1対をなし，一方の割り切れる部分の和が他方に等しいということである．ヤコブはそれを無視しなかったのだ．この秘密は古代人たちの手で，王たちや高官たちの評価を確かめるために検証された」

220と284という数は1対の「友愛数」を形成し，それぞれは他方に固有の約数の和である．このような数は1000年のあいだ，神秘のオーラに包まれていた．σ 関数を使って表現すれば，$M = \sigma(N) - N$ が $N = \sigma(M) - M$（引算は不適当な約数を消去するため）のときかつそのときにかぎり，$\sigma(M) = \sigma(N) = M + N$ のときかつ，そのときにかぎり，(M, N) が1対の友愛数である．

現在では数多くの友愛数が知られている．10000以下の要素では $(220, 284)$, $(1184, 1210)$, $(2620, 2924)$, $(5020, 5564)$, $(6232, 6368)$ が友愛数である．デカルト自身は3番めの対が発見された時期に，$(9363584, 9437056)$ の対を発見した．既知の友愛数の大部分は偶数で形成されるが，（完全数と違って）奇数の友愛数も知られている．最初の実例をあたえたのはオイラーであり，それらのなかに $(69615, 87633)$ がある．しかし，3で割り切れない奇数 M と N をもつ友愛数 (M, N) の実在が証明されたのは，ごく最近のことにすぎない．ポール・ブラットレーとジョン・マックゼーは，1968年にこのような対があることを推測した．S・バッタイトとW・ボルホは，1988年に15対の友愛数を構成した．ここでは最小の対にふれておこう．

$(5^4 × 7^3 × 11^3 × 13^2 × 17^2 × 19 × 61^2 × 97 × 307 × 140\,453 × 85\,857\,199,\ 5^4 × 7^3 × 11^3 × 13^2 × 17^2 × 19 × 61^2 × 97 × 307 × 56\,099 × 214\,955\,207)$

また10進法で書けば，

353 808 169 683 168 273 495 496 273 894 069 375,

353 804 384 422 460 183 965 044 607 821 130 625.

それらの「最大の」対は 73 桁の 2 つの数で形成される．この点で私には，アマチュアの数学者にとりつきやすい，まったく新しい研究分野を開く σ 関数の一般化があるように思われる．

「ルネ，私には 1 つの思いつきがあります．累乗完全数ですよ！」（じつは私の考えでないことを認めなければならない．レナード・ユージン・ディクソン[*4] が 1919 年にこれを提唱したのだが，私はほかに系統的な研究を知らない．いずれにしても，私はディクソンよりずっと早い 1639 年に，デカルトに提案したのだった．ディクソンは私の考えを継承したのだろうか）

デカルトは聞いてきた．

「何をいいたいのですか」

「（N をふくむ）N の約数の平方の和 $\sigma_2(N)$ と，立方の和 $\sigma_3(N)$ と，より一般的に N の約数の k 乗の和 $\sigma_k(N)$ に注目してみましょう．つぎに，N が $\sigma_k(N)$ を割り切るとき，N は k（番目）の完全数[*5] であるということにしましょう．ここで

また商 $\sigma_k(N)/N$ を，その多重度と定義します」

デカルトが聞いた．

「そんな数が実在するのですか」

「ふたりで見てみましょう」

われわれは腰をおろして，$k=2, 3$ のとき，2 000 以下の N について計算を実行した．2 の完全数と 3 の完全数は実在するのである．われわれの結果は，表の 2 と 3 に再現されている．

これらの図表は答えのないより多くの疑問を提示する．1 と 84 をのぞいた表 2 の 2 のすべての完全数は 5 の倍数であり，多くは 10 の倍数である．どうしてだろうか．これが一般的なルールだろうか．150 と 175 は，おなじ σ_2 をもつという意味で，双子の 2 の完全数である．ほかにも双子の 2 の完全数が実在するのだろうか．M と N という異なる 2 つの整数が $\sigma_2(M)=\sigma_2(N)$ を満たすことは，珍しくないように思われる．最初の例は $(6,7), (24,26), (30,35), (40,47)$ である．もっと先では $(834,973)$ があり，これら 2 つの数にたいして，σ_2 は 966 100 に等しい．このよう

表 2 2000 より小さい 2 の完全数		
N	$\sigma_2(N)$	$\sigma_2(N)/N$
1	1	1
10	130	13
60	5 460	91
65	4 420	68
84	10 500	125
130	22 100	170
140	27 300	195
150	32 550	217
175	32 550	186
260	92 820	357
350	162 750	465
420	273 000	650
525	325 500	620
780	928 200	1 190
1 050	1 627 500	1 550
1 105	1 281 800	1 160
1 820	4 641 000	2 550

表 3 2000 より小さい 3 の完全数		
N	$\sigma_3(N)$	$\sigma_3(N)/N$
1	1	1
6	252	42
42	86 688	2 064
120	2 063 880	17 199
168	5 634 720	33 540
270	23 178 960	85 848
280	25 356 240	90 558
312	36 003 240	115 395
496	139 456 352	281 162
672	360 708 768	536 769
728	442 325 520	607 590
840	709 974 720	845 208
1 080	1 506 632 400	1 395 030
1 560	4 536 408 240	2 907 954
1 782	6 615 949 428	3 712 654
1 806	6 892 389 504	3 816 384
1 890	7 973 562 240	4 218 816

な1対の集合は無限だろうか．3つ組は実在するのだろうか．また，σ_3でおなじ問題について，何がいえるのだろうか．4より大きいkにたいして，kの完全数は実在するのだろうか．

このような問題やほかの類似の問題の研究で，関数σ_kがσとおなじように乗法的であることを知るのは有効かもしれない．それはたがいに素のMとNにたいしてと，すべてのkにたいして，$\sigma_k(MN)=\sigma_k(M)\sigma_k(N)$だということであり，この証明はもっとも重要な点で，前章のσにたいする証明とおなじである．

デカルトは指摘した．
「あなたは$\sigma_2(N)$が平方数でありうるのを——まれなことだが——観察したんですか．私が見つけた例は$\sigma_2(1)=1^2$，$\sigma_2(42)=50^2$，$\sigma_2(246)=\sigma_2(287)=290^2$，$\sigma_2(728)=850^2$だけですよ．ほかにもあるのかどうか考えています」

しばらく問題を検証したわれわれは，$\sigma_2(N)$が平方数になるような多くの数Nを構成する方法を得た．この方法を延長して$\sigma_2(N)$が2乗であり，$\sigma_3(N)$が平方数か立方数であるような数Nの追求に広げることができるだろう．あなたもなにか興味深いことを見つけたら，私に教えていただきたい．

以下にわれわれの方法がある．われわれは最初に1より大きな平方数の約数がなければ，ある数が2乗外だということにしよう．それは異なる素数の積だというに等しい．すべての整数nは$n=r^2s$と一意的に表現することができる．ここではsは2乗外である．われわれはsをnの2乗外の部分とよぶことにしよう．これを理解するには，nを素因数に因数分解すれば十分である．素因数は偶数p^{2k}か奇数p^{2k+1}という指数とともにあらわれる．それを$p^{2k}=(p^k)^2$か，$p^{2k+1}=(p^k)^2p$と書くことにしよう．$(p^k)^2$は因数p^kのためにrに貢献し，第2の場合には，のこりのpはsの因数の1つになる．たとえば$360=2^3\times 3^2\times 5=(2\times 3)^2\times(2\times 5)=6^2\times 10$となり，ここでは10は2乗外である．明らかに2乗外の部分が1の場合か場合にのみnは平方数になる．

この平凡な考察は強力な方法の基礎である．最初の段階は素数pにたいする$\sigma_2(p)=1+p^2$と，それらの2乗外の部分sの数値のリストを確定することにある．つぎにsを必然的に異なる素因数の積として書き，sの素因数の1つが「大きすぎる」場合を無視することにしよう．われわれは例として，すべての因数が53より小さいか等しい場合だけを考慮することにしよう（この選択はまったく任意である．それはこの方法を利用しやすくするために，かなり多くの場合を単純化する．あなたはこの限界を自分に適した数値に定めることができる）．たとえば，2乗外の部分が$2\times 13\times 37$自体であるような$\sigma_2(31)=962=2\times 13\times 37$はリストに入るだろうが，2乗外の部分に対して大きすぎる因数137で$2\times 5\times 137$をもつ$\sigma_2(37)=2\times 5\times 137$は省かれる．実際に$1+p^2$自体は多く2乗外であるように見えるが，必ずしもそうではない（$p=13$を試みてみよう）．あなたは多分，その理由を求めたいだろう．

結果を表4のように表現しよう．ここでは黒い

表4　平方数のσ_2を構成するための補助の表

p	$\sigma_2(p)$ の2乗外の部分の素数の約数
	2　5　13　17　29　37　41　53
2	■
3	■　■
5	■　　■
7	■
13	■　　　■
17	■　■　　　■
23	■　　　　　　　　■
31	■　　■　　　■
41	■
43	■　　　　　　■
47	■　■　■
73	■　　　　　　　■
83	■　■　　　　　　　■
157	■　■　■
191	■　■　■　■
239	■
307	■　■　■
401	■　　　　　　■　■　■

点は，$1+p^2$であたえられる因数の実在を示している．たとえば$p=31$の行では，2, 13, 37の欄に点があり，これらの素数は$\sigma(31)$の2乗外の部分を割れる（2と$4m+1$の形以外の素数しか見つからないのは，これだけが$1+p^2$を割ることができるからである）．

$\sigma_2(7)$と$\sigma_2(41)$が同時に2乗外の部分に2をもつこと，すなわちある整数aとbについて$\sigma_2(7)=2a^2$と$\sigma_2(41)=2b^2$が成り立つことに注意しよう．しかし，これは$\sigma_2(7\times41)=\sigma_2(7)\times\sigma_2(41)=2a^2\cdot2b^2=(2ab)^2$であり，つまり平方数であることを意味している．それに$\sigma_2(287)$は，デカルトが示した例の1つである．

一般的なルールを確定するために，こんどは，$p=5, 7, 31, 43$を検証してみよう．
$$\sigma_2(5)=a^2\times2\times13$$
$$\sigma_2(7)=b^2\times2$$
$$\sigma_2(31)=c^2\times2\times13\times37$$
$$\sigma_2(43)=d^2\times2\times37$$

ここでは，さまざまな整数a, b, c, dの数値に重要性はない．そこでσ_2の乗法性により，
$$\sigma_2(5\times7\times31\times43)=a^2b^2c^2d^2\times2^4\times13^2\times37^2$$
となり，これは平方数の完全数$(abcd\times2\times13\times37)^2$に等しい．そこで，
$$\sigma_2(46\,655)=2\,313\,610\,000=48\,100^2$$
が獲得される．この成功の理由は，$p=5, 7, 31, 43$にたいする4つの行が，ともに2の欄に4つの点を，13の欄に2つの点を，37の欄に2つの点をふくむことにあり，すべてが偶数である．つまり，われわれは図表の行を選ぶことによって，$\sigma_2(n)$が平方数になるような数nをつくりだすことができるし，それらの行は各欄に偶数の点をふくむ．このことを明らかにするのは，じつに容易である．たとえば，より大きいおなじ素因数をもつ2つの行を選び，つぎに素数をくだって順番に数をあわせていくことができる．素数だけを使うので，σ_2の乗法性にたいして要求される「2つの数がたがいに素」という条件が確保される．

私がこの方法で構成した最大の例は，
$\sigma_2(25\,831\,927\,966\,985)$
$=\sigma_2(5\times7\times31\times41\times73\times83\times239\times401)$
$=709\,554\,400\,319\,807\,703\,225\,760\,000$
$=(26\,637\,462\,347\,600)^2$

あなたはこの方法を一般化して，nを1つの素数の累乗の形をした数，つまり素数の累乗にすることができるが，選ばれた行が2つの数のあいだの素数nの行であることに，よく注意しなければならない．あなたが限界を53以上に押しもどしたければ，293, 313, 463の追加を勧めよう．これらは2乗外の部分がそれぞれ$2\times5\times17\times101$, $2\times5\times97\times101$, $2\times5\times13\times17\times97$となり新しい素数97と101を参加させる．

約数の和と完全数の別の一般化という強迫観念を追いはらった私は，こんどは自信をもって21世紀にもどる道をとり，デカルトのゾーンに無抵抗に引きずられないで，最初の方向だった惑星オンビリクスに向かうことにした．私は彼に心からの別れをしたかったが，身を引こうとしたときに，彼がつぎつぎとページを埋めて，σ_2が平方数になるような，しだいに大きくなる数を書きなぐるところが見えた．すぐに紙がたりなくなった．ため息をついた彼は，引き出しから白紙をとりだして，いった．

「私は自分の考える仕事のために，この素数のようなすべてのものを保存してきました[*6]……しかし，あなたのすばらしい新しい考えを発展させるというより高貴な理由から，それを犠牲にしなければなりません」

私は彼をじつに好ましい人物だと考えた……しかし，待ってほしいのだ！ 大フェルマーはページの狭い余白を借りて，未来の数学者たちに底の知れない問題を提起しなかっただろうか．時間を横断する旅行で，私はいつもパラドックスとカタストロフをすれすれにかすめてきた．用心すべきときが迫っていた．視界からゆっくりと消えていく彼に，私は声をかけた．

「ねえ，ルネ」

「なにかな」

彼は仕事を中断されたくなさそうに，いらだたしげにいった．

「あなたと話したこの仕事，そしてその書類は何が書いてあるのですか」

「ええ，代数学の公式を使って，平面幾何学を表現するための単純な着想にすぎないよ．しかし，それは大した問題じゃないね」

おや，解析幾何学だ！ 彼は夏の太陽にあたった霧のように消えていった．私は大声でいった．「ルネ，ノートを捨てないでください！ なにか別のものを伝えてください！ なにか別のものを！ それはとても重要な……」[*7]

彼は消えた．私のいったことが聞こえただろうか．聞こえたとすれば，いうとおりにしてくれただろうか．私は大急ぎで20世紀にもどりながら，私を待っているもの—それがまだ存在していなければだが—のことを考えていた．

▶解答

問1 $(2^{n+3}-1)/(2^n+1) = (2^{n+3}+8)/(2^n+1) - 9/(2^n+1) = 8 - 9/(2^n+1)$ と書こう．$n \geq 4$ なら，$2^n+1 > 9$ だから，最後の分数は 0 と 1 のあいだに含まれる．

問2 デカルトの規則．

・N が 3 完全数なら $\sigma(N) = 3N$ であり，3 が N を割らなければ，$\sigma(3N) = 4\sigma(N) = 12N = 4(3N)$ だから，$3N$ は 4 完全数である．

・$N = 3M$ と書こう．ここでは M は，3 でも 5 でも割り切れない．そこで
$$\sigma(45N) = \sigma(3^3 \times 5 \times M) = \sigma(3^3)\sigma(5)\sigma(M)$$
$$= 40 \times 6 \times \sigma(M).$$
ところで
$$9M = \sigma(3M) = 4\sigma(M).$$
ゆえに
$$\sigma(45N) = 10 \times 6 \times 9M = 4(45N).$$

・$N = 3M$ と書こう．ここでは M は 3, 7, 13 で割り切れない．そこで
$$\sigma(3 \times 7 \times 13 N) = \sigma(3^2 \times 7 \times 13 \times M)$$
$$= \sigma(3^2)\sigma(7)\sigma(13)\sigma(M)$$
$$= 13 \times 8 \times 14 \times \sigma(M).$$
ところで
$$9M = \sigma(3M) = 4\sigma(M).$$
ゆえに
$$\sigma(3 \times 7 \times 13 N) = 4(3 \times 7 \times 13 N).$$

▶訳注

[*1] 英語では multi-perfect numbers. 倍積完全数と訳すこともある．

[*2] デカルトが，神聖ローマ帝国を戦場にした「三十年戦争」に従軍したことはあまり知られていない．初期のいわゆる「白山の戦い」(1620年) に参加している．

[*3] 「平均律音階」の訳注 8 参照 (p.8).

[*4] Leonard Eugene Dickson (1874-1954). アメリカの数学者．

[*5] 完全数とは別概念である．

[*6] フェルマーが「最終定理」の証明を残さなかったエピソードに対比している．

[*7] フェルマーが余白に「最終定理」の結果だけを残し，肝心の証明を残していないこと，さらに証明が存在しないために，研究がはじまったことを言外にさしている．

素数国の探検

―数の国では素数は最後の数ではありえない―

　少し数を大きくして，大きな数を検証してみよう．現代の符号化の技術の基礎は因数分解にあるのだから，符号通信法では大きな数は重要だった．たとえばRSA符号化システム[*1]（マサチューセッツ工科大学のロナルド・リヴェスト，イスラエル・ワイズマン研究所のアディ・シャミア，サウスカリフォルニア大学のレナード・アルドマンという3人の研究者の頭文字）の基礎は，それぞれに10進法の100桁というひじょうに大きな2つの素数の積を使うことにある．ここではこのシステムでなく，素数性のテストと素因数分解という隠れた2つの数学的アイデアを検証しよう．

　素数性のテストでは，「ある数が素数かどうか」が求められる．また素因数分解は合成される数の素因数を求めること，つまり，いくつもの素数の積に表すことである．

　整数nの約数kは正確に（余りを出さずに）数nを割り切る整数であり，素数とは1とそれ自体だけが約数となる1以上の整数のことである．すべての因数分解は明らかに数の素数性のテストの方法だが，素因数分解は素数性を求めるより，はるかに困難な問題になる．今日，約200桁の整数の素数性が判定されているが，整数がひじょうに大きくなると一般に因数を見つけることはできない．だから「素数国」という世界の探検は，任意の整数の国「ファクトゥリ」[*2]の探検よりずっと容易である．それでも2つの国の探検家たちは，驚くべき航海を成功させた．われわれはまず素数国を旅行してみよう．

　われわれは学校で，たとえば1999という整数の因数を見つけるための確実な方法，またはアルゴリズムを学んできた．この数を1999の平方根（44と45のあいだに含まれる）より小さな整数で次々と割るわけである[*3]．たしかに，この平方根より小さな整数で1999を割った余りを求めるだけでもできるが，この方法を洗練させようとすれば，素数の表を使わざるをえない．この表はたいてい手元にないので妥協案が採用される．それは2で割ってみて，つぎに奇数で割るだけの方法である．つまり1999にたいしては，2，3，5，7……43という22回の割り算をしなければならない．どんな数でも割り切れないので，1999は素数である．われわれは1921でおなじ計算をして，17が素因数であることを発見する．すなわち，1921は17×113に等しいのである．つぎに，われわれは113が素数であることを検討して，17と113の2つだけを1921の素因数とすることができる．

　この技術は比較的小さな数にたいして有効だが，遠いファクトゥリの地帯では困難になる．わずか17桁で書ける98 765 432 123 456 789のような数にたいしてさえ，必要な割り算の回数は約1億5700万回になるだろう．より一般的に数nにたいしては，この方法では約$\sqrt{n}/2$回必要になる．nが100桁なら10^{50}という次元になり，世界の最強力なコンピュータでも，宇宙の年齢とおなじ時間内にさえ，この問題を解けないだろう．

　「計算量の理論」は，このような計算の長さに関心をもつ数学の分野である．ここでは正確な数値より大きなオーダーのほうが問題になる．割り算の数が「数十億の数十億倍の数十億倍」という回数になると，$\sqrt{n}$や$\sqrt{n}/2$の予測がおなじ桁数

で書かれるので，2つのあいだの違いは大きくない．ここでさまざまな方法の実験にあたって，この原則に従って結果を単純化することにしよう．

ユークリッドは無限の素数が実在することを証明したが，それでも素数は少なくなる．カール・フリードリッヒ・ガウス[*4]が予想した結果を，そのあと証明したのはジャック・アダマール（1865-1963）とシャルル・ド・ラ・ヴァレ・プーサン（1866-1962）というフランスの数学者たち[*5]だった．つまり，数nより小さい素数の数は，$n/\ln(n)$に等しく，lnは自然対数を示している．素数はランダムに分布しているように見えるが，実際にはそれらの分布はランダムでなく，しかも予測不能である[*6]．

ある数が約数を求めなくても素数であることを証明するいくつもの方法がある．たとえば，1770年に証明されたウィルソンの定理を使うことができる．彼は整数nが正確に$(n-1)!+1$（ここでは，感嘆符は階乗関数を示している．たとえば，$5!=1\times2\times3\times4\times5$）を割る場合か場合にのみ素数だと述べている．たとえば，$10!+1$は3 628 801に等しく，11で割り切ることができる．だから，11は素数である．しかし，この方法は約n回の掛け算を強いるので，奇数による割り算（この場合は$\sqrt{n}$回），ほど有効ではない．

現代の素数性のテストは，古代中国で発見された類似の結果をもとにしている．つまりnが素数なら，2^n-2を割り切るということである．中国人はこの基準の逆もまた真と考え，素数性のテストとして使えると考えたらしい．ここでもまた，n回の掛け算が必要ではないだろうか．奇妙なことに，そうではないのだ．ここに大きな数の永続性という原則が介入する．

この推論を明確にするために，われわれが数107にかかわっていると仮定しよう．この数は$2^{107}-2$を割り切るのだろうか．それを知ろうとすれば，急いで2^{107}を計算しなければならないので，106回の掛け算が必要になるが，より巧妙に計算することができる．われわれはまず2^2，2^4，2^8などを計算し，2^{64}までつづけることになる．2

図1 中国で発見されたアルゴリズムは素数性の数多くのテストをもとにしている．中国の数学者は中国のソロバンを使って，機械的な計算機を使うのとおなじくらい速く，このアルゴリズムを実行した．

乗を反復して大きくしていけばいいわけであり，最初の2乗を大きくすることで1つの数からつぎの数に移行することができる（たとえば，2^8は$2^4\times2^4$に等しい．いいかえれば，6回の掛け算を実行するだけである）．

つぎに，われわれは2を底にして107を1 101 011と書くことにする．この書き方は何を意味するのだろうか．$107=(1\times64)+(1\times32)+(0\times16)+(1\times8)+(0\times4)+(1\times2)+(1\times1)$ということである．だから，$2^{107}=2^{64}\times2^{32}\times2^8\times2^2\times2^1$．ここには，さらに4回の掛け算がある．われわれは合計で106回でなく，10回の掛け算だけで2^{107}を計算する．そのうえ数が大きくなればなるほど，この方法の利点がはっきりする．計算量を分析すると，2^nの計算は高々$2\log_2(n)+1$回の計算である（$\log_2$を2を底とする対数）．これはnの10進法での桁数の3.4倍である．nがたとえ10進法で100桁であったとしても，2^nの

計算は，340回の掛け算ですむのである．

使われる数が増えるにつれ，掛け算はしだいに時間を要するようになるのだろうか．そのとおりだが，2^n-2を計算する必要はない．われわれが望むのは，nで割り切れるかどうかを知ることだけである．そのとき第1世界の探検者は，巧妙な方法に気づいたのだった．彼らは法nという，nで割ると余りが同じになる数を，おなじ数と考える計算方法を使用したのだった．たとえば，5と12は法7では等価である（それらは「合同」だといわれる）．素数性の追求では，すべての数はnで割った余りにおきかえることができる．

大きなnにたいしては，このおきかえで重要な差異が生じる．nを101桁で書くと考えてみよう．そのとき2^n-2の実際の数値は，$10^{99.5}$桁で書かれる（99.5桁でなく，10の99.5乗桁である）．それぞれの数を電子で書けば，全宇宙もその数を書くのに必要なすべての電子をもつことはできないだろう．それに反して法100という計算方法のおかげで，少なくとも100桁の数を考えるだけでよい．

中国の素数性のテストはいつもうまくいくわけではないが，例外（2^n-2を割る素数でないn．2を底にする擬素数ともよばれる）は少ない（341が1例である．それは11×31に等しい）．そのうえ，こうした例外的な数は中国のテストの一般化で処理される．「フェルマーの小定理」とよばれるこの方法によると（トゥルーズの参事官ピエール・ド・フェルマー[*7]によっている），nが素数であれば，nはすべてのaにたいしてa^n-aを割り切る．だから$2n-2$で素数性をテストするかわりに，3^n-3，5^n-5などを使うことができる．さらに素数でなくても，これらのテストをパスする例外がある．それはaを底とする擬素数であり，これらの数はいくつもの底をもつ擬素数であることがある．たとえば2701（37×73に等しい）は，2と3を底とする擬素数である．ところがひじょうに珍しいことに，ある整数は数多くの底にたいして擬素数になる．250億以下の数で2，3，5，7を底とする擬素数は，

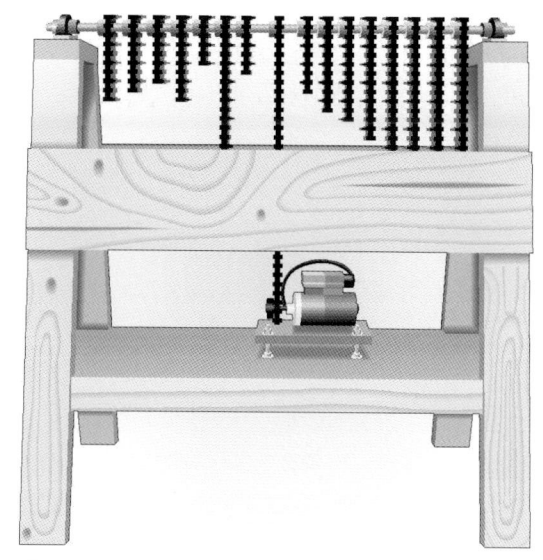

図2 1926年につくられたこの計算機は，素数性のテストを実行する．〔訳注：アメリカのレーマーによるふるい計算機のこと〕

3 215 031 751しかない．これは11を底とする擬素数ではないのである．だから中国の偽テストの小さな数を組み合わせ，この唯一の例外を知ることにより，250億までのすべての整数を手早くテストすることができる．

不運にもそれぞれの底に無限の擬素数があれば，普遍的な底は実在しない．さらに悪いことに，その数自体と共通因数をもたない，すべての底の擬素数というカーマイケル数とよばれる整数が実在する．最小のカーマイケル数は561（3×11×17）であり，つぎに1 105，1 729，2 465，2 821がくる．ロバート・カーマイケル[*8]がこの種の15の数を発見したのは1912年のことであり，彼はこのリストが無限に延長されるだろうと推測した．この仮説は1992年に証明された．nより小さいカーマイケル数は，少なくとも$n^{2/7}$存在するのである．

カーネギー・メロン大学のゲイリー・ミラーは，擬素数という難問を回避するために，フェルマーのテストをより複雑な改良版に手直しした．つまり，このテストの例外は「強い擬素数」とよばれている．素数でない整数はそれぞれ少なくとも一つの「証拠」[*9]，つまり強い擬素数にならない底を少なくとも1つもっている．証拠がかなり

小さいことが証明されれば，証拠になる可能性のあるすべてを試みて，数の素数性をテストすることができる．G・ミラーは立証されていないが，数学者が信じている「リーマン予想」[*10]という結果を使って，素数でないすべての整数 n は $70(\log(n))^2$ より小さい証拠をもつことを証明した．$\log(n)$ が n より小さいので，この推定はひじょうに有効な素数性のテストに結びつく．

つぎに1980年にジョージア大学のR・アドルマンとR・ラムリーが，G・ミラーのテストを改良した方法を発見し，リーマン予想をもとにする方法は回避した．このとき実行期間は少しかかったが，この方法は約200桁の数にたいして予想されつづけている．のちに素数性のほかのテストが発見された．それらの1つは，カリフォルニア大学バークレー校のヘンドリック・レンストラの代数曲線によるアルゴリズムである．

これらの発見で素数国の探検者たちは，欲求不満を感じる位置におかれている．彼らは研究室のコンピュータを使って，たとえば手っとり早く200桁の数の素数性をテストできるが，この数が合成数でも手早く因数を決定する方法はまったくない．つぎの章で見るように，この素因数分解は非常にむずかしい．多くの数学者は新しいアルゴリズムを求めてファクトゥリを行き交っている．彼らが1筋の道を見つければ，符号化のシステムは衝撃をうけるだろう．

▶訳注

* 1 RSA暗号ともいう．1977年の発明．ここでいわれているのは，いわゆる「公開鍵暗号」の一つのことであり，大きな合成数の素因数分解の困難性に基礎をおいている．
* 2 factor（約数，因数）からつくった合成数の「国」．素因数分解は素数判定よりも広範囲なので「素数国」より広いといっている．次のパートでは合成数に「ふるい」が用いられることから，「工場」「作業場」(factory) にかけている．
* 3 n が合成数なら，$\sqrt{n}$ までの幅に因数が出現するはずである．
* 4 Johann Carl Friedrich Gauss (1777-1855). ドイツの数学者，天文学者，物理学者．
* 5 いずれも解析学でよく知られた数学者．
* 6 素因数分布論の研究課題である．
* 7 Pierre de Fermat, (1608?-1665) はフランスの数学者，弁護士．「フェルマーの国への旅」も参照．
* 8 Robert Daniel Carmichael (1879-1967). アメリカの数学者．
* 9 「擬」に対して，「証拠」（原語は témoin, 証人とも訳す）をあげる，というイメージをつくっている．
* 10 正式にはリーマン仮説．リーマンのゼータ関数 $\zeta(s)$ が0になる複素数 s の値（ゼロ点）はトリビアルなケースを除けば実数部が1/2になるとの予想．コンピュータで膨大な数のゼロ点が試された範囲内では反例はない．ゼータ関数の由来は素数分布に関する「オイラー積」であり，この仮説から素数分布の近似関数（現在では $1/\ln t$ の積分）に関する経験的「素数定理」が厳密に証明される．

ファクトゥリの砂金採り[*1]

―因数分解のアルゴリズム―

　大きな数の因数分解は，数論のもっとも厄介な問題の1つである．われわれは前章で，整数が多くの桁で書かれるときでさえ素数かどうかを知るために，さまざまな方法を検討した．それでも，このテストでは素数でない数の因数は明らかになっていない．それらをどのようにして求めるのだろうか．

　最初に2つのことを思いだそう．整数 n の因数が数 n を正確に（余りを出さずに）割る整数であることと，素数が約数として1とそれ自体しかもたない，1より大きな数だということである．つぎに少しばかり地理を思いだそう．素数の国である「素数国」は，より大きな数が探検されるにつれて，少なくなることである．ところが，整数の国ファクトゥリは大きく異なっている．それは素数と同時に偶数すなわち2で割り切れる数，あるいは3や5の倍数を含む．2にもとづく数は2の倍数であり，3にもとづく数は3の倍数である．数の3分の2は2か3の倍数になる（どうして6分の5ではないのだろうか．あなたにこの問題を考えていただきたい）．しかし整数のなかで注目に値する数は，1以外の小さな因数をまったくもっていない．ある整数の1つの因数を見つければ，ほかの因数はより小さな商の因数である．だから主要な困難は，最初の因数を追求することにある．

　この困難は重大である．1903年にアメリカの数学者F・コール[*2]は，$2^{67}-1$ が 193 707 721 に 761 838 257 287 を掛けた積に最終的に等しいことを発見しようとして，3年のあいだ日曜日がくるたびに紙に書きなぐっていた．最近の15年間では，進展はより急速だった．ジョージア大学のカール・ポメランスは，この領域の専門家の1人であり，私はこの章を書くにあたって彼の仕事[*3]を参考にした．

　因数分解の教科書的な方法は，根拠のある試行錯誤である．研究する数の平方根にたどりつくまで，2で割り，3で割って，あとはおなじようにする．1970年に，この技術が改良されたおかげで，せいぜいで少なくとも20桁の数の因数を求めることができるようになった．つぎに1980年に50桁までの数の因数分解が学ばれ，さらに1990年に116桁の数の，1994年には129桁の数の因数分解が学ばれた．1996年には，新しいチャンピオンがあらわれた．このアルゴリズムはそれ以前のアルゴリズムの6分の1の所要時間で，130桁の数を因数分解したのである．新しい改善の一部は情報科学の進展によっているが，この改良の決定的なものは概念的だった．

　20世紀のはじめに，数学者のアラン・カニンガムとハーバート・ウッダールは，2と12のあいだにふくまれる r と大きな k にたいして，$r^k \pm 1$ という形式の数の因数分解のカニンガム・プロジェクトにとりかかった．これらの数は数理ゲームの愛好家によく知られる数多くの数をふくんでいる．つまり k が素数である $M_k=2^k-1$ というメルセンヌ数，$F_k=2^{2^k}+1$ というフェルマー数，$R_k=111……11$ という数1の反復で書かれる数のことである．これらの数の探検に役だつ技術が，C・ポメランスの「2次ふるい法」だった．

　この方法がふるい法とよばれるのは，ファクト

図1 エラトステネスのふるいは，素数を決定する1つの方法だった．

ゥリを砂漠のように扱い，望ましくない数を1粒1粒とりのぞくからである．ふるいのすぐれた祖先であるエラトステネスのふるいは，最初に2の倍数をすべて消去し，つぎに消去されない最初の数3を求めた．彼はそれから，すべての3の倍数を消去し，消去されない最初の数（5）を求め，あとはおなじようにした．無限の砂漠を選別したあと，ファクトゥリの素数国がとりだされる．

C・ポメランスは国立高等学校を卒業後，つぎのような問題を提起された．電卓を使わないで5分以内に，数8 051を因数分解せよという問題である．彼はうまい方法を探したが，見つけたのはかなりあとのことだった．つまり8 051が2つの2乗の差であることを指摘し（8 100－49，つまり90^2-7^2），つぎに
$$8\,051=(90-7)(90+7)=83\times 97$$
をあたえる代数の恒等式
$$a^2-b^2=(a+b)(a-b)$$

を応用する必要があったのである．実際には，この考えはすでに17世紀のフランスの数学者ピエール・ド・フェルマーに発見されていた．

チェスの名手で，数理ゲームの有名な本の筆者だったモリス・クライチック[*4]は，1920年代に，フェルマーの方法を改良した．彼は数nを直接平方数の差として表さなくても，nの倍数が平方数の差として表されれば，たいていの場合に十分であることを見つけた．実際に
$$kn=a^2-b^2=(a-b)(a+b)$$
と書けると仮定してみよう．意義のない解のクラスが実在し，そこでは$a-b$と$a+b$はnの倍数である．別の解ではPGCD$(n;a-b)$，nと$a-b$の最大公約数はnの自明でない（1やnとは別の）約数となる．PGCD$(n;a+b)$も考えることができるだろうが，それはたぶんより大きいだろうし，もっと骨の折れる計算に結びつくだろう．2つの数nと$a-b$の公約数を求めて最大公約数を決定しようとすれば，nの正確な素因数分解が必要となり，大した進展にはならない．しかし，最大公約数を計算するもっと効率的な技術がある．それは2 000年以上も前に，ユークリッドがすでに知っていた方法だったのだ．

いま415 813を因数分解しようとして，15×415 813が2 498²－53²に等しいことに気づいたとしよう．すると，1つの約数が415 813と2 498－53，すなわち2 445の最大公約数であることがわかる．このとき，つぎの手順で進めていく．415 813を2 445で割ると，415 813＝2 445×170＋163となる．このとき415 813と2 445のすべての公約数は163を割り，また2 445と163のすべての公約数は415 813を割ることに注意しよう．つまり415 813と2 445の最大公約数は，415 813と163の最大公約数に等しいのである．そこでこの手順をくり返し，2 445を163で割れば，こんどは2 445＝163×15＋0となるので，2 445と163の最大公約数は163に等しいことがわかる．

われわれはここから163が415 813の1つの因数であることを学び，割り算によってもう1つの因数2 551が導かれる．この方法は最初に適切な

乗数，ここでは15が発見されることが前提となる．M・クライチックは適切な乗数の追求を排除する1つのアイデアをもったのだった．$n=415813$にたいして平方がnより大きい最小の整数x_0，すなわち$x_0=645$からはじめて，x_0より大きい整数xにたいする数$Q(x)=x^2-n$のリストをつくり，それらのいくつかが簡単な素因数分解をもつかどうか観察することである．われわれの例では，以下のようになる．

x	$Q(x)$	因数分解
645	212	$2^2 \times 53$
646	1 503	$3^2 \times 167$
647	2 796	$2^2 \times 3 \times 233$
648	4 091	4 091
649	5 388	$2^2 \times 3 \times 449$

おなじようにして，以下にたどりつく．

| 690 | 60 287 | $19^2 \times 167$ |

この段階で$Q(646) \times Q(690)$が完全平方であること，$(3^2 \times 167) \times (19^2 \times 167) = (3 \times 19 \times 167)^2$であることが観察される．M・クライチックはこれによってnの倍数を$(646 \times 690)^2 - (3 \times 19 \times 167)^2$という形式で書けることと，$n$の因数を前述したように導けることを理解したのである．ここでは，この方法は2 551を導く．

このようにして，数

　　　777 923, 603 181, 21 720 551

の因数を求めることができる．

結局，M・クライチックの方法のアイデアは，どんなものだったのだろうか．単純な素因数をもつ$Q(n)$を見つけだし，それらを組み合わせて完全平方を得ることだったのだ．1975年にジョン・ブリルハートとマイケル・モリソンは，この手順を公理化した．選ばれた「因数の基底」ではじめるわけであり，因数の底とは比較的小さな素数のリストのことである．右の事例では，3，19，167を含むすべてのリストが，目的に合致するだろう．$Q(x)$がつぎつぎに計算されるが，「正則な」$Q(x)$，つまり基底に選ばれた因数の積となる$Q(x)$だけが考慮される．合法的なそれぞれのxに，0か1の座標のベクトルが結びつけられる．底のおなじ列の因数が，1対の累乗であることがわかるのを示すためには1を，そうでなければ0になる．選ばれた例にたいしては，「因数の底」(3, 19, 167)に関して以下のようになる．

x	$Q(x)$	ベクトル
645	212	正則でない
646	1 503	(1, 0, 1)
647	2 796	正則でない

おなじようにして以下に到達する．

| 690 | 60 287 | (0, 1, 1) |

こんどは，合計すると成分がすべて偶数となるような一連のベクトルを求めよう．対応する$Q(x)$の積は2乗となり，すべての素因数が偶数乗となってあらわれる．

主要な障害はxの合法的な数値を見定めることである．われわれは別の$Q(x)$を計算しないでも，手早く$x=646$と$x=690$を見つけることができるのだろうか．C・ポメランスはエラトステネスのふるいを変形させれば，xのルールに合う数値を手早くとり出せることを理解した．この改良版が「2次ふるい法」だったのである．それは因数分解できる数の数多い桁を2倍にする．

C・ポメランスは，ライバルの方法「連分数のアルゴリズム」がより早く評価されたので，彼の新しいアルゴリズムを認めさせるのに，いくらかの困難を経験した．2次ふるい法をはじめて使用したのはラトガーズ大学のジョセフ・ガーバーであり，彼はカニンガム・プロジェクトから47桁の数を因数分解したのだった．つぎに，1984年にサンディア研究所のジェームズ・デイヴィスとダイアン・ホルドリッジが，もっとも手ごわい数である1を71桁反復する111……111でこれを試みた．2次ふるい法を少し改良したJ・デイヴィスは，この因数分解に成功した．

これとおなじころにサンディア研究所の別のチームが，約100桁の数の因数分解はできないと思われていたことをもとにして，データを符号化するマイクロエレクトロニクスのチップをつくりだしていた．100桁と71桁の差はあまりに少なく，

このチップは効果をあげなかった．1994年には，ベル研究所のアージャン・レンストラと同僚たちが，この方法から刺激を受け，インターネットを使って129桁の数の因数を求めようと考えた．参加を望んだ人たちはこの仕事を分担し，ベクトルの部分的なリストを計算したあと，結果を中央機関に伝達した．合計するとすべての座標が偶数になる一連のベクトルが見つかると，みんなが知らせを受けて追求を中止した．100万という素因数を含む底は，いまではふつうになっている．

これらと並んで，ほかの方法も誕生した．1988年に数学者ジョン・ポラードは，代数的整数論で整数の素因数分解を援助できないかと考えた．「代数的整数」とは整数係数多項式の根である．それらの集合はすべての整数と同時に有理数（分数 a/b は方程式 $bx-a=0$ の根である）をふくみ，1つの「体」を形成する．体は足し算の法則と，たとえば分数の集合の場合とおなじ性質をもつ掛け算の法則を備えた集合である．ある体が整数と整数の平方根を含めば，素数13は $13=(\sqrt{14}+1)(\sqrt{14}-1)$ という，この体の有理因数に因数分解することができる．

J・ポラードのアイデアは「代数的ふるい」に結びつき，整数の因数の追求のために，このような大きな数にたいする因数分解に役立つことにあった．A・レンストラ，ヘンドリック・レンストラ，マーク・マネースが，9番目のフェルマー数を因数分解するために使用したとき，それは力量を証明した．150桁以上の数は2次ふるい法の可能性をこえている．

ファクトゥリの探検は多様な道筋でくり返されている．まもなく，いま以上に効率的に，数の世界をふるいにかけることができるようになるのだろうか．

▶ 訳注

* 1 巨大素数を「金鉱」にたとえ，それを「ふるいにかける」ことをさしている．
* 2 Frank Nelson Cole (1861-1926)．アメリカの数学者．25年間にわたりアメリカ数学会事務局長を務め，その引退に際して，彼の功績を称えてアメリカ数学界によりコール賞（1928～）が設立された．
* 3 原書に注記はないが，以下の文献と思われる．
Carl Pomerance, "The Quadratic Sieve Factoring Algorithm", In Advances in Cryptology-Proceedings of EUROCRYPT 84 (A Workshop on the Theory and Application of of Cryptographic Techniques, Paris, France, April 9-11, 1984), Thomas Beth, Norbert Cot, Ingemar Ingemarsson (Eds.), pp.169-182, Lecture Notes in Computer Science 209, Springer 1985,
* 4 Maurice Kraitchik (1882-1957)．ベルギーの数学者．邦訳されているものに『100万人のパズル 上，下』，（金沢養訳，白揚社）．

フェルマーの国への旅

―フェルマーの最終定理が証明されたこと
は，彼を驚かせたように思えない―

　6月末の暖かい夕暮れがくるまで，私は椅子にすわって新聞を読んでいた．「ある」新聞がフェルマーの最終定理とよばれる数学の最大の問題の1つを，プリンストン大学のアンドリュー・ワイルズが解いたと伝えていた[*1]．A・ワイルズは「モジュラー形式，楕円曲線，ガロア表現」という素朴な演題の3回の講演の最後に成果を発表したのである[*2]．私はフランスの数学者ピエール・ド・フェルマーが急に350年後の時代に移されたら，このすべてについて，何を考えるだろうかと考えた．宵の空気はまだ暑く，私はしばらく眠ることにした．眠りについたばかりのとき，高いうめき声に邪魔をされた．目をあげると，芝生のうえに輝く金属製の異様なものがあり，そのなかにピエール・ド・フェルマーがすわっていた．

　私は口ごもりながらいった．

　「すみません，でも，3世紀前に亡くなったとばかり思ってたもんですから」

　「天地神明に誓って死んでないですね．私はおもしろい人に会ったばかりですよ，H・G・ウェル

図1 「天才的数学者が350年も前の問題を解いた」．新聞はフェルマーの最終定理に関する最近の証明を伝えていた．このフランスの大数学者はタイムマシンに乗って，私を訪ねてきている．

ズ*3 というね……たぶん，あなたもご存じでしょう」

私は興奮で息がつまりそうな声でいった．
「噂は聞いてました」
「彼は未来からきたといってましたよ．私がそんなことができるとは信じなかったので，彼は機械を貸してくれました．いまでは，彼がほんとうのことをいっていたのがわかりますね」
「いいときにいらっしゃいました．あなたの最終定理が証明されたばかりですから」
「私のなんですって？」
「ディオファントスの『算術』の余白に，メモを書かれたのを覚えていらっしゃいませんか．『一方で，3乗数は絶対に2つの3乗数の和ではなく，4乗数は絶対に2つの4乗数の和ではない．また一般に，2乗数より大きいどのような累乗数も，絶対におなじ2つの累乗数の和ではない．私はこの命題のすばらしい証明を見つけたが，この余白に書くことはできない．この余白はそれを書きこむには，狭すぎるからである』と書かれていますけど」
「たしかに書きましたね」
「あなたは代数学の記法で，『nが2より大きい整数で，x, y, zが0でない整数であれば，$x^n+y^n=z^n$に解はない』と主張されています．この予想は有名になり，あなたの主張のなかで，あなたの後継者たちが長年にわたって証明も否定もできなかった唯一の予想だったのです．だれもあなたがいわれた『かなり注目すべき証明』を再構成できなかったし，多くの人はあなたにもわからなかったのではないかと疑いさえしてました．3世紀以上のあいだ，世界の最良の数学的精神の持ち主たちがアンドリュー・ワイルズによるすばらしい解が出るまで，あなたの『最終定理』を—結果を出す機会があっても，ついに目的にたどりつくことなく—研究してきたのです」

私はフェルマーに新聞を見せて，彼が記事の内容をのみこむのを待った．それは「彼らはこれを『数学の聖杯』*4 とよぶのか．世紀の定理なのか．えらいことだ！」と書かれていた．私は聞いた．

「あなたは証明されてるのですか」

彼は笑った．
「そんなに急がないでください．私の秘密を明かすまえに，私の謙虚な予想の証明で，進展を可能にした数学のすばらしい展開について話してください」
「いいでしょう．でもまず，あなたがどのようにして最終定理を発見されたか，明らかにしてもらわなければなりません」
「それはそうでしょうね．私のおもな愛の対象は，つねに整数を研究する数論でした．ご存じのように，ディオファントスというギリシア人*5 が，整数の解を求める『ディオファントス方程式』というアイデアを考えついたのです．彼はこのテーマで『算術』という本を書きました．重要な1例は $x^2+y^2=z^2$ という，和が2乗数になるような2つの2乗数を求めるピュタゴラスの方程式です．それには $3^2+4^2=5^2$ とか，$5^2+12^2=13^2$ というような解，つまり整数の3つ組の解があります．実際には比例を除いた無限の解があるんです．

私は1637年ごろにディオファントスを読み，ピュタゴラスの方程式を考えました．2乗数のかわりに3乗数を使えば，どうなるかを考えたんです．私は「1^3+2^3 は3乗数か」という単純な事例からはじめました．そうでなくて9でした．それでは，2^3+3^3 はどうでしょう．これもだめでした．ときどき，もう少しのことがありました．たとえば $9^3+10^3=1729$ で，$12^3=1728$ ですが，$0^3+1^3=1^3$ というようなとっぴな事例を別にして，どのような解も見つかりませんでした．$0^3+1^3=1^3$ では，数の1つが0ですからね．失敗をくり返して，私は謙虚な予想にたどりついたのです」
「それが証明された方法を見てみましょう．ご存じのように，証明しなければならないのは，nが4の場合と，素数の場合だけです」
「そうです．たとえば，15乗数はすべて3乗数でもあるからですよ．だから $n=15$ にたいするすべての解は，$n=3$ にたいする解を提供します」
「そのとおりです．記号的に $x^{15}=(x^5)^3$ ですから，$x^{15}+y^{15}=z^{15}$ であり，そこで $(x^5)^3+(y^5)^3=$

$(z^5)^3$ になります．また，2より大きいすべての整数は4あるいは奇素数で割り切れるか，素数で（場合によっては，それ自体で）割り切れるから，研究すべきなのは4乗と奇素数乗の場合だけです．あなた自身はnが4に等しい例を証明して，研究をはじめられました」

「そうです．私はそのことを，『無限降下法』*6 という私の方法とおなじく誇りにしています．私は戦術的な理由から，少し違う$x^4+y^4=z^2$という方程式に解があると仮定しました．そして，その解が直角をはさむ2辺の長さがちょうど2乗数になるピュタゴラスの三角形をあたえることに気づきました（囲み）．ピュタゴラスの古典的な公式を応用した私は，いくつかの推論を重ねたあと，仮定した解x, y, zよりも小さい値で，しかも0でないような$x^4+y^4=z^2$に別の解が存在することを発見しました．このようにしてつづけながら，任意の解の存在は，0でない可能なもっとも小さい整数をもつ別の解の存在を前提とするという，避けることのできない結論にたどりついたのです．つまり$x=1$と$y=1$ですが，2は2乗数でないので，これは解ではありません．だから，$x^4+y^4=z^2$には解はなく，(zの) すべての4乗数も (z^2の) 2乗数なので，とくに$x^4+y^4=z^4$には解はありません」

私はいった．

「巧妙でしたね．つまり，nが奇数の素数の場合だけがのこります．あなたはnが3に等しい場合を証明されました．スイスの数学者レオンハルト・オイラーは，$n=3$, $n=4$というおなじ例を独自に証明しました．1828年に，グスタフ・ルジュヌ＝ディリクレ*7 がnが7に等しい場合を証明し，1830年には，アドリアン＝マリ・ルジャンドル*8 がおなじことを再発見しました．1839年に，ガブリエル・ラメがnが5に等しい場合を試み，いくつかの誤りを犯しましたが，1840年に，アンリ・ルベーグ*9 がそれを訂正しました」

「つまり2世紀たっても，3，4，5，7という特定の場合しか証明されなかったんですか．だれ1人として，一般的なアイデアを出さなかったんで

ピュタゴラスの三角形

$x^2+y^2=z^2$ というピュタゴラスの方程式を解くには，任意の3つの整数 k, u, v を選んで，$x=k(u^2-v^2)$；$y=2kuv$；$z=k(u^2+v^2)$ と書けば，(x, y, z) は解である．たとえば $k=1, u=2, v=1$ なら，$x=3, y=4, z=5$ になる．$k=1, u=3, v=2$ とすれば，$x=5, y=12, z=13$ になる．この方法は，すべての整数解をあたえる．

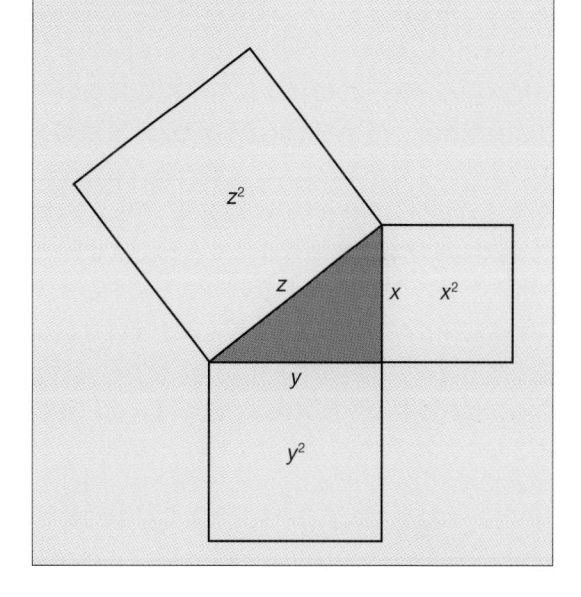

すね」

「いいえ，1847年にラメが出しました．彼は一般的な解を望んだんです．しかし，エルンスト・クンマー*10 が1つの，しかもひじょうに興味深い誤りを発見しました．というのは，それが未来の前進の道を開いたからです．ラメの基本的戦略に実り多いことが明らかになりましたが，戦術がよくありませんでした」

「どんな戦術だったんですか」

「代数的数という，ただの整数より一般的な新しい数を導入したことです．それらが'代数的'といわれるのは，代数方程式の解だからですが，細かいことはあまり重要ではありません．式x^n+y^nは，2つの別の式の積として書かれることができます．たとえば5にたいしては，$x^5+y^5=(x+y)(x^4-x^3y+x^2y^2-xy^3+y^4)$ となります．

因数$x+y$は簡単ですが，別の因数は複雑で

す．代数学的数を使ったラメは，x^5+y^5 を5つの因数の積として表現し，より一般的に x^n+y^n を n 個の因数として表現できると指摘しました．さらに，この積は $x^n+y^n=z^n$ のそれぞれの解にたいして，n 乗数でなければなりません．ところが彼はまた，これら異なる因数の任意の2つが，公約数をもたないと指摘したのです．整数では，これはそれぞれの因数が r 番めの累乗数自体であることを意味しました．これは整数を素数の積に分解する仕方が一意的であることの結果です．

ラメはこのような特性が代数学的数にたいして，真でありつづけると仮定しました．そこで1つの方程式を解くかわりに，n 個の異なる方程式を立てました．それぞれの方程式は x^n+y^n のそれぞれの因数 n 乗数であることを表します．そのすべてが成り立たなければなりませんでした．これでは条件が厳しすぎるので，彼が解は存在しないと考えたのも無理はありません」

フェルマーはいった．

「ふーむ．私もおなじような，いくつかのアイデアをもちましたけど……」

「しかし，簡単ではなかったんですね．クンマーらはラメの代数学的数が $n=23$ にたいして，素数の代数学的数の積として，しかし，いくつもの方法で書かれることができると書きとめました．これはひじょうに面白く，計算はむしろ煩雑です．お望みならお見せすることができますが……」

彼は手で合図した．

「いえいえ，ぜんぶ自分で考えます．魅力がありますよ」

「クンマーは代数学的数が，素因数へのいくつもの因数分解をもつことができる理由を考え，最終的に理想数とよんだ新しい種類の数を導入して，すべての体系を保存できるのに気づきました．それらはフェルマーの定理のいくつかの『補足的な』素数を提供し，すべては階数にもどります．おわかりのように，これではむしろ複雑になるし，こんどはしだいに抽象的になりますが，数学はこのようにして進展するのです．

1847年ごろに，クンマーは37, 59, 67 をのぞく100 までのすべての n にたいして，あなたの予想を証明するためにイデアル理論を使いました．クンマーとディミトリ・ミリナノフはまた，数学の仕掛けにいくつかの小さな追加をして，1857年にこれらの場合を解決しました．1992年までに類似の方法を使って，100万より小さいか等しい n のすべての数値が証明されました」

フェルマーは指摘した．

「でも，ほとんどすべての数は100万より大きいのです．このようなケース・バイ・ケースのアプローチでは，問題を完全に解くことはできないでしょう」

「ええ，新しいアイデアが必要でした．そして，それはどちらかといえば，異なる道からきたのです．ディオファントスの方程式がいくつの解をもつことができるかを考えて，研究が始まりました．ピュタゴラスの方程式のように無限の解をもつものもあれば，$3 \leq n \leq 1\,000\,000$ にたいするあなたの方程式のように，トリビアルな解をのぞけば，まったく解のないものや，正の整数の唯一の解が $x=3$ と $y=5$ である $y^2+2=x^2$ のように，有限個になるものもあります．

1922年にイギリスの数学者ルイス・モーデルは，こうした可能性を識別するものを見つけようとして，ありそうな構造を予測しました．彼が指摘したのは，複素空間でこのような方程式のすべての解を考えれば，複素数解の集合は位相的な面を形成するということでした．この面は1つの穴のあるドーナツや3つの穴のあるブレッツェルのように，有限個の『穴』をもっています．彼を引きつけたのは，無限個の整数解をもつ方程式が，つねに0か1個の穴をもつ複素解曲面に対応することでした．そこでは位相と算術のあいだに，1つの関連があるように思われたのです．

人々は未踏の地にいました．だれも数学からこれほど離れた2本の枝を，どのようにして結びつけるか考えつきませんでした．自信に満ちたモーデルは，『2つかそれ以上の穴をもつ面を定義する方程式は有限個の整数解しかもたない』という，現在，モーデル予想とよばれるものを発表しました」

フェルマーは興味をそそられたようだった．
「それが私の予想とどう結びつくんですか」
「あなたの名高い方程式 $x^n+y^n=z^n$ に対応する面の穴の数は，$(n-1)(n-2)/2$ に等しく，これは3より大きい n にたいして，2より大きいのです．つまりモーデル予想は，n を固定したあなたの方程式に複数の解があれば，それは有限個であることを意味します」

フェルマーは困りはてたようだった．
「しかし (x, y, z) が1つの解なら，$(2x, 2y, 2z)$ や $(3x, 3y, 3z)$ は複数の解であって，おなじようになっていきます．つまり，無限個の解がありますよ」
「そのとおりです．私はモーデルが x と y と z が1より大きい公約数をもたないような，解 (x, y, z) について語っていると，明確にいうべきなんでしょう」
「そう思いますね」
「いいでしょう．これで，最初の大快挙にたどりつきました．1962年にイゴール・シャファレヴィッチがディオファントスの方程式について，どちらかといえば技術的な新しい予想を獲得しました．1968年にA・パーシンは，シャファレヴィッチ予想がモーデル予想を含むことを証明しました．最後に1983年に，ドイツの若い数学者ゲルト・ファルティングスがパーシンの予想と，したがってモーデルの予想を証明しました．これは，ある n にたいして解があったとしても総数は有限個しかないという意味で，あなたの予想がほぼ真だということを意味します．あなたはこの証明を好まれるでしょう．この証明はあなたの無限降下法というバージョンを使っています」
「ああ，そうですね」
「しかし，アーベル多様体というひじょうに抽象的な概念に適用されています」
「単純な直観が，これほどの深くて強力な数学的観念を生んだことを見るのは，うれしいですね」
「たしかに，そうですね．こんどはあなたが，有限個数の解にはなんの意味もないと反論されるかもしれないし，それで間違っていないかもしれません．しかし，無限個あるかもしれない解から有限数の解に移行するのは，大きな一歩だということに同意されるでしょう．すぐあとにD・ヒース＝ブラウンがゲルト・ファルティングスのアプローチを修正し，n が大きくなるとき，あなたの予想が成り立つ，整数 n の比が100％に近づくことを証明しました．つまり，あなたの最終定理は"ほぼつねに真"なのです」

フェルマーは満足そうだった．
「この一般的な結果はまだ不正確で，n の例外的な値については何も示していませんね」
「そうですね．より正確なアイデアは，まだ欠けていました．そのアイデアはディオファントスの方程式の現代的なアプローチの中心にある，楕円曲線論という非常に美しい理論に由来します」
「なんですと？」
「方程式として $y^2=ax^3+bx^2+cx+d$ をとる曲線のことで，つまり3次多項式に等しい完全平方です．それが楕円といわれるのは，楕円の弧長にたいする公式を見つける問題と，漠然とした関連[*11]があるからです．楕円曲線の驚くべき性質の1つは，方程式のいくつかの完全な解があたえられれば，それらを組み合わせて，ほかの解が得られることにあります．単純な幾何学的構成で，古い解から新しい解を構成することができるのです

対応する曲面が0か1つの穴しかもたないという，楕円曲線の性質のため，モーデルは予想を立てる気になりました．何年かのあいだに楕円曲線の確固とした理論が発展しましたが，それは本当に理解されたディオファントス方程式の分野だけでした．その分野には固有の未解決問題があり，そのおもなものに谷山・ヴェイユ予想[*12]がありました．その主張によれば，すべての楕円曲線はモジュラー関数――ふつうのサインとコサインなどの三角関数の大幅な一般化のようなもの――を使って表現することができるのです．これはすべての楕円曲線が，ある適合的な座標系を許容することを意味します．

こんどは，われわれは最後の直線にいます．早くも1980年代に，ペ・ド・ラ・ザール大学のゲルハルト・フライが，あなたの最終定理と楕円曲

楕円曲線上の点

1本の直線が楕円曲線を3つの点で切っている．これら2つの点の座標は，対応するディオファントス方程式の完全な解に対応し，それにたいして3番めの点の座標についてもおなじことがいえる．古い解から新しい解を構成するには，2つの点の解を通る直線を引き，この直線と曲線の3番めの交点を計算する．

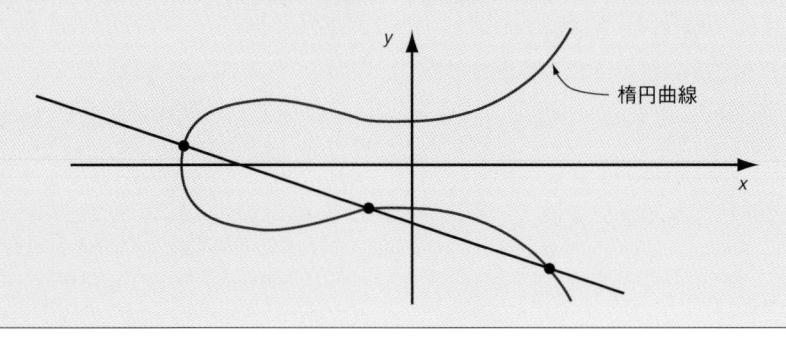

線のあいだの決定的な連結に成功しました．彼は数論のもっとも支配的でない部分を，もっとも理解された部分に結びつけました．G・フライの考えた路線は，以下のとおりです．あなたの方程式 $x^n+y^n=z^n$ に，解 X, Y, Z があると仮定してみましょう（大文字は特定の解があることを示しています）．あなたはこのような解がないことを示そうとしています．だから，この解が実在すると仮定し，これがどんなものであろうと矛盾する解を意味することを証明すれば十分です．」

フェルマーはいった．

「背理法ですね」

「いまでは『背理法による証明』といわれていますが，べつのものではありません．コレージュ・ド・フランスの教授ジャン＝ピエール・セールの示唆に従ったフライは，楕円曲線 $y^2=(x-X^n)(x-Y^n)$ を考えました．この曲線を楕円曲線論のきびしい試練にかけた彼は，今日，フライの楕円曲線とよばれているものが奇妙なものであることを発見しました．それはこのようなものが実在しそうに思えない奇妙な点で諸特性の異様な組み合わせをもち，これがもちろん，まさに証明したいものでした．1986年にカリフォルニア大学のケネス・リベットは，G・フライの考えを明確にしました．彼は谷山・ヴェイユ予想が真であれば，フライの楕円曲線が実在しないことを証明しました．これであなたの予想は背理法によって，完全に証明されたのでしょう．

これはまことに決定的な発見でした．それはあなたの予想が切り離された好奇心の対象でなく，その反対に谷山・ヴェイユ予想という，現代の数論の中心にあることを示したのです．

若いアンドリュー・ワイルズは，フェルマーの最終定理を証明したがっていました．専門の数学者になった彼は，これがひじょうに魅力的で解決すべき問題ではあっても，孤立したデリケートな問題にすぎず，有名だという以上の重要性はないと決めつけていたのです．K・リベットの研究を知った彼は，その証明のための研究にすべての努力をささげようと決心しました．彼はアプローチの効果をあげるためには，谷山・ヴェイユ予想のすべての力が必要でないことを理解しました．半安定といわれる楕円曲線に適用される特定の場合だけが必要でした．彼は問題を6段階に分割し，ただ1つの段階がのこるまで1つ1つ解いていきました．まったく別のテーマをめぐるハーバード大学のバリー・メーザーの講演が，最終コースに導く火花になりました．彼は200ページの論文にかなりな要素を集め，谷山・ヴェイユ予想の特別の場合を証明しました．つまりA・ワイルズはK・リベットの論拠を経由して，フライの楕円曲線が実在しないことを意味する，この予想の半安定の場合を証明したのです．あなたは完全に正し

かったのですね」

　私は大きな吐息をついた．

　「A・ワイルズは使用にたえる強力な技術の大きなバッテリーをもっていましたが，すべてのピースの集め方を理解するには7年間の懸命な努力が必要でした．彼は一般的な戦略を知っていましたが，戦術を正しく推進しなければならなかったのです．これは驚異的な成功ですよ」

　フェルマーは賢明に意見をいった．

　「ところで，この証明はほかの人たちの検証を受けたのですか．私は経験から誤りを犯しやすいことを知っていますので……」

　「細部のすべてにわたって検証を受けたわけではありません．しかし驚くほど多くの専門家が，この証明を信じています．B・メーザーはこのコンセンサスを『真理の印章を押された』と要約しました」

　私はフェルマーを見た．

　「私のほうの話はすみました．こんどは，あなたの番です．あなたはほんとうに証明されたのですか．余白が狭すぎて書けなかったんですか．A・ワイルズの美しいが複雑な過程は必要なのですか，それとも，まだ見つからない簡単な証明があるんですか」

　フェルマーははじめた．

　「いいでしょう．ここに，もろもろの事実があります．私は……」

　その瞬間に，タイムマシンは噴出しはじめ，見えなくなって，またあらわれた．フェルマーは大声でいった．

　「おやおや，時間の旅行者が知らせてきました．すぐに自分の時代にもどらなければ，ここで永遠に座礁するとね．お別れです！」

　引きとめるまえに，彼は乗船してレバーを引き，姿を消した．椅子にもたれた私は，最後の質問に答えてもらえなかったことに失望した．

　「目がさめたの，ものぐさな人ね」

　黒こげになった肉料理をもった妻だった．まだ混乱していた私は聞いた．

　「芝生のうえにタイムマシンがあったのを見なかったかい？」

　彼女の呆然とした顔が，すべてを語っていた．私はあわてて，つけくわえた．

　「いやいや，きっとなかったんだ．ただの夢だったんだよ」

▶訳注

* 1　Andrew John Wiles (1953-)．彼がフェルマーの最終定理を証明したと宣言したのは1993年．修正のうえ，1995年に論文として発表された．
* 2　最終回で前回の内容の誤りが訂正された．
* 3　Herbert George Wells (1866-1946)．イギリスの小説家．SF作家．いうまでもなく，『タイム・マシン』の作家．
* 4　イギリスのアーサー王伝説など西ヨーロッパを中心に広がる「聖杯 (Holy Grail) 伝説」から．聖杯とはイエス・キリストが「最後の晩餐」で使った杯のこと．「甘い」は甘美を意味しているか．
* 5　「アレキサンドリアのディオファントス」(生没年未詳，推定生年200年-214年，推定没年284年-298年)．「代数学の父」とよばれることもある．
* 6　数学的帰納法の一つとして考えられるが，詳細は解説書など参照のこと．
* 7　Johann Peter Gustav Lejeune Dirichlet (1805-1859)．ドイツを中心に活躍した高名な数学者．
* 8　Adrien-Marie Legendre (1752-1833)．フランスの数学者．
* 9　Henri Leon Lebesgue (1875-1941)．フランスの数学者．
* 10　Ernst Eduard Kummer (1810-1893)．ドイツの数学者．
* 11　実際には，ほとんど無関連と考えた方がよい．
* 12　欧米ではアンドレ・ヴェイユが発表したので「谷山＝ヴェイユ予想」や「ヴェイユ予想」と呼ばれるが，本来は「谷山・志村の定理」(モジュラー性定理)という．「すべての楕円曲線はモジュラーである」という数学の定理．提出された時点では，未証明の予想にすぎなかったので，「谷山・志村予想」と呼ばれた．

クリスマス定理[*1]

―素数がいつ2つの平方の和に等しいか，ストゥージの3体の精霊が識別に貢献する―

　クリスマスイヴだった．狭くて凍えそうなオフィスのなかで，時計が容赦なく針を垂直の方向に持ちあげ，完全数の時を打とうとしていた．ボブ・スクラッチットはメビウスの吸取紙で帳簿を乾かした．その吸取紙は薄かったので[*2]，インクを吸いとることはできなかっただろう．彼は帳簿を閉じると棚にもどした．明日は年に1回の休みだった．いまから4の階乗時間のあいだは，なにもすることがなかった．彼はコートを着るとマフラーをとった．マフラーはひどく擦り切れていたので，フラクタル次元は2よりも小さかった[*3]．出がけに雇い主の前を通った彼は，明るくいった．
「ストゥージさん，クリスマス，おめでとうございます」
　老人はぼそぼそといった．
「ふん，ばかばかしい．クリスマスには，店はみんな閉まるんだよ，スクラッチット．それがどういうことか，わかるのかね」
「休日だってことですよ，ストゥージさん」
「これはなあ，スクラッチット，たった1人の客もこないし，1文の収入もないということだよ．"昔の数学的骨董趣味"のレジスター[*4]が，1枚のお金の色も見ない日なんだ」
　たしかに，もってこいのときではなかったが，スクラッチットは妻の願いを聞く約束をしていた．
「あのー，……旦那さま」
「まだ，なにかあるのかい」
「クリスマスのボーナスを約束してくださいましたよ，旦那さま．ウィニー・ジムのためなんです．うちの慢性的な不平屋の末っ子ですよ，旦那さま．なにせ小さいものですから……」
「ボーナスだと？　ボーナスねえ．それ以上いうと路頭に迷うことになるよ」
　スクラッチットはがっかりして外にでた．幸運にも気のいい数学的なクリスマスの妖精が，彼のことを気の毒に思ってくれた．彼女は彼にいい考えを吹きこみ，失望感を追いはらって，この状況のより積極的な展望を提供した．
　ウィニー・ジムはけたたましくいった．
「プレゼントが何もないの？」
　楽観が指数関数的に弱まった[*5]スクラッチットはいった．
「わたしたちの手で，プレゼントをつくろうじゃないか」
「ぼくはプレゼントがほしいんだ．新しい定理がほしいんだよ．そうでなきゃ，少なくとも思いつきの補助定理をさ．友だちのチャーリー・ピッケンズなんか，すばらしい定理をもらったんだよ．予想でも，なにもないよりいいじゃない」
「悪いなあ，ウィニー・ジム．でも，ストゥージさんが予想まで監視してるんだ．怖いのは，へ理屈も考えつかないことなんだよ．私はすっかり空っぽなんだ」
「パパの問題は野心がなさすぎることだよ．質屋のピュティア・アポロニウス[*6]が勧めてくれた仕事に，応募すべきだったのに．いつも，サンドイッチをもって散歩する仕事だったんだよ」
「わかってるよ，ウィニー・ジム．ピュティアはサンドイッチを食べながら，やってくるんだぜ．でも，私は誇り高い男だよ．逆さにした斜辺にヤ

スリをかけたような，直角三角形のサンドイッチを売るほど落ちぶれたくはないね」

スクラッチットは落ち着こうと努力した．
「イースターのあとに，伝統的な水入りプディング*7 をのこしておくべきだったんだ．私たちはいつものクリスマスのように，それでがまんすることにしようよ．おまえはせいぜいで，ママが私に出した古いパラドックスの1つを掘り起こせば幸せだろうよ．現代論理学の真新しい層で，できたてみたいなやつをさ」

ジムは期待に満ちてたずねた．
「直観主義の論理学*8 なの？　また，二元論のがらくたじゃなくってさ」

スクラッチットは認めた．
「すばらしいアイデアだよ，おまえ」

いっときのあいだ静かになったウィニー・ジムは，真偽のほどを決められない陳述を探すスクラッチットをのこして，出ていった．彼は不確定な真理の意味を知ろうとして，ストゥージ氏に電話をしようと考えたが，交換手はその番号はあまり使われていないので，切られていると返事した．

町の反対側のほこりっぽいマンションで，ベッドにからだを丸めたエベネーザー・ストゥージは，金銭や税金のことをあれやこれや考えながら眠りについた．

彼はカーテンや窓ガラスを揺する冷たい風の音に目をさました．ベッドから飛びでて窓を閉めようとしたが，窓はぴったり閉まっていた．そうすると，どこから風がはいってくるのだろう……
「エベネーーーザーー」
と，陰気くさい声があえいだ．ストゥージはベッドに飛びこみ，毛布をかぶってちぢこまった．
「だれだ……おまえはだれた」
「私は過去の定理の精霊です．あなたをつれにきたんですよ，ストゥージ」
と，空気のような手を広げた精がいった．ストゥージはその手をいやいやながらつかんだ．彼は一瞬のうちに板張りの部屋のなかにいた．黒い服を着た1人の男性が，ガチョウの羽のペンで何かを書いていた．ストゥージはたずねた．

「ここはどこだ」
「フランスですよ．ちょうど350年前のクリスマスです」
「だれがカツラをかぶせて，こんな愚か者を仕上げたんだ」
「ヘアピースをつけたジェントルマンは，大数学者のピエール・ド・フェルマーですよ，ストゥージ．ごく最近証明された，数論の基礎の1つである『最終定理』で有名ね．彼は友人のマラン・メルセンヌに手紙を書いています．もとの世界にもどれば，1640年12月25日づきの手紙のオリジナルを読むことができるでしょう．あれはメルセンヌに，すばらしい発見を知らせる手紙です」
「何の発見かね」
「『フェルマーのクリスマス定理』という名称で知られています．いくつかの素数は2つの完全平方数の和です．たとえば $5=1+4=1^2+2^2$，または $13=4+9=2^2+3^2$ ですね．ほかの素数は，このように書くことができません．つまり，3や11のばあいです．フェルマーはいくつかの素数が，2つの平方数の和であることを発見しました」

ストゥージは皮製の手帳をとりだして，計算しはじめた．彼はすぐに100までの素数について問題を解いた（図1）．

ストゥージは首をふった．
「クリスマスですから，あなたに2つのヒントをあげましょう．第1に素数は素数2を無視することで成り立ち，素数2は例外だということです（たとえば，唯一の偶素数として）．第2に4で素数を割った余りを検討することです．それぞれの素数は4の倍数に1か3を足した数で，すなわち $4k+1$ か $4k+3$ という形式をとります．たとえば5は $(4\times1)+1$ に等しく，だから $4k+1$ という形式です」

ストゥージは図表に新しい欄を書き足して，そこにそれぞれの素数が $4k+1$ か $4k+3$ かを示すマークを書きこんだ．そのときから法則が明らかになった．ストゥージはびっくりしていった．
「平方数の和として表現できる最初の素数は，どれも $4k+1$ の形式をとるようですね．あなたは2をべつにして，例外とするよう指図されましたけ

素数	平方数の和	4k + 1 または 4k + 3?
2	$1^2 + 1^2$	例外
3	non	$(4 \times 0) + 3$
5	$1^2 + 2^2$	$(4 \times 1) + 1$
7	non	$(4 \times 1) + 3$
11	non	$(4 \times 2) + 3$
13	$2^2 + 3^2$	$(4 \times 3) + 1$
17	$1^2 + 4^2$	$(4 \times 4) + 1$
19	non	$(4 \times 4) + 3$
23	non	$(4 \times 5) + 3$
29	$2^2 + 5^2$	$(4 \times 7) + 1$
31	non	$(4 \times 7) + 3$
37	$1^2 + 6^2$	$(4 \times 9) + 1$
41	$4^2 + 5^2$	$(4 \times 10) + 1$
43	non	$(4 \times 10) + 3$
47	non	$(4 \times 11) + 3$
53	$2^2 + 7^2$	$(4 \times 13) + 1$
59	non	$(4 \times 14) + 3$
61	$5^2 + 6^2$	$(4 \times 15) + 1$
67	non	$(4 \times 16) + 3$
71	non	$(4 \times 17) + 3$
73	$3^2 + 8^2$	$(4 \times 18) + 1$
79	non	$(4 \times 19) + 3$
83	non	$(4 \times 20) + 3$
89	$5^2 + 8^2$	$(4 \times 22) + 1$
97	$4^2 + 9^2$	$(4 \times 24) + 1$

図1 素数のうちのいくつかは，2つの平方数の和として表現することができる．

ど」

「すばらしい．でも，フェルマーはそれを感じとるだけですまさないで，証明しました．彼は少なくとも証明の粗筋を示したのです」

そして古い定理の精霊が姿を消しはじめると，ストゥージにはまたつぶやき声が聞こえてきた．

「レオンハルト・オイラーがそれを完全に証明したのは，1754年ごろのことでした」

ストゥージはまた，寒々とした部屋にいた．眠ろうとしたが，フェルマーの定理がたえず頭のなかを回転していた．平方数の和としての素数が，4で割られつづけていた．1文にもならない空想だった．彼はからだを動かして向きを変え，食料戸棚の食べ物を食べたが，眠りにつくことはできなかった．

このあいだにボブ・スクラッチットは，からだを動かして向きを変えた．ウィニー・ジムのクリスマスのウールの靴下にいれてやる不確定な真理の意味を，手遅れにならないうちに，どこかで見つけられないかと考えた．とうとう寝ついたストゥージが恐ろしいさけび声を聞き，そのあと大きな雷鳴を聞くまでに，29=4+25秒もかからなかった．クリーン未亡人のネコに投げつけた，スノー牧師のしびんの音だろうか．そうではなかった．音はエベネーザーの部屋のなかから聞こえてきたのである．彼は恐怖のあまり震えあがった．光る人影があらわれた．

その人影はぶつぶつといった．
「私は未来の直観の精霊です」
「忌まわしい人よ，好きにやってくれ，私は気力がなえていて，さからうどころじゃないよ」

未来の直観の精霊はテーブルに箱をおいて，ストゥージに命令した．
「それを開けなさい」

ストゥージは箱のなかに，文字盤のついた宝石商のルーペのようなものがあるのに気がついた．彼はそれを手にとった．これはなんだろう．
「モデュロスコープです．それを使えば，無視したいものを見ないようにできます」[*9]
「貧しい人たちがするみたいに，たとえば私を見ないようにするのかね」[*10]
「モデュロスコープを使えば，望んだものを決定的に消せるのです．たとえば，ある整数に文字盤をあわせ，この装置のなかで見れば，この数の倍数がすべて消えるでしょう．それを『チャンネル4』において，両手を見てごらんなさい．指が何本見えますか」
「2本ですよ．8本の指が消えてます」
「モデュロスコープは，8が10をこえない4の最大の倍数で，消去して，つぎに2本の指を見せたのです．数学者は10は4を法（モデュロ）として2に等しいというふうに，この演算をもっと簡潔に記します」

ストゥージはナイトテーブルにおいてあった147枚の金貨をモデュロスコープで見た．3枚し

か見えなかったので甲高い悲鳴をあげ，勢いよく装置を目から離した．そして，金貨がぜんぶそこにあるのに気づいて，心から安心した．精霊は冷静にいった．

「子どもじみた真似はやめなさい．文字盤をやめて，チャンネル4にあわせたまま，素数の表を観察してみなさい．なにが見えますか」

「例外の2をのぞけば，1と3しか見えませんよ．2つの平方数の和のそれぞれの素数が1になっているのに，ほかの数は3に見えます．しかし，もちろん$4k+1$か$4k+3$のどちらかで，つまり4を法として1か3に等しいですね」

彼は一休みした．

「でも，私はモデュロ4の素数の数値が，重要性をもつ理由がわかりませんね」

「こんどは素数の代わりに，平方数を観察してみなさい」

ストゥージはモデュロスコープで表を調べた．そして，長く黙っていたあとでいった．

「見えるのは，無限に反復する1＝0＋1のような，わかりきった方程式だけですよ」

「そうです．ところで，理由がわかりますか」

「法4では，平方数はすべて0か1に等しいからですか」

「そのとおり．偶数の2乗$4k^2$は4の倍数なので，チャンネル4のモデュロスコープでは0です．そして奇数の2乗1，9，25，49……は，4の倍数に1を加えたものです．だから，モデュロ4の平方数の和は0＋0＝0か，0＋1＝1か，1＋1＝2になります．何が足りませんか」

ストゥージは答えた．

「3です」

「そのとおりです．2つの平方数の和は，モデュロ4で0か1か2ですが，3に等しくなることはありません．だから$4k+3$の形式の素数—とそのほかの素数—は，2つの平方数の和になることはできないでしょう．これでモデュロ4の重要性がわかりましたか」

精霊が姿を消しはじめたのは，そのときだった．ストゥージは哀願した．

「いかないでください．どれも間違いはありませ

ん．$4k+3$の形式のすべての素数が，2つの平方数の和でないことは明らかですが，われわれは$4k+1$の形式の素数が，つねに2つの平方数の和だということを証明していないんじゃないですか」

かすかな返事が彼の耳にとどいた．

「そのとおりですが，回答は間近です．モデュロスコープを見て，待って……」

ストゥージは考えた．

「なんとまあ，もう1人別の精霊がいるにちがいない．不安はいつも3人でやってくるからな」

天井を向いた彼は大きな声でいった．

「さあ，もうひとがんばりだ．具体化しよう．このまま夜をすごせないぞ！」

「私は現在の……ハクション！」

「なんだって？」

「現在の証明の精霊ですよ．ここはなんと寒いんでしょう．あなたは火をおこさないのですか」

屍衣を着た精霊は，大きな音をたてて鼻をかんだ．

「あなたは$4k+1$の形式の素数が，すべて2つの平方数の和になることを証明する方法を見せにきたんですか」

「そのとおりです．われわれ精霊は，ときどき奇妙な行動をします．しかし，かなり時間がたちましたよ，エベネーザー・ストゥージ．チャンネル17にあわせば，すべてが明らかになるでしょう」

現在の証明の精霊は，大げさな身ぶりで正方形を描き分けた1枚のプラスチックの板を出し，表の上に乗せた．

「私は17にたいする証明をしますが，この方法は一般的です．わが友，エベネーザーよ，このアイデアは素数でなく，2つの平方数からでています．この特殊な板はx列とy行に記したx^2+y^2で，2つの平方数の可能なすべての和を示します．モデュロスコープで見てください．何が見えますか」

「数ばかりです，0から16のあいだの数ですね」

「ふーむ，たしかに私はばかだった．このガチョウの羽のペンをとって，それぞれの0を囲めばよかったんだ」

	0	1	2	3	4	5	6	7	8	9	10	11	12	13	14	15	16	17
17	289	290	293	298	305	314	325	338	353	370	389	410	433	458	485	514	545	578
16	256	257	260	265	272	281	292	305	320	337	356	377	400	425	452	481	512	545
15	225	226	229	234	241	250	261	274	289	306	325	346	369	394	421	450	481	514
14	196	197	200	205	212	221	232	245	260	277	296	317	340	365	392	421	452	485
13	169	170	173	178	185	194	205	218	233	250	269	290	313	338	365	394	425	458
12	144	145	148	153	160	169	180	193	208	225	244	265	288	313	340	369	400	433
11	121	122	125	130	137	146	157	170	185	202	221	242	265	290	317	346	377	410
10	100	101	104	109	116	125	136	149	164	181	200	221	244	269	296	325	356	389
9	81	82	85	90	97	106	117	130	145	162	181	202	225	250	277	306	337	370
8	64	65	68	73	80	89	100	113	128	145	164	185	208	233	260	289	320	353
7	49	50	53	58	65	74	85	98	113	130	149	170	193	218	245	274	305	338
6	36	37	40	45	52	61	72	85	100	117	136	157	180	205	232	261	292	325
5	25	26	29	34	41	50	61	74	89	106	125	146	169	194	221	250	281	314
4	16	17	20	25	32	41	52	65	80	97	116	137	160	185	212	241	272	305
3	9	10	13	18	25	34	45	58	73	90	109	130	153	178	205	234	265	298
2	4	5	8	13	20	29	40	53	68	85	104	125	148	173	200	229	260	293
1	1	2	5	10	17	26	37	50	65	82	101	122	145	170	197	226	257	290
0	0	1	4	9	16	25	36	49	64	81	100	121	144	169	196	225	256	289

図2 平方数の和の表（上）と，チャンネル17にあわせたモデュロスコープで見たおなじ表（下）

「隠れた構造があるんです．いくつかの円を濃いグレーで，そのほかの円をうすいグレーで塗りつぶさせてください．なにかに気づきませんか」

「なんてことだ．たがいに規則的に配置された2つの格子模様がありますよ」

「そのとおり．このような網目の専門的な名称は"格子"です．われわれはx^2+y^2が17の倍数になるような，x欄とy行上の点(x, y)を彩色しました．こんどは濃いグレーの格子を調べて，どの点が原点（0欄，0行）にもっとも近いかいってください」

「やさしいです．点$(1, 4)$ですね」

「対応する平方数の和は，17のどんな倍数ですか」

「$1^2+4^2=17$自体です．わかりました！ 原点にもっとも近い濃いグレーの格子の点が，2つの平方数の和で17をあらわす問題を解決します」

「まったくそのとおりです．解が$4^2+1^2=17$と逆の順序であること以外は，うすいグレーの格子についてもおなじことがいえます．もういちど，こんどはチャンネル41でやってみましょう．おなじ現象を観察できるでしょう」

ストゥージは声をあげた．

「そうですね，わかります，2つの格子が重なっています．原点にもっとも近い濃いグレーの格子の点は$(4, 5)$で，4^2+5^2はまさに41に等しいのです」

「すばらしい！ まとめてみましょう．素数pを選んで，x^2+y^2がpの倍数になるような点(x, y)をマークすれば，いずれにしても2つの格子の組み合わせが得られます．17に等しいpにたいして注意しなければ，あなたはたぶん気づかなかったでしょうけどね」

ストゥージがそうすると円の奇妙な周期的集合が現れ（図2），遠くから観察して，疑い深そうに首をふった．

精霊がいった．

しかし私は現在の証明の精霊だから，こんな例では満足しないのだ．2つの格子がある理由と，原点にもっとも近い網の目がこの問題を解く理由を説明しなければならない．まず，2つの格子の存在だ．このことは−1の平方根に由来する．

「−1に平方根があるのを知りませんでしたね」と，ストゥージが思考をさえぎった．

「ほら，2乗して−1になる定数はありませんから新しい数iを導入し，$i^2=-1$となるようにして複素数をつくりだしたんです．でも，モデュロスコープを使えば複素数の必要はないですね」

精霊はプラスチック板に，何かを書いた．

「モデュロスコープをチャンネル17にあわせて，これをよく見なさい」

ストゥージは$x^2+y^2=(x+4y)(x-4y)$と書かれているのを読んだ．

「そんなばかな！」

しかしモデュロスコープで見ると，たいていのものはばかばかしいように見えて，別の解釈をするようになってしまう．代数学は$(x+4y)(x-4y)=x^2-16y^2$であることを教えてくれる．だがモデュロスコープでは，−16 は17−16（17の倍数は見えない）．つまり 1 に等しい．また，まさに$x^2-16y^2=x^2+y^2$である．そこで精霊はつぎのように指摘した．

「私たちが囲んだ点は，モデュロスコープで見ると方程式$x^2+y^2=0$を立証する点です．これらの点は17を法として$(x+4y)(x-4y)=0$に因数分解され，$x=-4y$か$x=4y$になります．これらの方程式はそれぞれ，1個の網の目に対応しますよ．濃いグレーの網の目は$x=-4y$で，うすいグレーの網の目は$x=4y$であたえられます．もちろん，これがそっくり法17です．格子を検討して，立証してみましょう．たとえばうすいグレーの網の目には点 (4；1), (8；2), (12；3), (16；4)があり，これらは方程式$x=4y$の解ですね．

これが最初の重要な点です．チャンネル17にモデュロスコープを合わせてみましょう．数−1は1つの平方根4をもちます．$4^2+1=17$ですから．また，このことは2つの網の目の存在に結び

つきます．$4k+1$という形式のすべての素数についても，おなじことがいえますよ．つまり，それらはまさに−1が1つの平方根をもつための法ですね．あなたには2つめの重要な点にたいする準備ができていますか」

「だれよりも準備できてますよ」

とストゥージはいった．

「すべての格子は，おなじ平行四辺形でできています．ここでは平行四辺形はひし形ですが，多くの格子にたいして同じことがいえないので，平行

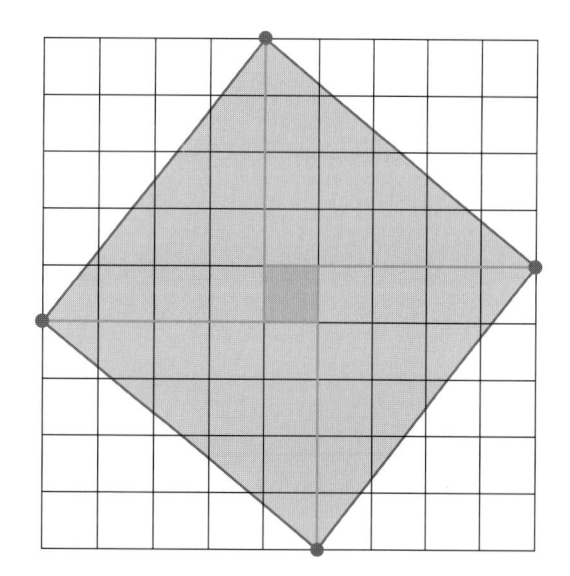

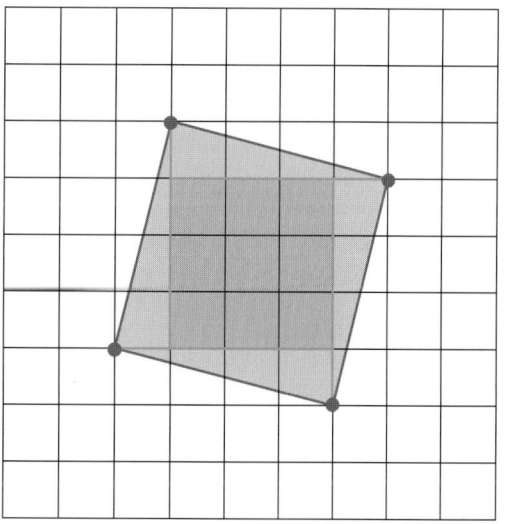

図3 0モデュロ17（上）とモデュロ41（下）に等しい平方数の和で形成される，格子の平行四辺形の面積はどれくらいだろうか．

4. 2つの平方数の定理にかかわるミンコフスキーの証明

p が $4k+1$ という形式の素数であれば，2つの完全平方の和として書くことができるのを証明しよう．

$4k+1$ という形式の素数 p があるとしよう．

x^2+y^2 が p の倍数であるようなすべての点 (x, y) を求めよう．

それぞれの格子のなかの網目の平行四辺形の面積は p である．たとえば $1.2\sqrt{p}$ のように，$\sqrt{p}$ より少し大きい半径をもつ原点の中心を占める円を描いてみよう．

この円の面積は $1.44\pi p \approx 4.52p$ であり，$4p$ よりも少し大きい．

ミンコフスキーの定理によれば，この円は原点以外の格子の点 (x, y) を少なくとも1つ，円の内側にふくんでいる．

(x, y) は原点でなく，円の内側にあるので，格子の定義自体から x^2+y^2 は p の倍数である．つまり，$0 < x^2+y^2 < 1.44p$．

後続の倍数 $2p$ はすでに大きすぎるので，0と $1.44p$ のあいだに完全に含まれる p の唯一の倍数は p 自体である．つまり，$x^2+y^2=p$ となり，われわれはこの定理を証明したことになる．

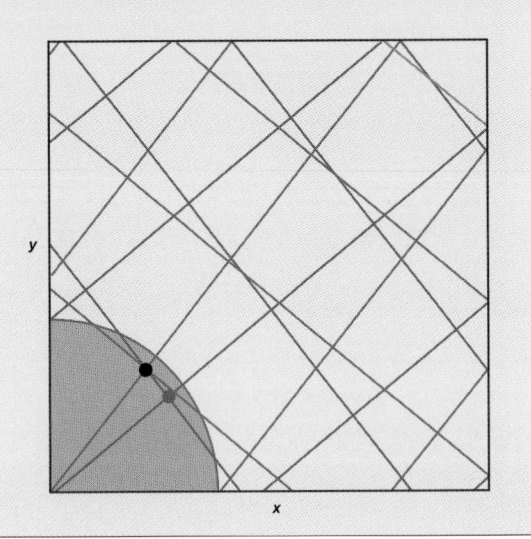

四辺形という言葉を使いましょう．このような平行四辺形の面積はどのくらいですか．いくつかの例で試してみましょう」

ストゥージは手帳に書きなぐった．

「$p=17$ のとき面積は17であり，$p=41$ のときは41である（図3）．任意の素数 p にたいして，編み目の平行四辺形の面積は p だろう」

「証明する時間がありませんが，まったくそのとおりです．あなたはどうして，私が平行四辺形の面積に関心をもつのかと思うでしょう」

「そんなことは思いませんでしたよ．なんていうか……そんなことは考えもしませんでしたね」

「ドイツで教えたロシア生まれの数学者，ヘルマン・ミンコフスキー[*11] が証明した定理のせいです．彼はミンコフスキー空間を考えつき，アルベルト・アインシュタイン[*12] が相対性理論に活用しました．ミンコフスキーは格子に関して，注目すべきひじょうに単純な考えをもっていました．平行四辺形の面積が小さければ，格子点はたがいに近くなるということです．つまり，いくつかの頂点は原点に近くなるはずです．

彼はこのすべてを明確にして，1つの定理を証明しました．平行四辺形の格子と，原点を中心とする円があたえられたとき，ミンコフスキーの定理は，円の面積が網目平行四辺形の面積の少なくとも4倍あれば，原点とは異なる格子点が少なくとも1つは円の中にある，と主張します．

われわれはミンコフスキーの定理を使って，われわれの第2の点を証明することができます．つまり原点にもっとも近い格子の格子点は，p を2つの平方数の和に分解する問題を解決するのです．例として，$p=17$ を推論してみましょう．$\sqrt{17}$ よりわずかに大きい半径，たとえば5の半径をとってみましょう．その面積は $5^2\pi = 25\pi$，つまり約78.54になります．それは $4 \times 17 = 68$ より大きく，だから，ミンコフスキーの定理があてはまります．ここまではわかりますね」

「あなたの話を一心に聞いてますから」

「この定理によれば，格子は円の内側に少なくとも1つ原点以外の点をもっています．この点を (x, y) としましょう．x^2+y^2 は円の半径の2乗以下（図4），すなわち25以下です．しかし，格子点に関しては，x^2+y^2 は17の倍数です．こ

の点は原点でないので，この倍数は0にはなりえません．17の倍数で0と25のあいだにあって0以外のものは何ですか」

ストゥージがいった．

「17自体なんだ．それだけのことですよ」

精霊はいった．

「たしかにそのとおりです．つまり $x^2+y^2=17$ と，われわれの問題は解けました．そして，これが一般的な方法です．ミンコフスキーのこのアイデアは，1896年に発表された彼の著作タイトルにならって，『数の幾何学』という数学の新しい分野が生まれました．それは幾何学を使って数論を研究します．想像もされなかった2つの主題が結びついたのです．そのもう1つの応用は，有名な4つの平方数の定理であり，この定理はすべての整数（素数であるなしにかかわらず）が，4つの完全平方の和であることを示します．しかし，エベネーザー，われわれは来年のクリスマスまで，この問題をあなたの思考にゆだねておきます」

ストゥージはようやく緊張感から解放され，知的興奮がもとにもどった．彼はうとうとしたとき，スクラッチットのことを考えた．そして，ほとんどの従業員に，もっと愛想よくもっと暖かく接しようと心に誓った．どれくらいの時間のことだったろう．それは彼に決めかねることだった．

クリスマスの朝，ウィニー・ジムは機嫌よく目をさました．

「パパ，おばあちゃんの古いパラドックスと，その直観主義の論理学の新鮮な層をもってきてくれた？　不確定な真理*13の意味をもつものをさ」

スクラッチットはいった．

「ところで，直観主義の論理学はいいやすくないんだよ」

彼は知恵をしぼって，ウィニー・ジムの鼓膜が破れそうなわめき声をとめられそうな定式化を，必死に捜し求めた．

「直観主義の論理学があるかないか，確かじゃないんだ」

ウィニー・ジムの顔がクリスマスのモミの木のように明るくなったので，それは才能のひらめきだった（そうでなければ，たぶん未来の直観の精霊が彼の肩にすわって，耳に直観主義の論理学をささやいたのだろう）．

「うわーい，パパ，ありがとう．なんてステキなプレゼントなんだ！」

ものごとを正面から見るようにしよう．スクラッチットの答えより不確定な真理の意味を見つけるのは困難だろう．

▶訳注

*1　このパートは，イギリスの文豪チャールズ・ディケンズの『クリスマス・キャロル』（A Christmas Carol）を，ストーリーから，ストゥージ（←エベネーザー・スクルージ），スクラッチット（←クラチット）ジム（←ティム）や過去，現在，未来の3人の精霊などといった，登場人物名までうまくもじっている．

*2　「メビウスの帯」は，裏表の区別がないことをほのめかしている．

*3　フラクタクル次元．次元は「1，2，3，…次元」のように整数だが，非整数次元も考えられる（フラクタクル＝小数）．1と2の間の次元は，「線」以上，「平面」以下で，「布」としてぼろぼろになり「糸」に近くなっていることをいう．

*4　キャッシュ・レジスターは，計算機を兼ねていたので，そのはしりであった．

*5　徐々に減少するが，減少幅自体も小さくなるため，決して0にはならない減少の仕方．

*6　幾何学で有名な「ペルガのアポロニウス」と，イエスの同時代人で同様の教義を行った「ティアナのアポロニウス」が考えられるが，どちらを想定しているかは不明．

*7　復活祭の後で，卵・菓子などでお祝いをする習慣がある．『クリスマス・キャロル』で「現在の精霊」は，クリスマスのお祝いのお菓子と飲み物で作った玉座の上に座っていた．「それがなければ…」という意味か．

*8　数学の基礎的な論理でなく，数学的直観に求める立場．ブラウアー，ハイティングらによって提唱された．直観主義のもとでは，数学と論理の間には断絶があり，数字の定理やかなりの部分が未決定に残る．

*9　「モジュロ」の考え方は，「法」の整数倍を無視する考え方．5を法とすれば，7，12，17，…は，「同一」となる，など．

*10　ディケンズは社会改革を指向した作家で，貧しい人びとに共感をもっていた．この表現は，階級社会の分断をほのめかしているのか．

（*11以降はp.136参照）

水滴のアルゴリズム

—アルゴリズムのおかげで，π や e のような超越数[*1]の桁を1つ1つ計算することができる．—

　マルコムはいった．
「π[*2] は完全に知られてる．きみはどうして，この数にそんなに熱中するんだい」
　私は答えた．
「あんたは π について，もう発見することはなにもないと思ってるのか」
　マルコムは，私が「π と文化の友の会」，通称「AA-π-文化」の月例会議にでかける準備をしているときに，砂糖の袋を借りようとして立ち寄ったのだった．彼の態度から，またも私の活動の無意味さを示そうと決意してきたことがわかった．私もこんどは，彼の好きなようにさせておかないつもりだった．彼はつけくわえていった．
「おもしろいことなんか，何にもないよ．要するに，π はいまでは10億桁の小数[*3]までわかってるんだ．そんなときに，いくらかの計算をしてみたって，何の役にたつんだよ」
「かわいそうに．それがあんたの考えられる π のもっとも独創的な性質なのかい？　そのほかに，いくつの小数を足すかってことなのかい？　数学の研究は，ものごとをより少し正確に計算することしかないと思ってるんだな」
　私の反撃は的中した．彼はためらったふうに，
「いや，もちろん違うよ．でも，いいかい，おれがいいたいのは……π が数学の庭でも，もっとも調べ尽くされた一角だということだよ」
　私は笑った．
「おや，そうかね．そこが庭のもっとも豊かな片隅だからかな．だからボーウェイン兄弟は10年ちょっと前に，π の超収斂性の新しい近似値に導くラマーヌジャン[*4]のモジュラー方程式の理論と，π のあいだの驚異的な新しい結びつきを発見したわけだ」
「超収斂性だって？」
「1段階ごとに5倍以上の桁数をあたえるんだよ」
「その驚異的な新しい発見で，何をしたんだい」
「π の少数の計算をしたのさ．10億桁以上の数の計算だけど，これはテストにすぎなかったんだ．さらに10億桁の少数をもつ数を計算するのは，そんなに簡単じゃないんだよ」
「どうしてさ」
「いいかい．コンピュータはふつう10桁か，2倍精度の20桁で計算する．ひじょうに長い数列を操作するには，まったく違うプログラムが必要なんだ」
　彼はだまって聞いていたあとでいった．
「どうして，今日の話題はこんなに刺激的になったんだろうな」
「どんな話題だよ」
「水滴のアルゴリズムだよ」
　彼は砂糖の袋を下においた．
「きみはどんなリズムでも，おれに話すことができるだろうが，水滴はわからないね．おれにとっては，まるでヘブライ語だよ[*5]」
「違うよ，すごく単純なんだ．いいかい，π は整数のアルゴリズムだけを使って，小数から小数へと，どのように計算されるか見てみろよ」
　私は紙とボールペンをとって図1を書いた．
「これが最初の数字だよ．いまのところは私の指示に従ってくれ．横線の下の数字に，すべて10を掛けるんだ」
「20の数列ができたよ．あまり π に似てないな」

「急ぐなよ．こんどは，その下に3つの空欄を用意しよう．1段めは『貯水量』，2段めは『合計』，3段めは『余り』だ．図2で示したように，右端の0からはじめようよ」

「こんどは貯水量を上の数字に足そうよ．合計は20に等しくなる．ここまでは簡単だが，デリケートな部分がつづくんだ．上のB欄を見てみよう．わかるかい」

「うーむ……25だ」

「よし．20を25で割った余りrと，商qを計算してみろよ」

「うーん……20のなかに25が何回あるのかな．0回で，余りは20だと思うけどな」

「それでいいよ．つまり$r=20$で，$q=0$．最後の欄の『余り』の行にrを書こうよ．つぎにqをとりあげ，つねに最後の欄にあるA行の数を掛けてみよう．いくつかな」

「12だ」

「そのとおり．$q\times12=0\times12=0$だ．この数が隣の欄にたいする『貯水量』だよ（図3）．

こんどは貯水量0を移したこの新しい欄で，おなじ計算をくり返そうよ．ただ今回は合計の（20）を23で割って，余りを求めよう．23はこの欄のB行の数だ．この商にA行の数の11を掛け，最後にその余りを左隣の欄に移す．そうすれば図4の表ができるだろう．

つぎは20を21で割った余りからはじめ，その商に10を掛けるんだ（図5）」

「あまり，おもしろくないな」

「あせるなよ．もうちょっとの辛抱だ．新しい欄で，おなじ計算をしてみよう．20を19で割った余りを計算し，その商に9を掛ける．ここで変化がはじまるんだ．20を19で割った合計の余りは1で，商も1になる．この商に9を掛ければ9になる

A	1	2	3	4	5	6	7	8	9	10	11	12
B	3	5	7	9	11	13	15	17	19	21	23	25
	2	2	2	2	2	2	2	2	2	2	2	2

図1 水滴のアルゴリズムは整数の数列（A列）と，奇数の数列（B列）からπの小数を計算する．横線の下は2の数列である．

A	1	2	3	4	5	6	7	8	9	10	11	12
B	3	5	7	9	11	13	15	17	19	21	23	25
	2	2	2	2	2	2	2	2	2	2	2	2
×10	20	20	20	20	20	20	20	20	20	20	20	20
貯水量												0
合計												
余り												

図2 横線の下の最初の行に10を掛け，貯水量，合計，余りの3行を用意しよう．最初の貯水量は，右端の0からはじまる．

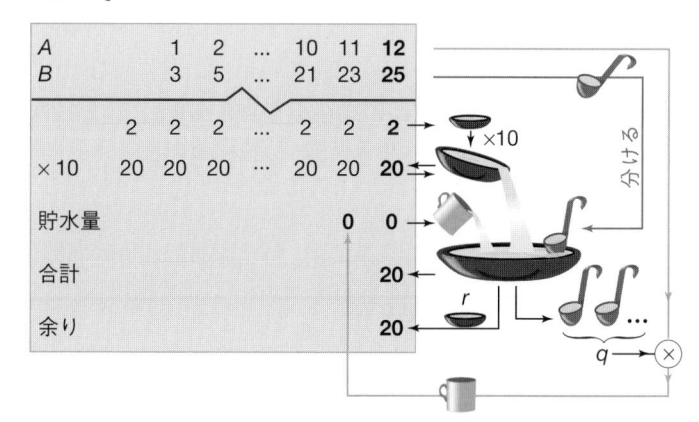

図3 水滴のアルゴリズムは表の右側からはじまる．10を掛けた結果を貯水量に足すこと，この合計をB行の数で割ること，この割り算の余りrを「余り」の行に書き，商qにA行の数（おなじ欄）を掛けること，この最後の結果（0）を「貯水量」の欄（隣の欄）に移すこと

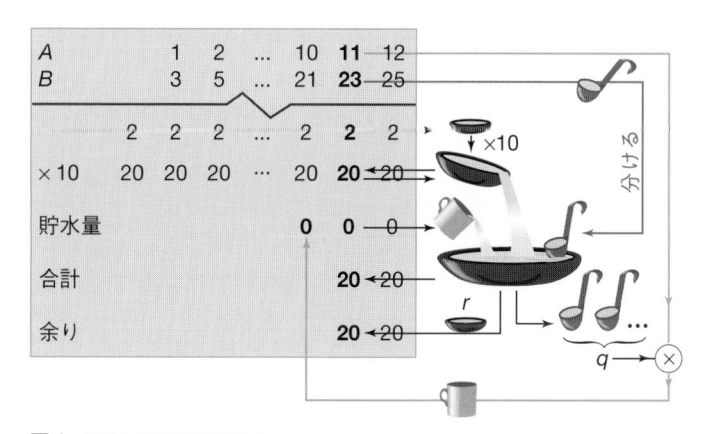

図4 3番めの貯水量の計算

だろう（図6）．

よし，これでやり方がわかったよね．欄ごとに計算していくんだ．つねに合計（20と貯水量）を，その欄のB行の数で割って，余りと商をだす．この商にA行の数を掛け，左隣に"貯水量"を移すわけだ．

つまり，つぎの段階は20に9を足して29になる．それを17（B行）で割り，余り12と商1を手にいれる．つぎに，この商に8（A行）を掛ければ，貯水量は8×1=8になる．だから，図7の

A	…	9	**10**	11	12
B	…	19	**21**	23	25
	…	2	**2**	2	2
	…	20	**20**	20	20
貯水量		0	**0**	0	0
合計		20	**20**	20	20
余り		20	**20**	20	20

図5 4番めの貯水量の計算

A	…	7	**8**	**9**	10
B	…	15	**17**	**19**	21
	…	2	**2**	**2**	2
	…	20	**20**	**20**	20
貯水量		8	**9**	**0**	0
合計		29	**20**	**20**	20
余り		12	**1**	**20**	20

図6 5番めと6番めの貯水量の計算

A	🚰	1	2	3	4	5	6	7	8	9	10	11	12
B		3	5	7	9	11	13	15	17	19	21	23	25
	3	2	2	2	2	2	2	2	2	2	2	2	2
×10		20	20	20	20	20	20	20	20	20	20	20	20
貯水量		10	12	12	12	10	12	7	8	9	0	0	0
合計		**30**	32	32	32	30	32	27	28	29	20	20	20
余り		2	2	4	3	10	1	13	12	1	20	20	20

図7 すべての欄を満たすと，表はπの最初の数の3を示す．

A	🚰	1	2	3	4	5	6	7	8	9	10	11	12
B		3	5	7	9	11	13	15	17	19	21	23	25
	1	2	2	2	2	2	2	2	2	2	2	2	2
余り r_1		0	2	4	3	10	1	13	12	1	20	20	20
×10		0	20	40	30	100	10	130	120	10	200	200	200
貯水量		13	20	33	40	65	48	98	88	72	150	132	96	0
合計		**13**	40	53	80	95	148	108	218	192	160	332	296	200
余り r_2		3	1	3	5	4	5	3	8	1	20	20	0

図8 πの2番めの数を計算するために，2の行からでなく，最初の段階の余りの行からはじめれば，1が見つかる．

A	🚰	1	2	3	4	5	6	7	8	9	10	11	12
B		3	5	7	9	11	13	15	17	19	21	23	25
	4	2	2	2	2	2	2	2	2	2	2	2	2
余り r_2		3	1	3	5	4	5	3	8	1	17	20	0
×10		30	10	30	50	50	40	80	50	40	170	200	0
貯水量		11	24	30	40	42	63	64	90	120	88	0	0
合計		**41**	34	60	70	92	103	144	140	200	258	200	0
余り r_3		1	4	4	7	0	4	12	4	10	16	0

図9 前の表の余りの欄からはじめれば，πの3番めの数の4が計算される．

ようになるわけだ」

右のように計算をつづけたマルコムは，図7の表をつくりあげた．

「こんどは何をするんだ．もう除数はないよ」

「合計の30（太字）をとりあげて，それを小数点の記数法のように，余りの0と貯水量の3（アンダーライン）と考える．0と3をべつの紙の"余り"の欄（段階1の余りだから，r_1と書くことにしよう）に記入しよう」

「いいよ．でも，ばかばかしいな」

「いや．この水滴ではπの最初の数の3しか出ないんだ．それを紙に書いただろうが」

「きみはつまり……」

「そうだ，おなじ計算をつづけようってことだよ．しかし，全部が2のリストのかわりに，新しい余りr_1のリストから計算をはじめて，πのつづきの数を出すんだ」

「これはつらいなあ」

と，彼は図8を埋めながらいった．

「そうだけど，コンピュータならこんなことを，ちゃんとやるぜ．最後の合計13（太文字）は余り3と貯水量1になる．この1（アンダーライン）は水滴から出たπのつぎの数だ．ここまでで，このアルゴリズムはπの近似値のπ≈3.1を出してくれたよ」

問1 あなたがπの小数点以下2桁を計算できれば（図9），この方法を理解できているだろう．

「つぎの『水滴』の数字の4が見つかるだろう．水滴でπ≈3.14がでたわけだ．もっとやれば，π≈3.141が得られるよ」

マルコムがいった．

「こんなふうにして，どれくらいの数が手にはいるんだ」

「最初の4桁だけだよ．n桁の数がほしければ，$3n+1$個の連続した数2か

らなる行からはじめればいいんだ．追加の欄を設けて，わかりきった方法で（連続的な整数と奇数）A行とB行をのばすんだが，計算は小さな数の単純な計算がつづく．むずかしいことはなにひとつないよ」

マルコムが聞いた．

「こんなふうにしてπの小数点以下の数を計算したのかね．πを20桁まで計算した，ルドルフ・ファン・ケーレン[6]というやつのことを覚えてるな」

「そう，1596年のことだ．ドイツ人がπのことを"ルドルフの数"というようになったのは，この偉業からのことだよ．彼はこんな計算をしたんじゃないけど，われわれのアルゴリズムでは，$3\times20+1=61$の欄を使えば，πの小数点以下20桁まで得られるさ」

私は一休みした．

「でも，32番めの少数からは，補足的な術が必要になるかもしれない」

「どんな術だい」

「この方法には，おもしろい歴史があるんだよ．1968年にA・セールがその方法を発見したんだけど，πのためじゃなかったんだ．自然対数の底eのためだったんだよ．これをπに拡大する方法は，1991年にマサチューセッツ州ウェストフォードのスタンリー・ラビノウィッツによって発表された．現代のコンピュータの出現が，彼らの研究のきっかけになったんだけど，それ以後のコンピュータは彼らの想像をはるかにこえて，ルドルフの計算を上回ったんだ」

「いつからだよ」

「いつからって，どういうことだい」

「おもしろい歴史というのはさ」

「ああ，そうか．もちろん，小数の記数法ではじまったんだ．これは『10を掛ける』段階に対応する」

「そりゃそうだろう」

「待ってくれ．小数の書き方では，あなたは，$e=2.7182818\ldots\ldots$のような数を，

$$2.718281\ldots\ldots=2+\frac{1}{10}\left(7+\frac{1}{10}\left(1+\frac{1}{10}\left(8+\frac{1}{10}\right.\right.\right.$$

$$\left.\left(2+\frac{1}{10}\left(8+\frac{1}{10}\left(1+\ldots\ldots\right)\ldots\ldots\right)\right.\right)$$

のように代数的に括弧につめこんだ形で書くことができるんだ．

連続的な桁数は太字であらわされてるし，括弧の前に使われている分数は，われわれが数列$\boldsymbol{a}=(1/10,\ 1/10,\ 1/10,\ 1/10\ldots\ldots)$で記す計算の基数[7]をあらわすんだ．これは小数を考えるふつうの方法じゃないけど，ここでは取りいれた．

あんたは別の基数を使うこともできる．とくに，数列の項が違う混合基数とよばれるものを使うことができるんだ．ふつうの混合基数は以下のようになるよ．

$$\boldsymbol{b}=\left(\frac{1}{2},\ \frac{1}{3},\ \frac{1}{4},\ \frac{1}{5}\ldots\ldots\right)$$

この基数で，$a_0,\ a_1,\ a_2,\ a_3,\ a_4\ldots\ldots$と書かれた数は，以下の合計に等しいんだ．

$$a_0+\frac{1}{2}\left(a_1+\frac{1}{3}\left(a_2+\frac{1}{4}\left(a_3+\frac{1}{5}\left(a_4+\ldots\ldots\right)\ldots\ldots\right.\right.\right.$$

つまり，

$$a_0+\frac{1}{2}a_1+\frac{1}{2}\cdot\frac{1}{3}a_2+\frac{1}{2}\cdot\frac{1}{3}\cdot\frac{1}{4}a_3$$
$$+\frac{1}{2}\cdot\frac{1}{3}\cdot\frac{1}{4}\cdot\frac{1}{5}a_4+\ldots\ldots$$

だよ」

「すばらしい．でも，これが何の役にたつんだ」

「いくつかの無理数がいくつかの混合基数で，ひじょうに単純な式になっている．たとえば，基数$\boldsymbol{b}$で$e=2.11111\ldots\ldots$と書けるのは，以下の収束数列に等しいからなんだ．

$$e=1+\frac{1}{1}+\frac{1}{1\cdot 2}+\frac{1}{1\cdot 2\cdot 3}$$
$$+\frac{1}{1\cdot 2\cdot 3\cdot 4}+\ldots\ldots$$」

マルコムはいった．

「少しわかりかけてきたよ．基数$\boldsymbol{b}$から基数10，つまり基数$(1/10,\ 1/10,\ 1/10\ldots\ldots)$への変換の問題にすぎないんだな．$e$にたいする答えが$\boldsymbol{b}$ではトリビアルだし，水滴のアルゴリズムは変換のテクニックにすぎないんだよ」

そのとおりだった．解決すべき本質的な問題

は，一定の混合基数にあっての a_0, a_1, a_2, a_3, a_4……という表現の一意性の問題なのだ．おなじ数により多くの表現が認められれば，よく注意しなければならない．これは一定の基数でなら容易である．たとえば $a = (1/10, 1/10, 1/10……)$ という基数では，0か1か2か……9になるはずだが，たとえば0.9999……＝1.0000……だから，一意性でない場合がのこる．

「0.9999が1より少し小さいんじゃないのかい」

「いや，等しくなければ，9の連なりを途中でとめなければ等しいよ」

「そうか……」

「b の基数で表現の一意性の条件は，すべての m にたいして $0 \leq a_m \leq m$ なんだよ．こんどは，ある基数から別の基数に移る方法を考えれば，e にたいする A・セールの水滴のアルゴリズム[*8]に出会うことになる．少数 n 桁を求めたいならば，以下のようにすればいいんだ．

(1) 最初の行は基数 b で書かれる e である．この行の最初の数は2（$1+1/1$ に等しい，この基数に不適切な分数 $1/1$ を避けるため），そのあとに数1が n 個つづく（つまり，表は $n+1$ の欄をもつ）．

(2) 次の計算を $n+1$ 回くり返す．

(2.1) 各項に10を掛け，その結果を貯水量に足す．右の欄の最初の貯水量は0．

(2.2) 右側からはじめ，m 番めの項（合計）を m で割る．

(2.3) その商を左の貯水量の行に移す．

(2.4) 欄1の最後の貯水量は，e の新しい小数である．

図10に $n=7$ の場合の計算のはじめの部分．私は π のアルゴリズムとの類似性を示そうとして，AとBを記した行とともに書いた．段階 (2.2) は『行Bで割り』，段階 (2.3) は『その商に行Aを掛ける』．しかし，ここでは行Aは1だけからなるので，こうした掛け算は意味がない．

〈注意点〉小数の記数法の概算に誤りがでるので，このアルゴリズムが明示するより大きな n を選ぶほうが望ましい．

マルコムはいった．

「うん，よくわかったよ．10を基数にして，つぎの数を得る方法は，整数の部分をのぞいて，余りに10を掛け，その結果の整数部分をとることだ．基数 b でも，まったくおなじようにするけど，数を表現の一意性を確保する形式にするには，補足的ないくつかの段階がある．これが余りと商のすべての役割だ」

「そのとおりだ」

「ただし，これは水滴でなく，"開いた弁" のアルゴリズムだよ．アルゴリズムの表が必要だな」

「そうだね．表で実行するほうがらくだよ」

彼は首を力強く振って，了解の合図にした．

「ほかのことを試みられるかな」

「基数 b だけにしておきたければ，$cosh(1) = (e + e^{-1})/2 = 1.54308063481524……$[*9]を推奨するよ．最初の行は11010101010になり，太字の1は表の最初の行の答えと余りだ．とりかかりの手助けになる第一歩が，表11に示されてるよ」

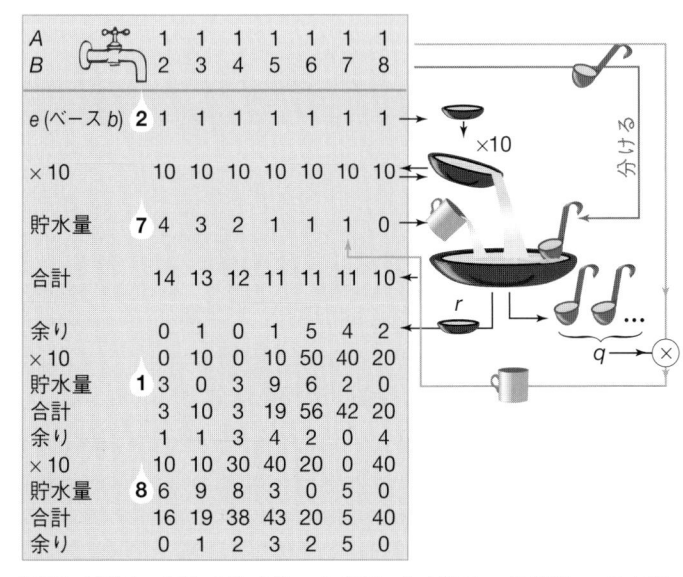

A		1	1	1	1	1	1	1
B		2	3	4	5	6	7	8
e（ベース b）	**2**	1	1	1	1	1	1	1
×10		10	10	10	10	10	10	10
貯水量	**7**	4	3	2	1	1	1	
合計		14	13	12	11	11	11	10
余り		0	1	0	1	5	4	2
×10		0	10	0	10	50	40	20
貯水量	**1**	3	0	3	9	6	2	0
合計		3	10	3	19	56	42	20
余り		1	1	3	4	2	0	4
×10		10	10	30	40	20	0	40
貯水量	**8**	6	9	8	4	0	0	
合計		16	19	38	43	20	5	40
余り		0	1	2	3	2	5	0

図10 基数 $b = (1/2, 1/3, 1/4……)$ を使った小数点 $e = 2.7182……$ の小数部分の計算．最初の小数7をあたえる第一歩となる最初の計算については，詳細に書いた．そのあとは余りの行からはじめて，おなじ計算をくり返す

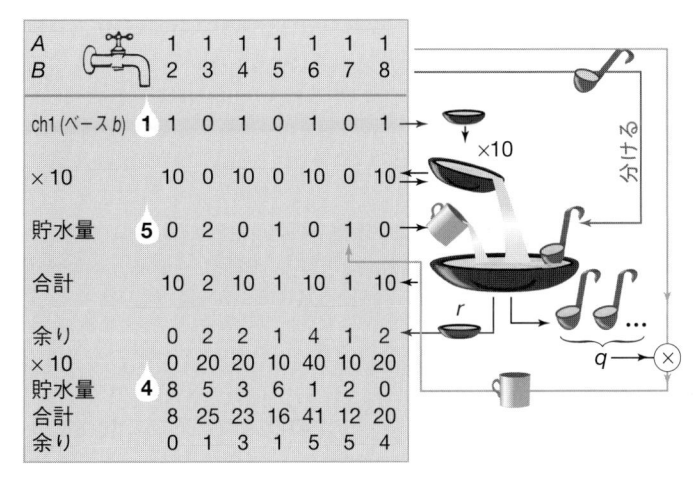

A		1	1	1	1	1	1	1
B		2	3	4	5	6	7	8
ch1 (ベース b)	1	1	0	1	0	1	0	1
×10		10	0	10	0	10	0	10
貯水量	5	0	2	0	1	0	1	0
合計		10	2	10	1	10	1	10
余り		0	2	2	1	4	1	2
×10		0	20	20	10	40	10	20
貯水量	4	8	5	3	6	1	2	0
合計		8	25	23	16	41	12	20
余り		0	1	3	1	5	4	4

図11 基数 $b=(1/2, 1/3, 1/4\cdots\cdots)$ を使う,$\cosh 1=1.5430\cdots\cdots$ の小数部分の計算.

マルコムは聞いた.
「で,π にたいしては?」
「ふーん,こんどは π に関心があるんだ.π については目新しいことはなにもないと思うけどね」
「わかった.思い違いをしてたよ.それで?」
「いいよ.まず,水滴の処理に適する π にたいして,混合基数を見つけなければならない.基数 b はもう適さないし……この基数は π の基数 b の数に,注目すべき構造をまったくあたえないんだ.しかし,基数 $c=(1/3, 2/5, 3/7, 4/9\cdots\cdots)$ で,$\pi=2.222222\cdots\cdots$ になり,つまり等式

$$\pi=2+\frac{1}{3}\left(2+\frac{2}{5}\left(2+\frac{3}{7}\left(2+\frac{4}{9}(2+\cdots\cdots)\cdots\cdots\right.\right.\right.$$

となるのを示すことができる」
「きみのいうとおりだと思うね」
「よし.基数 c の項が,π にたいする水滴のアルゴリズムで使った,表のA列とB列から形成される分数であることに気づくだろう.あいにくと,この基数には問題がある.数にたいする当然の留保条件は,m 番めが $0 \leqq a_m \leqq 2m$ であるのを立証することなんだけど,このときに数の表現の一意性が保証されないんだ.さっきいったように,術が必要だよ.もっとも簡単なのは,事前の数という,のちに修正を要するいくつかの数を一時的にとっておいて,必要があれば調整する方法だね」

ラビノウィッツの π にたいする水滴のアルゴリズムは,少数 n にたいして以下のようになる.

(1) π を基数 c で書く.つまり $10n/3$ の整数部分に等しい数で2の数列を書く.

(2) 以下の計算を n 回くり返す.

(2.1) 各項に10を掛け,その結果を貯水量に足す(最初の貯水量はつねに0).

(2.2) 右側からはじめて,合計の行の n 番めの要素を $2m-1$ で割り(B行),余り r と商 q を見つける.r をそこに残す.

(2.3) q に $2m-1$ を掛け(A行),左の位置の貯水量の行に移す.

(2.4) もっとも左の項に達したら,それを法10に換算する.商 Q は π の新しい事前の数であり,余りをその場にのこす.

(2.5) Q が9でも10でもなければ,事前の数を π の実際の数と考え,Q をとっておく.

(2.6) Q=9 なら,Q をとっておいた事前の数の数列に足す.

(2.7) Q=10 なら,進行中の事前の数を決めて,とっておく.ほかのすべての事前の数を1だけ増やす(9は0になる).進行中の事前の数を除き,このすべてを π の実際の数と考えて,とっておく.

マルコムはいった.
「へええ.AA-π-文化は新しいメンバーを入れてくれるのかい」
友よ,よくわかったな!
「もちろん,あんたが π の認識に寄与すればね」
「きみのほうは何を提供したんだよ」
「$(\pi-355/113)^4$ を計算できる[*10],じつに難解な積分だよ」
「おやおや」
彼はしばらく考えていた.
「うん.思いついたぞ! 小数点の左側のすべての数にたいする水滴のアルゴリズムを考えたんだ」

「ようするに，なんだよ」

「3ではじめて，つぎに前の数に0を無限に掛けていくんだ」

　私は大声でいった．

「認めるよ！」

「こんなに無意味なものをかい？」

「AA-π-文化には基礎が不足してる．われわれにはなんでも必要なんだ」

▶ 訳注

* 1　無理数でも$\sqrt{2}$のように整数係数の代数方程式（この場合は，$x^2-2=0$）から得られるものと，得られないのもある．後者を「超越数」という．πとeはその典型例．

* 2　π．「円周の直径に対する比」でギリシャ語のペリメーターの頭文字．わが国では簡潔に「円周率」の語が定着．ドイツでは「ルドルフの数」とよばれる．

* 3　ここでは，小数の桁（数）という意味．

* 4　Srinivasa Aiyangar Ramanujan (1887-1920)．インドの数学者．天才的な直観のひらめきによって，次々と数論の新発展をなすが，夭折．

* 5　「ちんぷんかんぷんだ」という意味．通常は「ギリシア語だ」(It is all Greek to me.) といわれるが，数学者は多少のギリシャ語アルファベット（たとえば，ここでのπ）は読めるはずであるので，ここではあえて「ヘブライ語だ」としている．

* 6　Ludolph van Ceulen (Koln) (1540-1610)．ドイツ生まれ．円周率の計算に生涯を費やした人物として有名．だが，死後，計算途中に誤りが発見されたと伝えられる．

* 7　base．「底」「基底」でもよいが，他の用法と混同しやすいのでここでは基数と訳した．

* 8　以下の論文を典拠としていると思われる．
Sale, A. H. (1968)：The calculation of e to many significant digits. *The Component Journal*, **11**(2), 229-230.

* 9　双曲余弦関数 (hyperbolic cosine, cosh) は，$(e^x+e^{-x})/2$で定義されるが，ここでは$x=1$の値．eと同じ基数でよい．

* 10　355/113＝3.<u>14159</u>292…　πの近似値として用いられる有理数（下線部分が正しい）．

(p.129 より訳注の続き)

* 11　Hermann Minkowski (1864-1909) は，ロシア（リトアニア）生まれのユダヤ系ドイツ人数学者．数論を幾何学的方法により研究することを提唱．また，空間座標に加えて，時間を導入した四次元空間を提案して，アインシュタインの相対性理論の発展に貢献した．

* 12　Albert Einstein (1879-1955) は，ドイツ生まれのユダヤ人理論物理学者．

* 13　直観主義のもとでは，命題論理の排中律は制限されるので，真偽不確定な命題が生じる．一般的には，直観主義論理は厳格すぎるとの批判がある．

IV プレーヤーのための数

ジュニパーグリーン・ゲーム

―約数と倍数のゲームに勝つ戦略を探そう―

1年前，リヴァプール大学にいる友人のイアン・ポーテアス[*1]が，おもしろいゲームを教えてくれた．それは彼の息子のボブが，割り算と掛け算を教えるために考えついたゲームだった．このゲームは今日，ボブが教えている学校の名まえをとって，ジュニパーグリーンとよばれている．ゲームでは1から100までの番号のついたカードを使い，そのカードを番号が見えるようにして番号順に机の上に並べる．2人のプレーヤーが勝負をしたいカードを早く見つけられるように，たとえばカードを10枚ずつ10列に並べることができる．ルールは単純である．

1. プレーヤーは自分の順番になったら，1枚のカードをとる．とったカードは机にもどさないし，再使用もしない．
2. プレーヤーは最初の1枚を別にして，相手がとったカードの数の約数か倍数の番号のカードをとらなければならない．
3. 相手の約数か倍数の番号のカードをとれないプレーヤーは負ける．

ルールは以上の3つしかない．最初のプレーヤーは，つねに50より大きい素数の番号のカードをとって，勝とうとするだろう．素数の約数は1とそれ自体しかないので，相手は1のカードをとるはずだが，最初のプレーヤーが50より大きい素数のカードをとれば，約数も倍数もなくなるので，あとのプレーヤーは負けるしかない．このような味気ない結果を避けるために，もう1つのルールが追加される．

4. 最初の1枚は，偶数のカードを選ばなければならない．

それでも，大きな素数は戦略の重要な決め手になる．あるプレーヤーが番号1のカードをとれば，相手が勝つ可能性が高い．いま，ボブとアリス[*2]が対戦していると考えよう．ボブが1のカードをとって，アリスが97のような大きな素数のカードをとれば（1は奇数なので，97のような数は1がとられたあとにしか選ばれないから，どうしてものこる），ボブは負けるだろう．つまり，相手に1のカードをとらすようにすれば，勝つわけである．次ページの囲みは，戦術的[*3]な感覚のない2人のプレーヤーのゲーム運びを示している．

しかし，議論はよしておこう．ゲームの秘訣を自分で見つけるには，友だちと何回かやってみることである．この章の最後まで，必勝戦略[*4]を明かす喜びをとっておきたいので，1番から40番までの40枚のカードに限定して，ジュニパーグリーン・ゲームを検討することにしよう．そうすれば，100枚のカードを使うときの必勝計略を追求するときにも，役に立ついくつかの原則を見つけることができるだろう．さらにいっておきたいのは，幼い子どもの場合には，20番までのカードだけでも遊べることである．

表1

回数	アリス	ボブ
1	38	
2		19
3	1	
4		37
5	負け	

A. 戦術的感覚なきゲームの例

回数	アリス	ボブ	コメント
1	48		ルール4にあわせた偶数
2		96	アリスのカードの2倍
3	32		ボブのカードの1/3
4		64	ボブは2の累乗数をとらざるをえない
5	16		アリスもおなじことである
6		80	ボブは5を掛けている
7	10		アリスは8で割っている
8		70	7を掛けている
9	35		2で割っている
10		5	5か7を選ぶしかない（1を選べば負ける）
11	25		
12		75	50か75しか選べない（訳注；100も可）
13	3		
14		81	
15	9		27か9しか選べない
16		27	悪い選択
17	54		1をとれば負けるから，やむをえない
18		2	悪い選択（訳注；疑問手）
19	62		戦術的思いつきの変形版
20		31	しようがない
21	93		ただ1つの手だが，すばらしい（訳注；妙手）
22		1	しようがないが，負ける
23	97		大きな素数をとる戦術

表2 アリスの軽率な戦略

回数	アリス	ボブ
x	5	
x+1		25
x+2	1	

表3 アリスの戦略

回数	アリス	ボブ	アリス	ボブ
1	22			
2		11		2
3	33		26	
4		3		13
5	21		39	
6		7		3
7	35		21	
8		5		7
9	25		35	
10		負け		5
11			25	
12				負け

　それではひじょうにまずい初手をいくつか考えるために，たとえば40枚のカードの場合を観察してみよう．アリスが最初に38番のカードをとれば結果はおなじことになるが，ほかにも避けたほうがいいカードがある．たとえばアリスが軽率に5番のカードをとれば，ボブはそれにつけいることができる．

　表2で見るように，このあとの選択ではアリスが負ける（25は奇数だから，1か5のあとしか選

べないので，どうしても手づまりになることに注意しよう）．

アリスはむしろ，5をとるしかないようにボブを追いこめないだろうか．それができるのである．ボブが7をとれば，彼女は35をとり，ボブを負かす1か5をとらすことができる．それなら，ボブに7をとるよう仕向けられないだろうか．ボブが3をとって，彼女が21をとれば，つぎは7しかとれないだろう．それでは，どのようにしてボブに3をとらすのだろう．ボブが13をとって，アリスが39をとれば，彼は3をとるしかないだろう．このようにアリスは，それぞれの数ごとにボブのカードを予想し，彼を敗北に追いこむことができる．

カードが奇数なら問題は単純だが，ルール4があるので，偶数からはじめなければならない．どうやら，2番のカードが運命を左右するらしい．ボブが2をとれば，アリスは26をとって彼を罠にかけ，13をとらすことができる．つまりここに，アリスはどうしてボブに2をとらすかという問題の要点がある．

アリスがはじめに22をとれば，ボブは罠にかかって2をとるか，11をとるしかないだろう．ボブが11をとれば，アリスは負ける1をとらずに33をとるだろう．ボブは11をとったあと3をとるしかないので，アリスは勝利をおさめることができる．表3では，アリスの戦略が示されている．2つの欄はそれぞれに，ボブの2つの選択を示している（プレーヤーはそれぞれに，1を避ける必要があることを知っていると仮定される）．

アリスが勝てるもう1つの26という初手がある．表4には，この場合の2つの可能性が示されている．

こんどの成功のキーとなるのは，11と13という素数である．こうした素数の2倍の数（22か26）ではじめれば，ボブは2をとるか——このときはアリスが勝つ——素数11か13をとることになるだろう．そのとき，アリスがその3倍の数をとれば，ボブは3をとらざるをえない——ここでもアリスが勝つことになる．つまり素数11や13には，それらの2倍を別にして，40以下の倍数が33あるいは39しかないから，アリスは勝てるわけである．カードの枚数の1/3から1/4を占める「中核的な」素数のおかげで，アリスは勝つことができる．22か26以外に，アリスを勝たせる初手があるのだろうか．これを考えるとともに，100枚のカードや，さらには1000枚のカードを使うジュニパーグリーン・ゲームの必勝戦略を探していただきたい．最初のプレーヤーがつねに必勝戦略を握っている．

この問題を一般論として考えよう．n枚のカードを使うジュニパーグリーン・ゲームを考え，nを任意の整数としよう．引き分けはないのだから，ゲームの理論はアリス——先手のプレーヤー——かボブが必勝戦略をもつが，両方ではないと予測する．必勝戦略をもつのがアリスなら，数nは「1次的」であり，ボブなら「2次的」である．

ひじょうに小さな数値のnにたいして，手っとり早い計算を何度かしてみると，3と8が1次的で，2，4，5，6，7，9が2次的であることがわかる．100は1次的な数か，それとも2次的な数だろうか．さらに一般に1次的な数nはどんな数で，2次的な数nはどんな数だろうか．

ゲームをやってみて真相を知りたい人たちのために，100枚のカードを使ってゲームをしたR・

表4 アリスが勝てる初手

回数	アリス	ボブ	アリス	ボブ
1	26			
2		13		2
3	39		22	
4		3		11
5	21		33	
6		7		3
7	35		21	
8		5		7
9	25		35	
10		負け		5
11			25	
12				負け

ポーテアスの3人の生徒の結果を伝えよう．最初に58か62を選べば，必勝戦略になる．素数はそのタイプによって違う役割をする．一方に53, 59, 61, 67, 71, 73, 79, 83, 89, 97 を集め，他方に37, 41, 43, 47 を集めることができる．29と31を集め，〔訳注；そして単独に23, さらに〕最後に17と19がそれぞれ一つのタイプをつくる．勝者の初手は，素数29と31の2倍数である．どうやらゲームの完全な理論をつくったのは，ユージン・ウィグナー[*5]らしい．彼はn枚のカードを使うゲームが，$n!$（つまり$n \times (n-1) \times (n-2) \cdots \cdots \times 3 \times 2 \times 1$）を因数分解するときにあらわれる，素数の累乗の偶奇性（パリティ）に左右されることを発見したのである．

▶訳注

* 1 著者と同じ名前．Ianは，Johnのゲール語形（スコットランドの先住民の言語）．
* 2 こうした場合，A, Bと続くようにする．
* 3 tactique. 戦術（的）．戦術的考え方をさらに高度化し，戦術の用い方として体系化したものが，戦略（stratégie）．この考え方の典型が，孫子，クラゼヴィッツである．
* 4 必勝戦略．ゲーム理論的にいえば，必勝戦略のあるゲームは珍しい．
* 5 Eugene Paul Wigner (1902-1995). オーストリアーハンガリー帝国生まれのユダヤ人．物理学者，数学者．ノーベル物理学賞受賞．形成期の量子力学をはじめ物理学全般において貢献が大きく，アインシュタインに比較される．数学においてはヒルベルトの助手をつとめた．また，H・ワイルと群論を量子力学における対称性に導入する考え方を提唱．物性論では「ウィグナー・ザイツの方法」としてその名を残す．

(p.148 より訳注の続き)

* 11 確率論で有名な「破産問題」(ruin problem)．
* 12 William Feller. (1906-1970). クロアチア生まれ．著名な確率論の数学者．『確率論入門とその応用』は超ロングセラーで，今日でも確率論研究者の標準的教科書．
* 13 ボタン，時計，ペン，アクセサリーなどは，すべて工作員の標準的な小道具である．
* 14 『風とともに去りぬ』では，レットはオハラに何度も言い寄っている．ここでも二人のラブロマンスを思わせる．
* 15 欧米では，わが国のように源泉徴収制ではなく，自己申告が中心で，申告の重要性ははるかに高い．
* 16 有名な事件．ザリン対ニュージャージー州賭博監督局長との訴訟．ちなみにネバダ州（ラスベガス），ニュージャージー州（アトランティックシティー）では，私営賭博も合法．
* 17 債務の免除分だけの所得があったこと．
* 18 金融用語．相手の信頼を基礎にして金融を与えること，あるいはその額．
* 19 予想されるすべての額の平均的値．
* 20 C. Q. F. D.＝Ceux quil faut decouvrir. 明かすべきであったところのもの．「証明終わり」を意味する数学・哲学用語 Q. E. D. (Quod Erat Demonstrandum) と同じ．さらにゲーム用語では「手の内を明かす」の意味もある．
* 21 計算すると，正確には，13137693 フランとなる．
* 22 secoue（振り回される）と remove（動揺させられる）との言葉遊び．

クラップス・プレーヤーの破産[*1]
―数学は勝たせることができなくても，負けない理由を説明できる―

　無言の大柄なイギリス人が，ルーレットのテーブルで勝ったチップをまとめた．彼は場の係のクルピエに1000フランのチップを投げてやってから，カジノ・アンクロワイヤーブル[*2]のバーに向かった．バーテンダーがいった．
「何にしましょうか」
「いつものやつにしてくれ」
「わかりました，ムッシュー．マリがあなたの予約テーブルにもっていきます」
「いや，今夜はいいよ」
　イギリス人はほっそりした背の高い褐色の髪の女性をチラリと見た．きっと若手の女優だろう．彼女のそばには，もっと太めの若い男性がいた．つくりものの口ひげと金髪のカツラとくれば，これはとらえどころのない国際スパイの首領，ゼロにそっくりのイメージなのだ！
「いや，今夜はあなたがグラスをもってきてくれよ……」
　彼は「クラップスのテーブル」に向かう2人を肩ごしに見た．自分のすべての経歴のなかでも，もっとも危険な使命の1つを体験することになるのを疑っていなかった．
　褐色の髪の女性は，ピットの横にすわって，サイコロをもっていた．彼女とゼロのあいだに，あいた椅子が1つあった．彼は抜け目なく，そこにいってすわった．
「今夜は，ついてるみたいですね」
　彼はそういうと，テーブルの「ライン」の部分にチップを重ねておいた．その「パスライン」[*3]は，彼が彼女の勝ちを予想していることを示していた．彼はいった．

「私のずうずうしさを許していただきたいのですが，新聞であなたの写真を見たことがあります．あなたはオハラさんで，映画界の有名人ですね」
　彼女は驚いていった．
「そうです．私はスターレット・オハラ[*4]です．あなたは？」
「私はブロンド，ジェームズ・ブロンドです」
　彼女はサイコロを集めてシュートした．2つの「1」の目がでた．彼女は嫌悪感をこめていった．
「"スネークアイズ"[*5]だわ．あなたが考えるほど，ついていないわね」
　クルピエは彼のチップを回収した．オハラがいった．
「あなたがサイコロをシュートする番ですよ」
　ブロンドはむぞうさにサイコロを振って，テーブルに投げた．サイコロはぶつかりあって飛んだ．「ナチュラル」（7か11）だった．彼は勝ち目の7をだしたのだ．賭けたチップと勝ったチップを場にのこしたまま，彼はまたシュートした．6ゾロで，負けだった．彼はサイコロをつぎのプレーヤーに渡した．それがゼロと思われる人物だ．
　彼は一瞬，前夜のブリーフィングを思いだした．Mの極秘の情報によれば，ゼロは政治的暗殺，核を使う脅迫，麻薬の国際的密売，マッシュポテトの偽造を専門とする闇の組織スマッシュ[*6]のために，約100人のエージェントを指揮していた．スターレット・オハラは明らかに，身に危険がせまっていることを知らなかった．ゼロはいった．
「ありがとう，ムッシュー・ブロンド．秘密情報員とクラップスを楽しむ機会なんて，めったにあ

りませんよ」

ブロンドは正々堂々とふるまった.
「どうして私をご存じなんですか,ゼロさん」
「最初にサイコロをシュートして007を出したときに,身分を明かされたんですよ」

ブロンドは切り返した.
「あなたのお仲間の1人が,宿命だといわれました.あなたのほうは,コティヨン通りのマスケ＝コテュルヌ劇場の衣装係から,すぐに売り物だと見破られるような口ひげをつけているとは,あまり利口じゃないですね」

ゼロは鼻の先で笑った.彼の左手が上着のポケットにいった.
「ムッシュー・ブロンド.あなたと違って,私はホテルの部屋[*7]に武器をおいてくるようなヘマはしませんね.でも,あなたがクラップスでみごとな技量を証明すれば,あなたの命を助けて,マドモワゼル・オハラの名誉と自由をまもる約束をしますよ」

若手の女優は呆然としていた.
「なんですか.私の自由ですって.あなたは国際的な活動の場という,途方もない約束をされたんですか」

ブロンドはせせら笑った.
「オハラさん.あなたはそのうえ,地球上のもっとも危険な2足歩行類の1人であるゼロに出会ったんですよ.これは彼があなたに真実をいったということです.ジャンボスタン[*8]の専制君主のハレムは,じつにすばらしいですよ」

オハラは蒼白になった.ゼロは笑った.
「とても洞察力がありますな,ムッシュー・ブロンド.そうはいっても,私はあなたに200万フランの無償で信用供与を認めるよう,カジノ・アンクロワイヤーブルを説き伏せましたよ.あなたは"パスライン"だけにはって,サイコロのシューターとしての私の器用さに賭けなければなりません.あなたが全額をすれば,カジノに200万フランの借金をすることになります.そんな金額は払えないでしょうから,マドモワゼル・オハラはつぎの便でジャンボスタンにたつことになるでしょう」

ブロンドは,アメリカのサイコロ賭博のカジノ版である,ラスヴェガス・クラップスというクラップス・ア・ラ・バンク[*9]のルールを思いだした.このゲームでは,すべてのプレーヤーがほかのプレーヤーでなく,親を相手に勝負する(図1).サイコロをシュートする親(2個のサイコロを振るシューター)は,最初のシュートで,合わせて7か11の目をだせば勝つが,2か3か12を出せば負ける.残りの数のどれか(4, 5, 6, 8, 9, 10)をだせば,その数がシューターの「ポイントナンバー」となり,シューターが勝つために

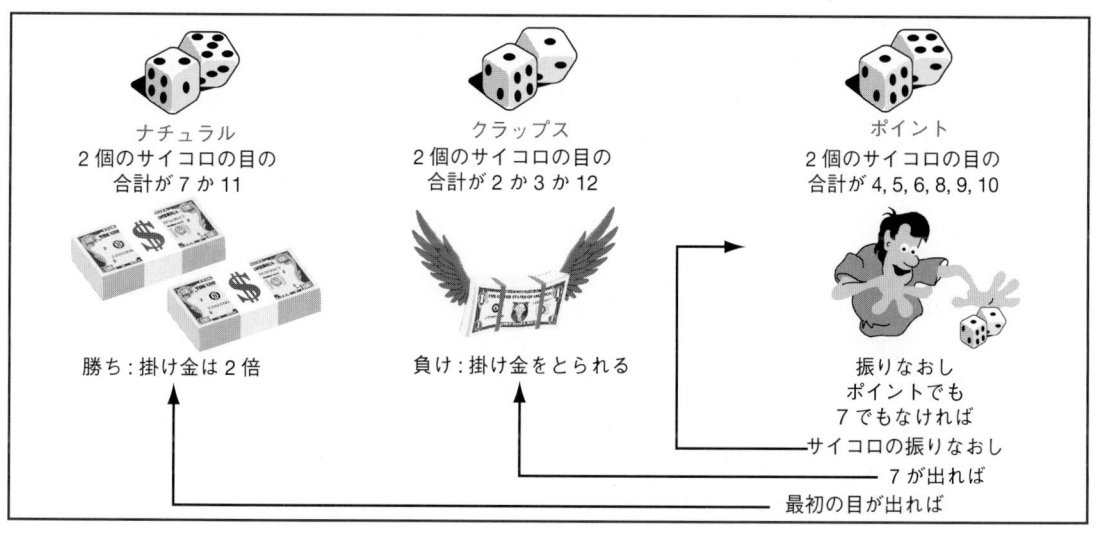

図1 クラップスのルール

は，もういちどポイントナンバー（勝ち目）が出るまで振りつづけなければならない．しかし，7を出せば負けるのだ．ほかのプレーヤーの全員は，ふつうは「パスライン」にチップをおき，親にたいして賭けていく．これに勝てば掛け金は2倍になって，賭けたフランは稼ぎになり，賭けた分がもどってくる．

　ブロンドは素早く計算した．クラップスでシューターが勝つ確率は正確に244/495，つまり約0.493であることを知っていたのである．だから「パスライン」の賭けで勝つ確率は0.493であり，数学的な期待値は1を少し下回る．

　ブロンドは平然と，100万フランのチップを「パスライン」においた．オハラは驚いた顔を向けた．
「でも，あなたの持ち金の半分じゃない！」
　彼女はいらだたしげに言葉を飲みこんだ．
「あなたは大胆なプレーヤーなのね」
　ブロンドは彼女に身を寄せて耳元でささやいた．
「そうじゃないんです．大胆なプレーヤーは勝つために全額かかなりな額を投じます．私は200万フランを賭けるべきだったんでしょう」

「どうしてなの？」
「1965年に数学者のL・デュバンとL・サヴェージ[*10]が，この場のようにツキがあるときは大胆にかけて，勝率を最大にしたほうがいいと証明したからです．勝負が長引けば長引くほど，勝つチャンスは少なくなります．小さい額を賭けていく臆病な戦略では，時間が長くなると，どうしても負けて，持ち金を失う確率がより高くなるでしょう」
「あら，でも，いまのあなたは，どうして100万フランしか賭けなかったんですか」
「これが認められている限界だからです．カジノの親元は，これ以上の額を賭けることを認めません」
「わかったわ」
「だから毎回，許される限度額を賭けますよ．私は"プレーヤーの破産"といわれる理論を使って，勝率を計算できるということです」
　オハラがいった．
「そんな名称は，あまり好きじゃありませんね」
「あなたがいつもおなじ額を賭けるとしましょう．この金額を1単位とします．pが勝つ確率で，$q=1-p$が負ける確率です．あなたの手持ち

図2　パートナーのスターレット・オハラのゲームの構想を見守るジェームズ・ボンド（ブロンド）．

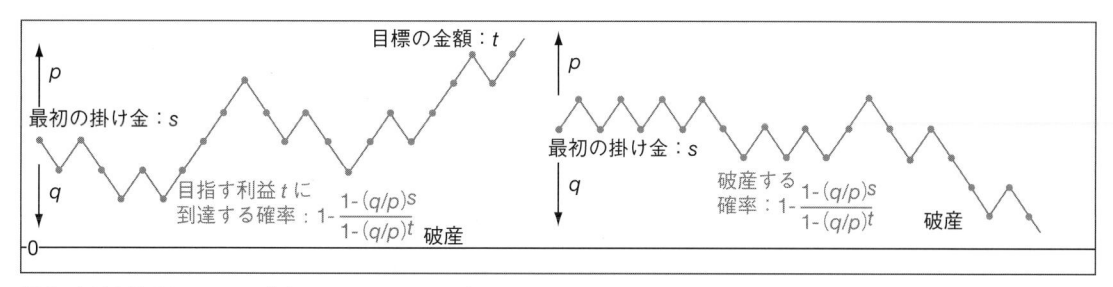

図3 偶然的軌道として見た「プレーヤーの破産」．プレーヤーの手持ち金の単位は，賭けるたびに確率 p で1単位増えるか，$q=1-p$ の確率で1単位減るかのどちらかである．長い時間をかければ，プレーヤーは目標を達するか，手持ち金の全額を失うかする．

の総額は，確率 p で1単位増え，確率 $q=1-p$ で1単位減る軌道を描きます（図3）．つまり，あなたはジグザグの軌道をたどるんです．最終的には0の壁にぶつかって破産するか，目標を達して勝ちたい金額を手にしてゲームをやめるかです[*11]．

こんどは，あなたの最初の掛け金を s とし，目標とする金額を t としましょう．数学者ウィリアム・フェラー[*12]によれば，あなたが破産する前に目標を達成する確率 $P(s;t)$ は，比較的単純な式であたえられます．

$p \neq 1/2$ なら $P(s;t) = \dfrac{1-(q/p)^s}{1-(q/p)^t}$

$p = 1/2$ なら $P(s;t) = s/t$

ここでは私の単位は100万フランであり，私の最初の手持ち金は2単位です．私の目標は5単位，つまり $p=0.493$, $q=0.507$, $s=2$, $t=5$ という数値になります．p は0.5でなく，$P(s;t) = P(2;5) = (1-(507/493)^2)/(1-(507/493)^5) = 0.383……$という結果になりますよ．

私には勝つ確率が38%あるということです．こんどは，私がたとえば10万フランずつ賭けていく，もっと臆病なプレーヤーだと仮定しましょう．ここでは，$p=0.493$, $q=0.507$, $s=20$, $t=50$ で，$p \neq 0.5$ ですから，$P(s;t) = P(20;50) = (1-(507/493)^{20})/(1-(507/493))^{50} = 0.244……$となり，そんなによくありません．また，1万フランの賭け金にたいしては，$p=0.493$, $q=0.507$, $s=200$, $t=500$ で，$p \neq 0.5$ ですから，$P(s;t) = P(200;500) = (1-(507/493)^{200})/(1-(507/493)^{500}) = 0.000224……$となり，ずっと小さな数値になります．大胆であれば，いかに有利になるかわかるでしょう」

スターレット・オハラは大げさに称賛した．
「あなたはすごく頭がいいんですね」
ブロンドは胸をはった．
「いやいや，でも私の確率38%は，そんなに高いわけではありません．私にもつきが必要です」
彼は急に体の力をぬいた．
「幸い，いつもついています」
彼はワイシャツのボタンをなにげなく回した．習練を積んだ目で見れば，そのボタンがほかのボタンより，少し大きいことに気づいただろう．
ゼロは4を出した．ブロンドとオハラは，ゼロが自分のポイントナンバーを出そうとするときを，よく見ていた．残念なことにゼロは7を出した．ブロンドは冷静に最後の100万フランをパスラインにおいた．おののいたオハラは彼の腕にすがった．ブロンドはワイシャツのボタンをいじりつづけていた．ゼロは5を出した．彼が7を出さずに，もういちど運よくポイントナンバーを出すには，さらに8回のシュートが必要だった．ブロンドは白い歯を見せて笑った．ツキがめぐってきたのだった．彼は100万フランを手元に引き寄せ，100万フランを賭けつづけた……
1時間後にブロンドとオハラは，腕を組んでカジノをでた．オハラがいった．
「ゼロはすごく不機嫌だったわ．あいにくと，私たちはまだ安全でないのね」
ブロンドは笑顔を見せた．
「反対だと思うけどね」
国際スパイの首領は，500万フランの目標を達成したブロンドが，軽蔑するようにゼロの上着のポケットに100万フランのチップをすべりこませたとき，上着の折り返しに小型のリモコン焼夷弾

―Qが巧妙にクリップに偽装したもの―も装着したことに気づく余裕がなかったのだ*13．

ブロンドは腕時計をかしげて見た．そこにQが起爆装置をしこんであったのである．

「おっと，時間を合わせそこねていたぞ」

彼は小さなボタンの片側をもって回した．オハラがいった．

「ゼロは冷たくなるんでしょうね」

2人は大きな爆発音と金切り声を聞いた．ブロンドはいった．

「むしろ煙が出ると思ったけどね．上の私の部屋にある，ボランジェ57のボトルを飲みたくないですか」*14

オハラは身を寄せて，彼の耳に「飲みたいわ」とささやいた．

ブロンドはさらに危険な瞬間を体験することになるのを疑わなかった．ここまですべては単純で機械的な仕事にすぎなかった．ワイシャツのボタンに巧妙にしくんだ，サイコロ用のサイコキネシス・リモコンユニットについてのQの技術は，実験によって有効性を証明されていた．オハラがテーブルを注意深く調べたときと，急に汗ばんだブロンドの指がショートを起こしそうになったときを別とすれば，彼は最小の危険にも身をさらさなかった．ゲームでは，すっからかんになるさまざまな方法があったが，いまは不用心になっていた．ブロンドは苦しむことになるだろう．

スターレット・オハラは手にシャンパングラスをもち，抑えても抑えきれない微笑を浮かべて，ベッドに横になっていた．ブロンドは彼女の横にすわり，ボランジェ57に少しずつ口をつけた．オハラが服の脇のファスナーをゆっくりとおろすあいだ，ブロンドの目は焦燥感（みだらさのメタファ）でうつろになっていた．つぎに，彼女はガラガラヘビのような速さで小型の殺傷器具を出し，ブロンドにねらいを定めた．

ブロンドの心は凍りついた．彼はすぐに武器を認めた．それは所得申告用紙*15だった．彼は手で額をたたいた．

「あなたが部屋にあがるのを承知したときに，これを見抜くべきだったんだ．あなたは国税庁のスーパーエージェント『国税官』だったんだな」

「そのとおりよ，ブロンド．業務時間中は第3級検察官の実習生ですわ」

「でも，夜になると，国税官に変身するんだな！」

「最初はゼロを追いかけてたのよ．1983年に，タクシー料金を10％多くごまかしてたんでね．でも，あなたのゲームのクレジットを手配したとき，一石二鳥の成果をあげられることがわかったのよ．あら……このシャンパンのせいで，頭がぼーっとしてきたわ」

ブロンドは抗弁した．

「でも，ゲームの所得は非課税じゃないか」

「そうよ．でも，あなたは無料クレジットを受けとったじゃない．これにはいくらかの価値があるはずだわ」

ブロンドは驚いて大きな声をだした．

「これって，なんの話だよ」

「ザリン事件*16よ．1980年に常習ギャンブラーのデイヴィド・ザリンが，アトランティック・シティーのカジノで，実際には無制限のクレジットの贈与を受けて，債務を300万ドルまで増やしたのね．ニュージャーシー州の法制度によれば，この債務は法的に請求できるものでなく，カジノは事件を好意的にはるかに小さな額で処理したわ．でも，そのときアメリカの当局は，債務の残額にたいする税金を請求し，マイナスの債務は収入に等しい*17と主張したのよ．それと似ていることがわかるでしょう，ブロンド」

ブロンドはわが耳を疑った．

「しかし，私はあなたを死より悪い運命から救ったんだよ．あなたはジャンボスタンの専制君主のハレムの一員になるところだったんだから」

オハラは同意した．

「それでも，そのことはあなたの課税額に影響しないわ」

彼女の表情は穏やかになった．

「あなたがまたゲームをしなければ，話は別よ．ザリン事件が裁かれたとき，300万ドルというゲームの与信（額）*18が正確にいくらに値するかを知るために，一連の法的論拠が主張されたのよ．

税務署は300万ドルだと考えたわ．ザリンの弁護士は，顧客が1文の利益も求めないで遊んだだけだから，何の価値もないと評価したわけ．法廷はわざわざザリンの無償の与信額の実際の価値を決定しなかったのよ」

「そりゃそうさ．確率論学者でなく弁護士のほうが正しいよ」

「つまり，そこに問題があるのよ．私はあなたが，このような与信の価値を口にできないと確信するわ．それに答えてくれたら，あなたを放免して，ジャンボスタンの専制君主の爪から救ってくれたことに感謝するわね」

ブロンドは泣き言をいいだした．これは彼の人生で乗り越えなければならない，もっともむずかしい問題だった．幸運にも彼は確率論の専門家でもあった．オハラがいった．

「あなたに手がかりをあげましょう．与信の価値は，この与信を最高に使って手にすることのできる最大利益の期待値[*19]よ」

ブロンドはいった．

「わかった」

彼は解決すべき問題を，オハラが創作した生きる個人だと考えた．彼は問題の周辺をゆっくりとめぐりはじめた．

「よし．手持ちの単位ではじめて，t 単位を達成するか破滅するまで，1 単位ずつ賭けていくことにしよう．達成する場合は $t-s$ 単位を手にするし，破滅する場合は 0 になる．だから……」

彼はフェラーの法則で利益を追求した．

「……期待所得 $E(s;t)$ は $(t-s)P(s;t)$，つまり，明示的な式では

$$(t-s)(1-(q/p)^s)/(1-(q/p)^t)$$

に等しい．最初のラウンドは私の勝ちだ」

オハラはブロンドが生涯最強の相手を攻撃する方法を観察しながらいった．

「私なら $E(s;t)$ の数値を最大にするために，t を選ぶにちがいないわ．それに私が知ってるのは，実際には無制限のクレジットをもってるってことだけね」

漸近的な近似値で十分だ，と彼は考えた．

「t がひじょうに大きくなり，s も大きくなるが，$t-s$ は一定でありつづけ，$r=q/p$ は 1 より大きいと仮定しよう．そのとき，$P(s;t)=(1-r^s)/(1-r^t)$ は，t が無限大になるとき r^{-d} に向かう．だから，$E(s;t)$ は dr^{-d} に向かうことになる」

微分を 0 として，手早く計算をすると，そこで

「この式は $d=1/\log r$ で最大値に到達する．うまくやれているだろうか」

オハラがうれしそうに証言した．

「すばらしいじゃない」

彼女は専門的な目で見て，ブロンドの数学的壮挙を称賛する気になったのだ．彼女のライバルの納税者は予想を裏切って難問をしのいだのだった．ブロンドは強力な代入をした．

「その結果として s が大きいとき，期待所得を最大化するような最初の掛け金を上回る目標金額は，$t-s=d$ に近づく．これは，$1/\log r$ に等しい．だから s が無限大に向かうとき，$P(s;s+1/\log r)$ は，$r^{-1/\log r}$ すなわち $1/e$ に向かう．したがって，すぐに $E(s;s+1/\log r)$ の値が，$(e\log r)^{-1}$ に等しいことがわかる（$e=2.71828$……はネーピア対数の底）」

彼は問題の急所を押さえた．失敗することはできなかった．彼は息をこらした．

「クラップスの"パスライン"の賭けでは，$p=0.493$ で，$r=507/493=1.028$……だから $\log r=0.028$…… と $d=1/\log r=1/0.028$……$=35$ ……その結果，私の最善の選択は……」

最後の一撃で戦いが終わった．

「……掛け金を 36 単位上まわる目標に設定することだ」

彼は汗まみれで力つきた．オハラがいった．

「ステキね．びっくりしたわ，ムッシュー・ブロンド．あなたはやり遂げたわけじゃないけどね」

「どうにかしましたよ．あとは……」

何を忘れたのだろう．先生に何を教わったのだろう．ああ，そうだ．「つねに問題を読め」ということだった．彼は最後の 1 段階を残していたのだった．問題は予告もしないで，また後足で立ちあがってきた．彼に飛びかかり，数学の難解な記

号の奔流で攻め寄せたが，ブロンドはこの最後の攻撃を予期していた．彼は猛然と戦った．

「おまえにお返しをするぜ，惨めな問題よ！　私は所得を計算できるんだ」

問題は崩れ，のどを鳴らして息絶えた．ブロンドはあえいだ．

「証明終わり[20]だ．私の希望は……」

彼はそこで大きく息を吸った．

「……$(0.028\,e)^{-1}$, つまり13単位で，いまの場合は1 300万フランだ」

オハラがいった．

「正確にいえば，13 006 305フランだわ[21]．でも，どうでもいい少数は問題にしませんよ．ザリンの場合，クラップスの"パスライン"の賭けのカジノ側の制限は15 000ドルだったので，あなたの理論に従えば，彼は平均して約195 000ドル稼いだんでしょう．さらに有利な戦略が実在しないかぎり，彼の無償の与信はこの額に値します．彼はたぶん"ブラックジャック"にも賭けたでしょうし，ここでは手慣れたプレーヤーは，つまりは利益をだすでしょうよ」

「ザリン事件では，裁判所はどんな決定をしたんですか」

「彼は控訴し，控訴裁判所は最終的に『税金を払わなくていい』と判決したわ」

からかわれたブロンドは声を荒らげた．

「裁判がらみの乱闘は，すべて無用だったといいたいんですか」

「かならずしも無用ではなかったわ．問題を見なおすことができるんです，ムッシュー・ブロンド」

ブロンドは意地の悪そうな目で彼女を見た．

「あなたはジャンボスタンの専制君主の爪から救われたことで，私に感謝したいわけでしょう？」

「そうですよ，ムッシュー・ブロンド」

スターレット・オハラは唇を舌でなめて，笑顔を見せた．

「ジャンボスタンの専制君主の爪から助けてくださって，ありがとうございました」

ナイトテーブルにシャンパングラスをおいた彼女は，服のなかに所得申告用紙を恥ずかしそうにしまいこみ，ファスナーを引きあげた．ブロンドはいった．

「それはどういうことですか」

「私はあとで後悔しそうな2つのことを，私たちがやらない前に，おいとますることにします」

彼女のほっそりした魅力的なシルエットが，ドアのほうに向かった．

「今夜の展開のあとで，どんな気分ですか，ムッシュー・ブロンド」

ベッドの端にふらつきながら腰をおろしたブロンドは，非難の目で彼女を見た．

「振り回されましたよ……でも，動揺していませんね」[22]

▶訳注

* 1 本章の設定は，ブロンド（ボンドのもじり）をはじめ，007シリーズを模している（Qはそのまま！）．中心の二人には『風とともに去りぬ』のスカーレット・オハラとレット・バトラーも重ね合わせられている．レットは大胆で勇敢，賭け事に強く，女性に優しい．ちなみに，英語版では本章のタイトルは"Gambler's Ruin at the Casino Incroyable"としている．

* 2 incroyable. croyableは「信じられる」で，英語ではbelievableに相当する．したがって，信じられないくらい得をするか，あるいは「いかさま」という意味か．あるいは両方をさすものと思われる．

* 3 パス・ラインとは，クラップスで，「子（シューター）の勝ち／親（カジノ）の負けに賭ける場所」もしくは「賭けること」のこと．

* 4 starlette. 新進女優という意味．『風とともに去りぬ』の気の強いヒロイン，スカーレット・オハラももじっている．

* 5 スネーク・アイズとは，1のゾロ目が出て親の総取りのこと．サイコロの1は赤く塗られているので，ゾロ目だと蛇の目に似ていると言われたことから．

* 6 007シリーズにも出てくるソ連の組織「スメルシ（SMERSH）」をもじったもの．第二次世界大戦中に設けられた実在の防諜部隊の通称．

* 7 ホテルでの諜報は基本的な手口で，フロントに工作員が潜入していることもある．

* 8 Jumbo＋stanの造語．「〜スタン」はアジア系の地名接尾辞．

* 9 「親元に対して」の意味．（bankは，親元（胴元））．

* 10 Dubins, L.E. and L.J. Savage (1965) : *How to Gamble if You Must*, McGraw-Hill.のことをさすものと思われる．　　　（* 11以降はp.141参照）

地獄の計算

―数の文字に対応する数の全体が，その数に
等しくなるように数を文字に結びつける―

　地獄の劫火が巨大な煙の柱のあいだで躍り狂い，暗く重苦しい空を赤く染めていた．遠くに冥界の神プルートーンの洞窟の火の壁が，赤々と輝いていた．煮え立つオイルの湖の縁でくつろぐグリーンの悪魔が，所在なげに楕円形の褐色の物体を，鉤爪の生えた両手のあいだでポンポンとやりとりしていた．彼のシャツの胸元には「666」という数字[*1]が光り，投げるときにからだを回すと，背中の「野獣」という文字が見えた．

　野獣とそっくりの見かけだが，爽快なブルーの色だけが違う第2の悪魔が野獣の肩をたたいた．

「もしもし，野獣さん」

「あんたはだれだい」

　野獣は振り返ってブルーの悪魔のシャツを見た．

「"−847 1/2" というのは，どんな種類の数字なのかね」

「あなたが予告で指定されたポストを私が受けいれたときに，割り当てられた数字です．私に合ったただ1枚のシャツですよ」

「ポストだと？　なんのポストだよ……あ，思いだした．うしろを向いてみろよ」

　ブルーの悪魔のスウェットシャツの背中には，「霊魂のジュニア・アシスタント」という文字が書かれていた．

「わかったよ，ジュニア，力量を見ようじゃないか．走って向こうへいきなよ．そしたらパスをするから」

　ジュニアは湖岸を走りだした．野獣は骨ばった腕をうしろにのばし，楕円形の物体の1つを投げた．ジュニアはキャッチしようとしたが，とりそこない，湖まではずんでいく物体を見送った．楕円型の物体は湖面に触れると叫び声をあげ，燃えるオイルに身を任せて沈んだ[*2]．

「すみません，硫黄が目にしみたんです」

　ジュニアは湖面に広がる波紋を見ていった．

「まずいことになりましたね」

　ジュニアは気をとりなおした．

「そんなことはどうでもいいんです．ここじゃいいことなんか起こりっこないんだ」

　野獣がいった．

「そんなことないよ．革製じゃなくて，安物のゴム製の霊魂なんだ．なくなったって心配することはないさ．投げられる劫罰を受けた霊魂なら，たくさんのストックがあるからな」

　彼は大きな山から，1つの霊魂をつかみだして確かめた．

「ああ，これだ」

　野獣はその霊魂をもった手をのばしていった．

「よし，いいかい，これで終わりにしよう」

　彼は霊魂の上に不ぞろいな太字で印刷された名前を指して，さらにいった．

「でも，これは少なくとも，どんな天国を予定されてるか知ってるからな．こちらには，わからないけどね」

　彼の目は急に湿っぽくなった．

　ジュニアは白っぽいブルーの反射光に変色した．野獣がアイデンティティの危機に陥っていることは，だれの目にも明らかだった．巨大なグリーンの悪魔は予告なしに両足で飛びはね，近くにあるものを手当たりしだいにたたきはじめた．

「私はだれだ．何千年ものあいだ，そしてつね

に，だれも私が何者かをいってくれなかった*3」

彼はほえるようにいった．そして，泣き崩れた．

「アラム語*4―黙示録が最初に書かれた言葉―で666という記号が，ネロを意味していることがわかったんだ．私はネロなんかになりたくないよ．彼はローマが燃えてるあいだ，竪琴を弾いてたんだ……私は火事場で不安に駆られないが，竪琴をそんなにうまく弾けないし，竪琴は雨を降らすだろうよ」

ジュニアは同情して，野獣の角のあいだをたたきながらいった．

「イエズス会の神父ボングスは，あなたの数にマルティン・ルターを認めましたよ．彼は『ゲマトリア』というシステムを使いました．このシステムでは，A＝1，B＝2……となって，そんなふうにしてZ＝26までいくんです」

野獣は鼻をすすった．

「そのことなら，ぜんぶ知ってるよ．ミカエル・シュティフェル（ドイツの数学者）は，私がローマ教皇レオX世だったことを『証明』したんだ．『レオ・デシムス』としてスタートした彼は，LDCIMV*5以外のすべてを拒絶したよ」

「どうしてですか」

「これはローマ数字に対応する文字なんだ*6．合計すれば1656になる．それに彼はレオX世にたいしてXを足し，Mを引いたんだ．MはMystere（神秘）の頭文字だったからな」

野獣は顔をしかめた．

「こんなばかな話を聞いたことがあるかい」

ジュニアはいった．

「そんなことはありませんよ．計算の規則（ルール）はもちろん，望ましい結果を出すために考案されているんです」

野獣はつづけていった．

「そのとおりだ．もっと悪いのは，彼らが文字に数値を割り振るための異なるすべてのシステムをもってることだよ．アルファベット順や，そのほかの任意に選んだ，どんな順番とも無関係な合理的な方法があれば，だれも気をもむことはないのに」

「あなたがそんなことを話されるとは愉快ですね．ぼくは『ワード・ウェイズ』（Word Ways）の1990年2月号を読んだばかりです」

「そこには，どんな天使がいる〔救いがある〕のかね」

「おもしろい言語学の雑誌です．この特別号には，数学と遊びの言語学を組み合わせた論文があります．数字の言葉遊びの専門家リー・シャローズは，著作に『ザ・ニュー・メロロジー』（「数秘学」に関する数的でない言葉遊び）という表題*7をつけました．彼によれば，実際の方法はそれぞれの文字をアルファベットの番号に結びつけることであって，つまらない取り決めです．ニュー・メロロジーはここからスタートします」

野獣はじれったそうにさえぎった．

「よくわからないな」

「英語のONEという言葉を例にあげましょう．英語のふつうのアルファベットの語順では，番号による数値―またはゲマトリアの定数―は，15＋14＋5＝34です．しかし，数秘学に内在的な意味があるとすれば，ゲマトリアの定数は明らかに，この言葉が意味する数，つまり1でなければならないでしょう．これはそうなっていません」

「数の名称がゲマトリアの定数に等しい数を指すことができるのかね」

「デイヴ・モリス*8によれば，少なくとも英語ではだめだそうです．あなたが『This is a beastly text；numerological constant six-six-six. (666という数秘学的定数は，ひどいテキストだ)』というような文を認めなければですけどね」*9

「ところで，リー・シャローズはなにを提唱したのかね」

「それぞれの文字に，アルファベットの位置で決まるとはかぎらない数を割り振ったんです．うまく割り振って，ゲマトリアの定数と数そのものの値が等しくなったとき，数の名称は完全だということにしましょう．それじゃ，数の名称をもっとも完全にしてみましょう．たとえば，英語のONE，TWOなんかです．リー・シャローズは整数にとどめて，違う文字に違う数値を強制的に

対応させました．こうして，以下のような方程式のすべてのリストができました．

O+N+E=1
T+W+O=2
T+H+R+E+E=3

O, N, E, T, W, H, R……は未知数です．これらの方程式を同時に満たす解を見つけ，それを基にして，さらにほかに満たしたい条件を満たすように解を調整します．すでにO+N+E=1という方程式からすれば，いくつかの数が負数でなければならなくなります．NとEはどちらもNINEとTENにでてきますから，ほかの文字をNとEの関数として表現し，そこから何が展開するかを見ることができます．たとえばOは，O=1−N−Eと書けるでしょう．NINEとTENからは，I=9−2N−EとT=10−N−Eとなります．つぎにT+W+O=2としたいので，W=2−O−T=2−(1−N−E)−(10−N−E)=−9+2N+2Eと推論しましょう．

注意すべきはE=4とN=2を選べば，T=10−4−2=4となることです．これは受けいれられないので，EとNにたいして選んだ数は適切ではありません」*10

野獣は頭をあげた．

「わかったよ．E=1でN=2なら，I=4，T=7，O=−2，W=−3になるんだ．THREEを完全にしたければ，HとRが2つの新しい未知数になる．そこでH=3を選べば，方程式T+H+R+E+E=3はR=−9をあたえる．つぎにFOUR=4は2つの未知数FとUを追加する．ここでF=5を選べば，F+O+U+R=4はU=10をあたえる．われわれは大きな1歩をふみだしたよ，ジュニア」

「そうですね．つぎにF+I+V+E=5では，V=−5になります．SIXには新しい文字が2つあるので，まずS=8をあたえるSEVENを検討しましょう．ここでS+I+Xは X=−6を与えます．同様にEIGHTはG=−7をあたえます」

野獣はたずねた．

「つまり，ONEからTENまでのすべての数の名称が完全なんだな．それ以上の数もやれるのかね」

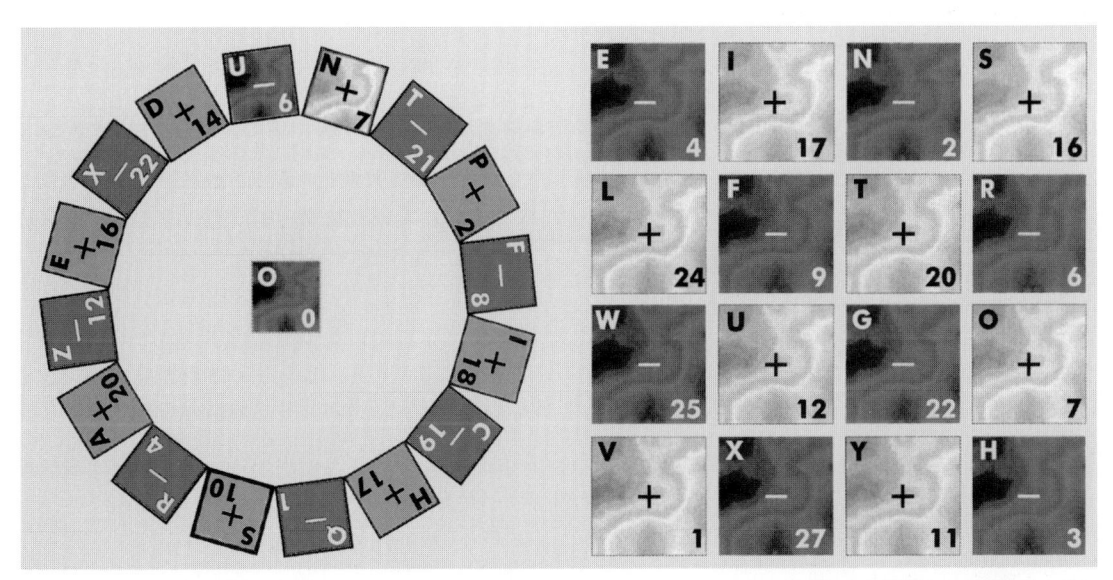

図1 リー・シャローズの数のスペリング．13より小さい数を選び，フランス語にたいしては左側の円形模様で，英語にたいしては右側の一覧表で計算する．左側ではフランス語で，右側では英語で数をつづる．うすいグレーの枠では文字に対応する数を足し，濃いグレーの枠では数を引く．この計算の結果はつねに，選んだ最初の数の数値に等しいだろう．たとえば，数 QUATRE（フランス語の4）は，−1−6+20−21−6+16=4となり，数 FOUR は，−9+7+12−6=4になる．なお，フランス語の数の数え方は，以下のとおり．0=ZERO, 1=UN, 2=DEUX, 3=TROIS, 4=QUATRE, 5=CINQ, 6=SIX, 7=SEPT, 8=HUIT, 9=NEUF, 10=DIX, 11=ONZE, 12=DOUZE, 13=TREIZE, 14=QUATORZE.

「たぶん，やれるでしょう．ELEVEN と TWELVE には，新しい文字は L しかありません．L の数値は，この 2 つを完全にするチャンスでしょうね」

「そうだな，しかし……L＝11 がピッタリだ」

「おどろきですね．いまのところ，T＋H＋I＋R＋T＋2E＋N ＝7＋3＋4＋－9＋7＋2＋2＝16 です．やれやれ，消え失せてしまえ！」

ジュニアが指摘した．

「これまでのいろいろな選択を使えば，もっと先までいけるでしょうよ．こうしたいくつもの数値は任意ですから」

野獣は反論した．

「確定というわけじゃないよ．ほら，THREE＋TEN＝THIRTEEN という方程式を考えてみよう．文字は 2 つずつ消去されるから，残るのは E＝I だ．そしてこれは，異なる文字は異なる数値をもつという決めたルールに違反するよ」

ジュニアが意見をいった．

「こんどはリー・シャローズが，こんな論理に気づいたことを思いだしました．彼はこれがまさに 13 にはチャンスがない*11 という『ニュー・メロロジー』の証明だといってます」

「もっと進むことができる．ほら，ZERO＝0 だとすれば，Z＝10 だよ*12」

「U の数値は，天国とあがない*13 で救いになるんだ！」

「そうですね．でも，われわれは数値に関するたくさんの任意の選択をしました．それらを変えれば，きっと事態の整理ができるでしょう」

彼らは E＝3 で整理できることに気がついた．

E＝3	I＝－4	R＝－6	V＝－3
F＝9	L＝0	S＝－1	W＝7
G＝6	N＝5	T＝2	X＝11
H＝1	O＝－7	U＝8	Z＝10

ジュニアが主張した．

「リー・シャローズはおなじようなアイデアにもとづく，いくつもの魔法の順番を説明しました．たとえば，

E＝0	I＝1	R＝5	V＝14
F＝－10	L＝－7	S＝－11	W＝－1
G＝9	N＝4	T＝6	X＝16
H＝－8	O＝－3	U＝12	Z＝－2

という対応関係を使えば，ZERO から TWELVE までの数は完全になります．FOURTEEN, SIXTEEN, SEVENTEEN, NINETEEN もおなじく完全になります．このアイデアは一連のカードを実現することにあって，それぞれのカードは 1 つの文字と対応する数をもち，つぎに E/0 では 4 枚のカードを，N/4 では 3 枚のカードを，そのほかの文字にたいしては 1 枚ずつのカードをつくります．読者にこのカードで数の名称をつづってもらい，それらのカードの数値をプラスマイナスを考慮して合計してもらえば，それがつづられた数になっていることがわかるでしょう」

野獣は質問した．

「間抜けなやつが THIRTEEN か FIFTEEN を書いたとしたらどうかな」

「不可能ですね．パケットには，1 つの T と 1 つの F しかありませんから」

「むずかしいな．リー・シャローズはたちまちわ

「そうです．彼は 4×4 という配置を使って（図1），おなじような順番を考えつきました．この配置で任意の数を選び，数字の名称をつづって，数を文字に結びつけることになりますが，これらは白のケースはプラスに，黒のケースはマイナスに数えた文字なんです．また，選ばれた文字が再発見されるでしょう」

野獣はひどく耳ざわりな音を立てながら笑った．彼は 1 ダースばかりの劫罰をうけた霊魂を，ヒヅメで地平線の彼方までけとばし，砂の上で 13 回もバウンドさせた．精霊がバウンドするたびに，押し殺したような響きが聞こえた．そのあと，悪魔の顔はまた悲しげに曇った．
「どうしたんですか，野獣さん」
「すべてがうまくいくよ……英語ではな．でも，たとえばフランス語では，どうなんだろう」
「ああ，そうですね．まったく新しい一連の疑問があらわれました．13 までならいけますが，14 になるとだめですね．たしかに

QUATRE＋ONZE＝UN＋QUATORZE

は整理すると E＝U となり*14，違う文字が違う数値に結びつかなければならないとすれば成立しません．フランス語では，ゲームの全体がひじょうにきびしいですね．ZERO から TREIZE まで

の自然な順番で数の名称を検討すると，11 の文字が N の数値で決定され，2 つの文字が A の数値で決定されることがわかるでしょう．実際には，以下のようにして満足するしかありません．

A＝＊	P＝2
C＝A−5N−4	Q＝2N＋5−A
D＝2N	R＝N−11
E＝3N−5	S＝2N−4
F＝13−3N	T＝14−5N
H＝4N−11	U＝1−N
I＝2N＋4	X＝6−4N
N＝＊	Z＝16−4N
O＝0	

A＝20 と N＝7 を選べば，これらの文字にたいして違う（小さな）数値が，以下のように獲得されます．

A＝20	H＝17	P＝2	T＝−21
C＝−19	I＝18	Q＝−1	U＝−6
D＝14	N＝7	R＝−4	X＝−22
E＝16	O＝0	S＝10	Z＝−12
F＝−8			

ここでは，ZERO から TREIZE までのすべての数の名称が完全です」
「ドイツ語では，どうかね」
「リー・シャローズは論文で，ドイツ語を論じていません．われわれの手で検証してみればいいでしょう」
「まず，私がやってみよう．ゼロをは省略することにして—直観的に，そのほうがいいと思うよ—数の名称は EINS, ZWEI, DREI, VIER, FUNF, SECHS, SIEBEN, ACHT, NEUN, ZEHN, ELF, ZWÖLF, DREIZEHN, VIERZEHN, FÜNFZEHN, SECHZEHN, SIEBZEHN, ACHTZEHN, NEUNZEHN, ZWANZIG だ．Ü をふつうの U とし，Ö をふつうの O としたほうがいいと思うけどな」
「そういわれれば……そこに，何かがあると思いますね．ほら，2 番めの 10 の名称を書くドイツ人の書き方があるわけですから，ZEHN までの数の名称を処理すれば，DREIZEHN から NEUNZEHN まで自動的に処理できるでしょ

う」

「SIEBZEHN は SIEBENZEHN じゃないから，除外することになる」

「そうですね．でも SIEBZEHN は ＝ SIEBEN ＋ ZEHN ですから，E＋N＝0 ということになります．また E＋I＋N＋S＝1 は I＋S＝1 になるしかありません．E と I が手つかずで残れば，N＝－E と S＝1－I にならざるをえないでしょう．つぎに ZWEI では，Z が任意の形で残り，W＝2－E－I－Z になります．あとはこのとおりです．これでたちまち複雑になりますが，ここで系統だてて仕事をすればなんとかなると思いますけど…」

「そうだな．あることを思いついたぞ．ドイツ語では 21 は EINUNDZWANZIG となり，そのあともおなじようになる．ここで U＋N＋D＝0 とすれば，さらに 21 から 29 までの数を得られるよ」

ジュニアと野獣はとがったしっぽを使って，地獄の硫黄のしみた砂の上で数時間も計算をした．彼らは最後に以下のような結果にたどりついた．

A＝－10		F＝－2	N＝1		U＝8
B＝7		G＝33	O＝－6		V＝－8
C＝－18		H＝17	R＝16		W＝13
D＝9		I＝－3	S＝4		Z＝－7
E＝－1		L＝14	T＝19		

これで EINS から NEUNUNDZWANZIG (29) までのすべての数の名称が完全になった．ジュニアが声をあげた．

「すばらしい仕事だ．ぼくは DREIZIG (30) までいけるかどうか考えてみます．いければプレゼントとして，31 から 39 までやってみましょう．イタリア語，スペイン語，ロシア語，日本語なんかではどうでしょうね」

野獣はぶつぶついった．

「地上の人間どもには悩みのタネだろうな」

▶訳注

＊1　「666」は，ヨハネ黙示録 13 章 18 節で，反キリスト的な獣の数字とされている．悪魔や悪魔主義的なものを表す数字ともされる．666＝1＋2＋3＋…＋(6×6) という興味深い性質がある．迫害者ネロなど，一般にアンチ（反）キリストの象徴とされる．宗教改革時代のルター，近くではヒトラーがある．他にも，7, 12, 13, 40 など聖書の「数」象徴の研究は非常に多い．

＊2　神の怒りによって硫黄の火の雨に打たれて湖底に沈んだ悪徳の町「ソドム」（死海のほとりにあったとされる）を思い起こさせる記述（旧約聖書「創世記」18-19 章）．

＊3　悪魔とは何か．ヨーロッパの伝統ではすべてが神の被造物とすると，なぜ「悪」があるのか，悪魔（サタン）とは何か，なぜ神の敵対者である「悪魔」を神が造ったのか，など議論が絶えない．これに関連して「神」の統一と分裂につき，いろいろなたとえがある．聖書の「分裂した家」のたとえは，リンカーンの演説にも使われている．

＊4　古代ギリシャ語ではなく，新約聖書時代（ヘレニズム時代）のくずれたギリシャ語．

＊5　v を u と読めば（17 世紀までは，両文字は同一とされた），L. Decimu と読める．

＊6　I＝1, V＝5, X＝10, L＝50, C＝100, D＝500, M＝100 という計算になる．

＊7　原題は The New Merologie (un jeu de mots non numerique sur "numerologie"). numero (ニュメロ) は，数でも「番号」の意．「番号」を No. と書くのもこの略である．これに学問化する '-ology' を付けると numerology だが，これを再び別のところで切り離すと，New Merology という造語のしゃれとなる．

＊8　Dave Morris, (1957-)．英国の著名なゲームブックの作家．

＊9　これはいわゆる自己言及のパラドックス（ラッセルのパラドックス「私は今ウソをついている」の類）をさしていると思われる．自己言及を認めないことでパラドックス解消をはかることができる．

＊10　この理由はここまでは明らかではないが，異なる字はは異なる数値をもつ，というルールが後で述べられている．

＊11　13 は元来不吉な数として避けられる．

＊12　Z＋1＋(－9)＋(－2)＝0 から Z＝10．

＊13　意味は不明．だが，「天国」と罪の「あがない」というキリスト教信仰の最高価値をさしたものと思われる．ただし，Z＝U＝10 はルール違反である．

＊14　両辺から共通数を引くと導かれる．きわめて偶然の一致．

アルファベット魔方陣

―数的・言語的な魔方陣の美しさ―

縦・横・斜めのすべての和が等しくなる魔方陣は，数学的ゲームの重要なテーマである．中国のある言い伝えを信じれば，(1) に示した最古の実例は，亀の甲を使った紀元前17世紀の聖王・禹によって発見されたという．この正方形の共通した和または「魔法定数」は15であり，その規模または「次数」は3である．

魔方陣はすべての高い次数とおなじく，魔法立方体，魔法六角形，魔法八角形，魔法円のような数多くの図形で一般的に実在する．

このような方陣についていえることは，どれもはるか昔からいわれてきたと考えていいようだが，リー・シャローズが「アルファベット魔方陣」という，まったく新しい「種類」の魔方陣を考えだしたのは，15年ばかり前のことだった．言葉遊びの専門家であるリー・シャローズは，言語学とゲームの数学をくみあわせて専門化したのである（彼が考案した別の「ニュー・メロロジー」については前章で説明した）．私がここで紹介する内容は，リチャード・ギュイとロバート・ウッドローが編纂した『数学の明るい面』(Mathematical Society of America, 1994)[*1] に掲載された，リー・シャローズの2編の論文によっている．この概念は魅力的であり，以下に英語の実例がある．

数字に書き替えられた言葉は，定数45という古典的な魔方陣になる (2)．しかし，それぞれの言葉の文字数を数えれば（ハイフンをのぞいて），(3) のような魔方陣になり，定数は21である．

リー・シャローズはこのような構造の一般理論を展開した．彼は最初に $\log(x)$ または整数 x の「ロゴリズム」を，x という言葉の文字数として規定した（彼は「語」を意味するギリシア語のlogos と，優雅な言葉遊びで「数」を意味する arithmos をくみあわせて，logorithme という言葉をつくりだした）．1つの数はさまざまな言語で，違うロゴリズムをもつことになる．以下にいくつもの言語を検討することにして，まず英語からはじめることにしよう．

われわれは英語の別の魔方陣を発見できるのだろうか．単純な理由から，できるのである．それぞれの数の前に「one million and」という数を足せば十分なのだ．数の方陣の魔法定数は，300万とその「ロゴリズムによる派生」，すなわちそれぞれの数をロゴリズムで置き替えて得られる方陣の魔法定数は，「one million and」の文字数の3倍，つまり 3×13＝39 だけ大きくなる．その結果，このような3次数のアルファベット魔方陣は無限に実在することになる．リー・シャローズは，この方陣は最初の方陣と「調和的である」と

five	twenty-two	eighteen
twenty-eight	fifteen	two
twelve	eight	twenty-five

(1)
4	9	2
3	5	7
8	1	6

(2)
5	22	18
28	15	2
12	8	25

(3)
4	9	8
11	7	3
6	5	10

156　　　　　　　　　　　　　　　Ⅳ　プレーヤーのための数

(5)
2		25
	15	
5		28

(6)
2	18	25
38	15	-8
5	12	28

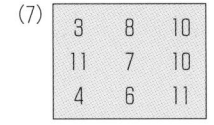

(7)
3	8	10
11	7	10
4	6	11

(8)
15	72	48
78	45	12
42	18	75

図1 この4次の魔方陣は，デューラーの版画『メランコリア』からの拡大．

(4)
a+b	a−b−c	a+c
a−b+c	a	a+b−c
a−c	a+b+c	a−b

いい，当然こういったものはトリヴィアルな変形として排除する．

より興味深いほかの変形はあるのだろうか．19世紀にフランスの数学者エドゥアール・リュカは，3次のすべての魔方陣にたいして (4) のような公式を考えた．

a, b, c のすべての数値にたいして結果は魔法的であり，3次数のすべての魔方陣がこの形式をとる．その定数は $3a$ である．中央の項を通るすべてのラインが，等差数列の3つの項となっていること，つまり隣りあう二項の差が等しいことに注意しよう．したがって，アルファベット魔方陣を見つけだすために考えられる戦略は，等差数列であって，そのロゴリズムも等差数列になるような整数の3つ組を求めることである．

われわれは中央の数を15とするアルファベット魔方陣があることを知っているから，中央の数として15を選んでみよう (5)．ここでロゴリズムの表から，(2, 15, 28)，(5, 15, 25)，(8, 15, 22)，(11, 15, 19)，(12, 15, 18) という適切な5つの3つ組が示される．われわれはここで，たとえば2本の対角線上で可能なすべてのペアを試みることができる．つまり最初の2つの3つ組で，方陣5ができあがる．

リュカの公式は魔法定数がつねに中央の数の3倍，ここでは45であることを教えてくれる．だから (6) で示されるように，この方陣を補完する方法は1つしかない．

われわれは負数−8の項を理由として，この場合を拒否することも，「minus eight」をロゴリズム10で書くこともできる．後者の場合，ロゴリズムによって派生する正方形は (7) のようになるが，残念なことに，これは魔方陣ではない．それでも，別のペアで試みれば，すぐに新しいアルファベット魔方陣を見つけることができる（このすぐれた練習問題の答えは，章の最後に示されている）．

中央の数が15でなければ，どうだろうか．リー・シャローズは別の3次数のアルファベット魔方陣を見つけるための情報プログラムを書き，その数を見つけだした．1つの例（これも英語）が (8) に示されている．

おなじゲームをほかの言語でも楽しむことができる．右の囲みではスワヒリ語，ウェールズ語，フランス語，ドイツ語の例が示されている．リー・シャローズは100までの整数を使って，19か国語で3次数のアルファベット魔方陣を見つけたが，デンマーク語とラテン語ではだめだった．

フランス語では，200までの数しか使わないアルファベット魔方陣はちょうど1つだけだが，要素が300までいければ，255の別の魔方陣がある．それらのうちの3つは，ロゴリズムとして9つの連続的な整数をもつことになり，それらの1

国際的なアルファベット魔方陣

括弧中の最初の数は数値を示し，つぎの数はロゴリズムを示す

スワヒリ語

arobaini na tano (45, 14)	sitini na saba (67, 12)	hamsini na tisa (59, 13)
sabini na moja (71, 12)	hamsini na saba (57, 13)	arobaini na tatu (43, 14)
hamsini na tano (55, 13)	arobaini na saba (47, 14)	sitini na tisa (69, 12)

ウェールズ語

chwech deg dau (62, 12)	wyth deg (80, 7)	saith deg pedwar (74, 14)
wyth deg pedwar (84, 13)	saith deg dau (72, 11)	chwech deg (60, 9)
saith deg (70, 8)	chwech deg pedwar (64, 15)	wyth deg dau (82, 10)

フランス語

quinze (15, 6)	deux cent six (206, 11)	cent quinze (115, 10)
deux cent douze (212, 13)	cent douze (112, 9)	douze (12, 5)
cent neuf (109, 8)	dix-huit (18, 7)	deux cent neuf (209, 12)

ドイツ語

fünfundvierzig (45, 14)	zweiundsechzig (62, 14)	achtundfünfzig (58, 14)
achtundsechzig (68, 14)	fünfundfünfzig (55, 14)	zweiundvierzig (42, 12)
zweiundfünfzig (52, 14)	achtundvierzig (48, 14)	fünfundsechzig (65, 14)

つが囲みで示されている（括弧のなかの最初の数は数値を示す項であり，つぎの数はロゴリズムを示す）．

ドイツ語では，100以下の数を使う例は221例以上はない．それらの1つが囲みで示されている．構成の基本原則は(9)に示されているように，「und」（および，英語のand）と「-zig」（基数詞にくっついて20〜90までをつくる）というシラブルをとり除いて，残った「語」を数でおきかえればわかる．

私は最初の数字を太字で書くようにした．数値にたいするほんとうの寄与を知るには，10を掛

(9)

45	62	58
68	55	42
52	48	65

けなければならないからである．たとえば「fünf-und-vierzig」は，5と40を意味する．こんどは太字と細字の構成要素をわけて，(10)と(11)を獲得してみよう．

それぞれは「ラテン方陣」[*2]であり，3つのおなじ数がそれぞれの横と縦にあらわれて（だから横と縦の合計はおなじである），この方陣もまた魔方陣となる．これはまた太字の項に10を掛け，

(10)
4	6	5
6	5	4
5	4	6

(11)
5	2	8
8	5	2
2	8	5

(13)
31	23	8	15
17	5	21	34
26	38	13	0
3	11	35	28

(12)
26	37	48	59
49	58	27	36
57	46	39	28
38	29	56	47

その方陣に細字の項の方陣を項ごとに足した場合である．それぞれの数は40というおなじロゴリズムから得られており，最初の方陣は必然的にアルファベット魔方陣になる．

さらに大きな数についても，おなじことがいえるのだろうか．直交するラテン方陣の技法は，おなじように機能する．たとえば英語では，数の項が(12)のようになる正方形はアルファベット魔方陣である．青の数字は4次数のラテン方陣を形成し，赤の数字もおなじことだが，英語では20から99のあいだの数の名称を形成するルールは余りをだす．それらを見つけるのはそんなにむずかしくないから，リー・シャローズはこのような方陣の名称を「代用品」と命名した．本物を見つけるには，(13)のような例外的な場合を探しだす必要があるだろう．

この研究分野には，アルファベットを使うすべての言語で検討できる，少なくとも3つの未解決の問題がある．

1. 次数を別にして，方陣の各項が1からはじまる連続的な整数であれば，「正規な」方陣といわれる．3次数にたいしては正常な魔方陣は1つしかなく（回転・鏡映を除いて），アルファベット魔方陣はない．4次数にたいしてはどうだろうか．英語では，最初の16の整数の名称を書くために必要な文字の総数は81であり，したがって対応するロゴリズム方陣の魔法定数は81/4＝20.25となる．これは整数ではないから，英語では4次のアルファベット魔方陣は存在しない．フランス語についても，おなじことがいえる．おなじ論拠から，英語の正常なアルファベット魔方陣のために検討できる最小の次数が14であることが示され，魔法の定数は189である．こんな正方形が実際にあるのかどうかはだれも知らないようであり，これが第1の未解決問題になる．

2. 3×3×3というアルファベット魔方陣の立方体はあるのだろうか．

3. ロゴリズムで結びつく推移は，ある正方形から別の正方形にいたり，したがって反復され，つぎつぎとロゴリズムのつぎの派生体を生むことができるのだろうか．ほかの条件がなければ，答えは「無限」である．これを理解するために，以前に分析されたドイツ語のアルファベット魔方陣を，ふたたびとりあげてみよう．14のみから成るロゴリズムの派生体は，トリヴィアルな魔方陣である．ここでは派生体もまた8のみからなり，ほかもおなじようになる．しかし，すべての次数のロゴリズムの派生体が，すべて等しい項をまったく形成しない言語と実例があるのだろうか．

▶解答

8	19	18
25	15	5
12	11	22

▶訳注

* 1　Richard K. Guy, and Robert E. Woodrow (ed.), (1994)：*The Lighter Side of Mathematics*：*Proceedings of the Eugène Strens Memorial Conference on Recreational Mathematics and its History*, Mathematical Association of America.
* 2　各行，各列に各文字がちょうど1回ずつ現れる方陣．統計学（実験計画）で応用される．ラテンアルファベットa, b, c, …で表記されることにちなむ．

連打される鐘[*1]

―ノートルダムの鐘撞き係カジモデュロは，群論の専門家だった．―

　カジモデュロ[*2]は数学の天賦の才をもっていた．最大の鐘と隣の鐘のあいだの中空にあるオークの梁に立った彼は，節くれだった腕に，すらりとした人影を抱きしめていた．その人影は目を開き，まばたきをして，しゃくりあげながらもがきはじめた．カジモデュロは希望に満ちて問いかけた．
「エスメラルダ？」[*3]
　その小さな者がさけんだ．
「いいえ，違います！　彼女は私の家の家政婦です．ムッシュー，私はあなたの考えている女性ではありません」
　自分は女性に好意を寄せる年齢をすぎたんだろう，とカジモデュロは考えた．
「美しいお嬢さん，あなたはどなたですか」
　目のさめるような美しい女性が答えた．
「おっしゃることがわかりそうにありませんし，私たちは紹介を受けたこともありませんわ」
　カジモデュロは抱擁する力を少しゆるめた．そのとき彼女は眼下の空間を見て，ふたたび大男の胸に抱きついた．
「慣例を無視しましょう．私はジェーン・ポーターで，アルシメード・Q・ポーター教授の娘です．E・R・バローズの類人猿ターザン[*4]の教授をご存じでしょう．樹林のなかで，習慣的にバランスをとることができませんか．私は類人猿を探してます……」
　彼女は希望に満ちて彼を見てから話をつづけた．
「じつをいうと，私は赤銅色の筋骨たくましい若い神さま，ターザンという人間を探しています．私はあなたが巧みにロープにぶらさがることに気づきました[*5]……でも，あなたは奇妙な身なりをされています」
　カジモデュロは答えた．
「マダム，私はわれわれが 2 人とも残念な間違いを犯したことを気に病んでいます」
　彼は彼女を石の棚に移し，破滅の危険から脱出させたのだった．
「マダム・ジェーン，どうか私の謝罪を受けいれてください．私の視力は日に日に悪くなっているのです[*6]」
　彼女はまじまじと彼を見つめ，彼は不自由なからだを恥じて目をそらした．彼はきまり悪さを隠そうとして鐘から鐘へと飛び移り，しだいに大きな音で鳴らしはじめた．ボーン，ボーン，ドーン，ディーン，ボーン，ドーン，ボーン
　ジェーンはあきれたように，さけび声をあげた．
「あなたはどう見ても鳴鐘家[*7]ではありません」
　カジモデュロは彼女を見て鐘を見，そしてまた彼女を見た．
「何を見てらっしゃるのですか，マダム．ティーポットのふたですか」
「あなたが鐘を鳴らせることは認めますが，だからといって鳴鐘家ではありません．私の理解する意味で鳴鐘家ではないということです．イギリスでは――彼女は言葉に望みの強さをあたえようとして一休みした――鐘を鳴らすのは真面目な仕事です．注意深く聞いていて，あなたがもっとも重々しい鐘の大鐘を鳴らしていることに気づきました．もっとも高い音を出す鐘のただの 1 倍でなく，少なくとも 3 倍はある大鐘です」
　カジモデュロは好奇心をそそられて聞いた．

「それがよくないのですか」
「あなたは鳴鐘の基本的ルールに違反してますよ，ムッシュー」
　ジェーンは自分の考えのいくらかを説明しなければならなかった．

　イギリスでは，鐘を鳴らすのは人気の高い技術である[*8]．鳴鐘家の集団はいろいろな旋律を鳴らすために，定期的に教会に集まる．旋律を鳴らすときの彼らは，配置されたすべての鐘を鳴らさなければならない．こうした配置の1つが"連打"とよばれている[*9]．カジモデュロはつぶやいた．
「ちょっとした数学的組み合わせの問題ですよ」
　ジェーンが大きな声でいった．
「人間には教養があります」
　カジモデュロはつづけていった．
「私はパリ大学の数学の教授で，固体の振動を研究[*10]していました．鐘は情熱を傾けた対象の1つでした．おお，鐘の振動のスペクトルの美しさ，ドイツの数学者のベッセル関数，ラプラシアンの固有値！　悲しいことに，からだの不自由さがひどくなったので——波動方程式の重い論文を持ち運んでいたせいもあるでしょう——ほどなく黒板に書くことが困難になり，早すぎる引退を受けいれざるをえませんでした．失業して貧乏になった私はパリをさまよい，とうとう鐘にたいする興味に引きずられたのです．ある満月の夜，この塔の外側の階段をのぼりました．いまでは，だれにも見られることのない操作のこのような技法を身につけています」
　ジェーンがいった．
「悲しいお話ですね」
「そんなことはありませんよ……私はもう答案用紙の採点をしません．それでも，私たちは鐘の話をできるではないですか」
　ジェーンはいった．
「たしかにそうですね．数学がもつ数理的な美しさを明らかにしてくれたのは，私がイギリスで学んだ教授たちでした」[*11]
「それじゃ，私がこれをトリヴィアルな問題だと思っても，悪く思われませんね．なぜなら鐘の数をnとすれば，異なる順序の数または連打は，nの階乗．つまり，$n!=n(n-1)(n-2)\cdots3\cdot2\cdot1$だけあるからです．つまりこれらの連打は，ひとつの旋律の中で，どんな順序にもなりえますので，異なる旋律は$(n!)!$あることになります．それぞれはn個の鐘による$n!$通りの連打[*12]で構成され，数が極度の速さで大きくなるのは，nが……」
　ジェーンがいった．
「別のルールを明確にさせてください．私たちは鐘$1, 2, 3\cdots n$と，音の高さが低下する順序で整理して数えます．鐘1がトレブル（最高音の鐘）とよばれ，鐘nがテノール（またはブルドン）とよばれます．それぞれの鐘の配置，すなわち記号$1, 2, 3,\cdots n$のそれぞれの配置が"連打"です．自然な順序，つまり$1, 2, 3,\cdots n$はルールにかなった"順打"といわれます．要するに連打が囲みAに記された5つのルールを立証すれば，可能なすべての連打（にもうひとつ最初の連打が加わったもの）がそろった列は，それがかこみAにある5つのルールをきちんと満たしているとき，"鐘の旋律"とよばれます．ルール1は音楽性です」
　カジモデュロがいった．
「わかりました．つまり，数列$1, 2, 3\cdots n$が最初と最後に2度あらわれ，そのときに，すべての別の順序が……」
「……連打ですよ，カジモデュロ！　どうか正確

A．鐘を鳴らすルール「鐘の旋律」

1. 旋律はルールにかなった順打ではじまり，ルールにかなった順打でおわる．
2. 旋律は反復のない可能なあらゆる連打をふくむ．
3. どんな鐘も連続的な2つの連打のあいだに，1つ以上の位置〔訳注：位置間隔〕を移動してはいけない．
4. どんな鐘も3回のひき続く連打で，おなじ位置にとどまるべきではない．
5. それぞれの鐘はおなじ変わり方で代わらなければならない．

な用語を使ってください」

「……連打が正確に1度あらわれます」

「そのとおりです．ルール2は数学的に満たされますが，それには実際的な理由があります．つまり，最大の多様性を得るように望まれるのです」

カジモデュロがいった．

「ルール3は力学的な理由の結果だと思いますね．鐘は相当な慣性をもちますし，2つの鳴鐘のあいだの周期は簡単にちぢめたり，のばしたりはできないでしょう．私はそれについて少しは知ってますけどね」

「そうですね．ルール4は最良のバラエティを目指しますし，ルール5は—ちょっと漠然としてると思いますけど—対称性という要求を満たします．実際にはルール4と5は，ときどき美的理由から無視されることがあります．

使用される鐘の数によって，旋律には特殊な名称がつけられています．3つの鐘はシングルズ，4つの鐘はミニマス，5つの鐘はダブルス，6つの鐘はマイナーズ，7つの鐘はトリプルズ，8つの鐘はメージャーズ，9つの鐘はケーターズ，10の鐘はロイヤルズ，11の鐘はシンクス，12の鐘はマキシマス[*13]です．たとえば"グラスゴー・サプライズ・メージャー"という方法は，名称の最後の語が示すように8つの鐘を使う旋律を指し，図1のようにはじまります．

濃淡のある線は，1つの連打から別の連打へという鐘の動きを示します．どの鐘もこのシーケンスにそって，右か左へと1つ以上の位置を動かな

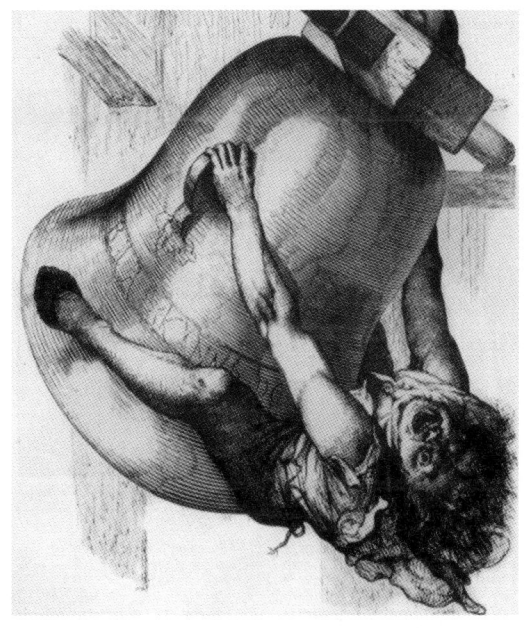

図2 カジモド．『ノートルダム・ド・パリ』の挿し絵[*14]．

いこと，引き続く2つ以上の連打では，おなじ位置にとどまっていないことが観察されます．たとえば鐘6は最初の2つの連打では，おなじ位置にとどまりますが，3つめのときはそうではありません．完全な旋律は8!+1=40 321連打をふくみ，だから同じものは完全に排除されます．このような抜粋図でも，一般的な概念がわかると思います．」

カジモデュロがいった．

「たしかにわかります．私にはすでに1つの定理があります．3つの鐘には，可能な2つの旋律しかないということです」

「それが定理なら，証明が必要ですね」

「ありますよ．新しい連打には，2つの鐘の交代だけが必要なことはわかりやすいでしょう．3つの鐘を動かせないと同時に，1つの位置で動かすことしかできません．さらに真ん中の鐘を，真ん中に残すことはできません．そうでなければ，両端の2つの鐘は2つの位置で交代して動きますが，これはルール3に違反します．だから，ただ1つの可能性は最初の2つの鐘か，最後の2つの鐘の交代です．連打は反復されますから，このような交代を連続的に反復することはできません．

図1 「グラスゴー・サプライズ・メージャー」とよばれる鐘の旋律の最初の12連打．

図3 ロンドンのセントポール大聖堂の鳴鐘家は，12の鐘（マキシマス）を使う旋律を演奏しようとしている．

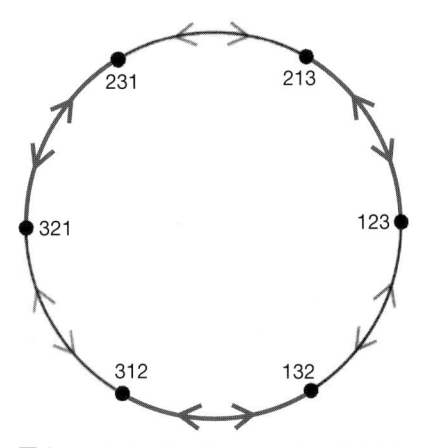

図4 3つの鐘を使う以下のような連打の可能な配置図．2つの最初の鐘で相互配置転換は太線にそって動き，あとの2つの鐘は実線にそって動く．

つまり，2つの交代は交互に使用されるしかありません．鐘1と2の交代ではじめれば，123，213，231，321，312，132，123となり，鐘2と3の交代ではじめれば，123，132，312，321，231，213，123となります．このあとの旋律は—私も考えついたばかりですが—最初のシーケンスの連打を逆にしたものにすぎません」

「すばらしいわ．最初のシーケンスはクイック・シックス，あとのシーケンスはスロー・シックスとよばれます」

「へんな名称ですね．一方が他方の逆だとすれば，2つともおなじ時間がかかるはずでしょう」

「この命名の基礎には，きっと心理的な理由があるのでしょう．あとのほうが，より遅く思えるのでしょうね」

ジェーンは考え深げだった．彼女はいった．
「あなたの証明で，このすべての背後に数学的構造があるはずだと思われます」

「この証明をグラフであらわすことができますよ．6つの点を書きますが，それぞれの点は連打の記号1，2，3の配置に対応します．つぎに，最初の2つの鐘の置換[15]が起こるときに太線で2つの鐘を結び，あとの2つの鐘の置換が起こるときに実線で結びます．つまり，旋律を生むのは群論の問題になるのです．つまり一度しかも一度だけそれぞれの点を通る閉じた輪，ハミルトン閉路[16]を見つけることですね．ここではグラフ全体が1つの閉路を形成するので，問題は簡単です（図4）．2つの解は1方向と別の方向にグラフをたどります．

むむ，一般的な場合にハミルトン閉路を見つけるという問題は解決できません[17]．それに，私はこの構造がより豊かだと感じます」

「もちろんですよ．カジモデュロ，あなたは天才ですね」

「群論は変換の集合を扱います．その集合に属する複数の変換を続けて実行すると，それはまた同じ集合に属する1つの変換になります（もっと抽象的で完全な定義がありますが，ここではこれで十分でしょう）．私がいいたいことは，すぐにおわかりでしょう．鐘の旋律を数学的に分析するには，連打する鐘の列でなく，1つの連打からつぎの連打に移る変換がかかわります．

2つの変換 P と D[18] を次のように定義します．
　P：始めの2つの鐘の置換，
　D：あとの2つの鐘の置換．

たとえば，P を312の連打に適用すれば132が得られ，つぎに D に適用すれば123が得られます．変換 P と D は図5aに示されてます．すべての鐘をその位置に残す恒等置（変）換 I に注意しましょう．

このときからクイック・シックスとスロー・シックスは，囲みBのようなひじょうに規則的な定式化を受けいれます．

この囲みには，説明がいくつか必要です．連打はそれぞれに番号をつけられ，鐘の順番が示され

ています．先行する変換から，この連打を得るために使われる変換は，「変換」の欄に示されてます．最初は先行する連打がないので，変換の最初の項は I と約束します．変換を続けて実行した結果は最後の欄に示されます．つまり最後の欄はある連打が規準的な連打から，どのようにして得られたかを示しています．すべての連打は右から左に読みとる P と D の列として書かれてます．つまり $DPDP$ は最初に P を適用し，つぎに D, P, D を適応することを意味します．図5bは DPD を示します．

正確にするために，スロー・シックスに集中しましょう（おなじ考察は，P と D を入れ替えればクイック・シックスにもあてはまります）．

7度めの連打は1度めとおなじです．順列 $PDPDPD$ は，変換 I とおなじ結果になるということであり，それを $PDPDPD=I$，または $(PD)^3=I$ と記号で書きましょう．図5が明らかにするのは，こういうことですね．

実際に，P と D のすべての順列は6つの違う連打の1つをあたえます．だから変換 P と D から成るすべての列は，表にある I, D, PD, DPD, $PDPD$, $DPDPD$ のどれか1つと等しくなります．とくに，これらの順列の2つを組み合わせると1つの順列が得られ，それはいま示したばかりの6つの順列の1つに等しくなります．たとえば $(DPDPD)(PDPD)$ は（括弧をはずせば）$DPDPDPDPD$ に等しく，また（括弧の位置を代えれば）$(DPDPDP)(DPD)$ に等しくなります．ところが $DPDPDP$ は I に等しく，I は何も動かさないので，$(I)(DPD)$ は DPD に等しいのです．

$(DPDPD)(DPD)$ については，何がいえるのでしょう．

括弧をとれば，$DPDPDDPD$ が得られます．ここで何が起こるのでしょう．あとの2つの鐘を2度変換すれば最初の配置にもどるので，DD が I に等しくなることに注意しましょう．おなじく $PP=P^2=I$ です．つまり，$DPDPDDPD=DPDPIPD=DPDPPD=DPDID=DPDD=DPI=DP$ になります．

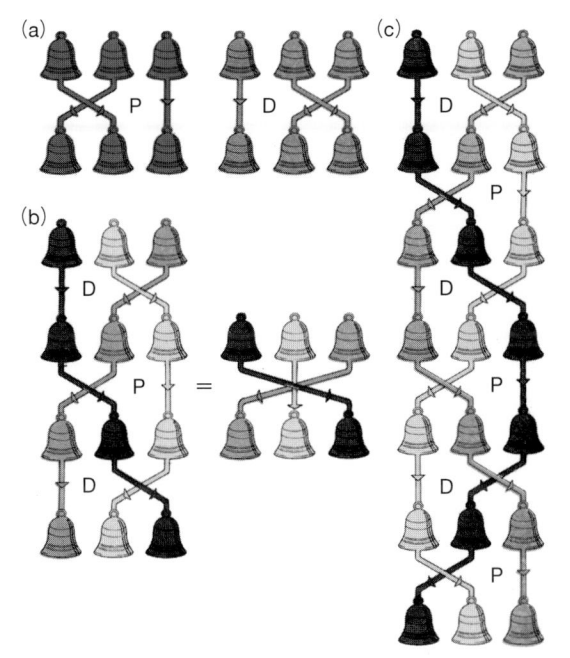

図5 (a) 置換 P と D. [*19]
(b) 置換 DPD.
(c) 証明 PDPDPD=I.

B. クイック・シックスとスロー・シックスの変換項

クイック・シックス

	連打	変換	変換の順列
1	123	(I)	I
2	213	P	P
3	231	D	DP
4	321	P	PDP
5	312	D	DPDP
6	132	P	PDPDP
7	123	D	DPDPDP

スロー・シックス

	連打	変換	変換の順列
1	123	(I)	I
2	132	D	D
3	312	P	PD
4	321	D	DPD
5	231	P	PDPD
6	213	D	DPDPD
7	123	P	PDPDPD

C. PとDの順列にたいする掛け算の表

最初の順列 / 第2の順列	I	D	PD	DPD	PDPD	DPDPD
I	I	D	PD	DPD	PDPD	DPDPD
D	D	I	DPD	PD	DPDPD	PDPD
PD	PD	DPDPD	PDPD	D	I	DPD
DPD	DPD	PDPD	DPDPD	I	D	PD
PDPD	PDPD	DPD	I	DPDPD	PD	D
DPDPD	DPDPD	PD	D	PDPD	DPD	I

注）掛け算は，(第2の列)×(第1の列)でおこなわれる

その結果，変換の6つの順列にたいして，完全な掛け算の表を作ることができます（囲みC）．

囲みCをつくれば便利な技法が明らかになります．変換Pは6つの変換の1つであるはずですが，どれでしょう．

実は
$$P = PI = P(PDPDPD) = PPDPDPD$$
$$= IDPDPD = DPDPD$$
なのです．

6つの順列 $I, D, PD, DPD, PDPD, DPDPD$ のうちの2つの積は，おなじ6つの列の1つであることがわかります．このことはかけ算をそなえた6つの列の集合が群であるということです．それは対称群 S_3 とよばれ[20]，3つの記号の可能な6通りの配置から成りたっています．その構造（かけ算の表）は4つの関係式で完全に決定されます．任意の要素を X とすると，以下のとおりです．

$$IX = X = XI$$
$$D^2 = I$$
$$P^2 = I$$
$$(DP)^3 = I$$

（おなじようにして，クイック・シックスについての群の表もつくることができます）

より一般的にしましょう．順序に並べた n 個のものの置換は，それらを並べ換える変換です．ふつう，2つの記号列を含む括弧で表されます．

$$\begin{pmatrix} 最初の順番 \\ 最後の順番 \end{pmatrix}$$

つまり，
$$\begin{pmatrix} 1 & 2 & 3 & 4 & 5 & 6 & 7 \\ 2 & 3 & 1 & 7 & 5 & 6 & 4 \end{pmatrix}$$
は以下の変換を意味します．

— 最初の記号を第2の位置に移し，
— 第2の記号を第3の位置に移し，
— 第3の記号を最初の位置に移し，
— 第4の記号を第7の位置に移し，
— 第5の記号を第5の位置に残し，
— 第6の記号を第6の位置に残し，
— 第7の記号を第4の位置に移し，

この置換は図6に示されています．記号 n を新しいシーケンスに結びつけるために，すべての n のシーケンスに適用する変換としての置換と，記号 $1, 2, \ldots, n$ という特定の配列を区別することが大切です（ある配置がときに通常の言語で置換とよばれることが混乱のもとになります）．たとえば ABCDEFG という文字列に適用された図6の置換は，文字列 $CABGEFD$ に結びつきます．数字列 7654321 というシーケンスに適用された置換は 5761324 に結びつき，あとはおなじようになります．

置換は図7に示されるように，連続的な適用によって組み合わされることができます．n 個の記号の可能な順列 $n!$ 個の集合は，上記の法則をそなえており，n 次の対称群 S_n として知られる群

図6 置換の結果.

$\begin{pmatrix}1234\\4213\end{pmatrix}$
$\begin{pmatrix}1234\\1342\end{pmatrix}$
$\begin{pmatrix}1234\\2314\end{pmatrix}$

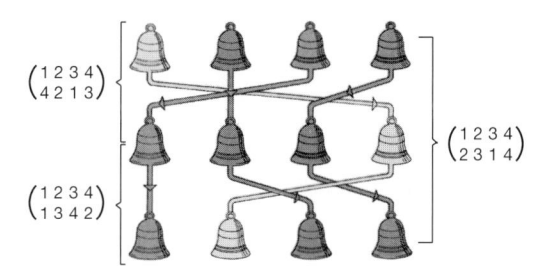

図7 2つの置換の積は，第3の置換をあたえる.

を形成します．

巡回記法〔訳注；巡回置換〕という置換のもっとも要約した記法が使われます．たとえば (345) という記法は，図8 (a) に示されるように，以下の変換をあらわします．

—第3の記号を第4の位置に移し，
—第4の記号を第5の位置に移し，
—第5の記号を第3の位置に移し，

このような変換は"巡回置換"といわれます．つまり最後の動きは図8 (b) に示されたように，最初の点に"再編"されるのです．8つの鐘を

12345678 という順序に適用した巡回置換 (345) は，新しいシーケンス 12534678 をあたえます．35718243 というシーケンスに適用された巡回置換〔訳注；(781)〕は，35871243 をあたえます．

より一般的に (345) (26) のような巡回置換は，
—第2の記号を第6の位置に移し，
—第6の記号を第2の位置に移し，
—第3の記号を第4の位置に移し，
—第4の記号を第5の位置に移し，
—第5の記号を第3の位置に移し，

S_n のすべての変換を，共通要素のない循環の積として，かつ一意的に以上のように書くことができます．つまり図6の変換は (123)(47) に等しいのです．

鐘の旋律のルールに従って，ある連打からつぎの連打に移るには，どのような置換が使えるのでしょう．隣接した2つの鐘の共通要素のないペアを代えながら，長さ2の置換の積で構成されるしかないと理解するのは困難ではありません．たとえば8つ（またはそれ以上）の鐘にたいして，(34)(23)(56) か (12)(45)(67) を使うことはできても，(13) も (2345) も使うことができません（図9）．

この記法で，ミニマスとして知られるより複雑な旋律を検証することができます．つまり，図

図8 置換としての循環 (345) (a)．それは「それ自体で再編」される (b)．

図9 つぎに向かう連打の正当な置換には，隣接する鐘の共通要素のないペアを代えなければならない．ここでは7つの鐘の (12)(45)(67).

図10 ミニマス

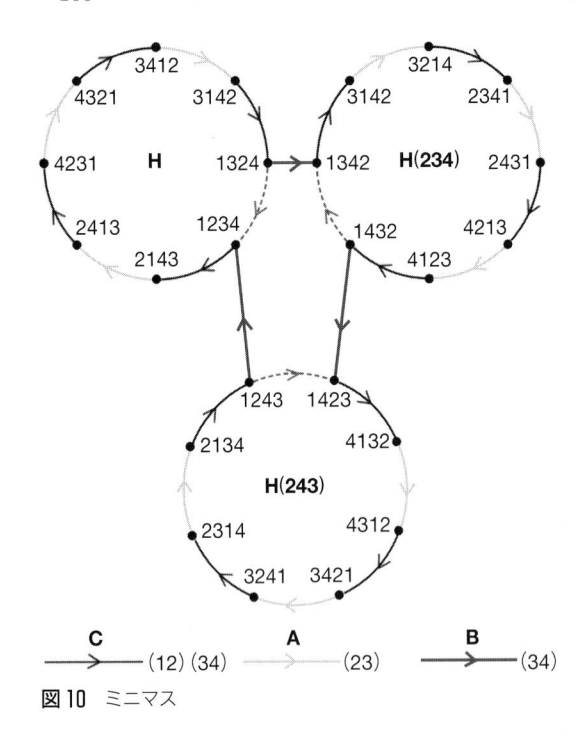

10で示されるような4つの鐘が鳴る場合です．ここでは規則的な構造として$A=(23)$，$B=(34)$，$C=(12)(34)$という置換が使われます．

図表は3つの輪で構成されており，AとCはそれぞれの輪にそって交互に使用されています．"不規則な"動きBは，1つの輪からつぎの輪に飛ぶために使われます」

カジモデュロはここで一休みした．

「ほら，いくつかのことは指摘しました．"不規則な"動きの直前にとめて，最初の8連打だけを考えれば，連打を生む置換はそれ自体でより小さな群を形成します．"部分群"ですよ*21！」

ジェーンはいった．

「たしかにそうですね．それを『追いかける部分群』*22とよんでHと書きましょう．鐘が1つの位置から同時に同方向に規則的に動くとき，1つの鐘が追いかけるということです．また，Hでは3つの鐘が順番に2つの方向に追いかけます」

「すべてのミニマスの旋律で，追いかける群Hは決定的な役割をはたします．最初の8連打を生むだけでなく，8つの積$h(243)$に対応してつぎの8連打を生みます．ここでhは追いかける部分群Hの要素です．この集合（これは群では

ありません）は類$H(243)$とよばれます．最後の8連打はおなじように類$H(243)$を形成し，つまりそれは積$h(234)$で，ここでhは追いかける部分群Hの要素です．いいかえれば，ミニマスの構造は24の置換のすべての群を3つの共通要素のない類に分割することに相当し，その1つは部分群Hです．図10では8連打のそれぞれの輪が，こうした類の1つに相当します」

ジェーンは声をあげた．

「すばらしい観察だわ，カジモデュロ．いまではステッドマン*23のダブルスの群が，理論的にどのように得られるかがわかります．ステッドマンの方法は，5つの鐘に適用されます．それにつづく連打の変換は，以下のようになります．

$A=(23)(45)$，$B=(12)(34)$，$C=(12)(45)$，$D=(12)$，$E=(23)$，$F=(34)$，$G=(45)$．

最後の4つの置換は明白な理由から，鳴鐘家たちにシングルズとよばれています．

5つの鐘の連打で$5!$，つまり120もあるんですよ．この方法はCとAを交互に適用してはじまり，6連打の部分群を構成します．ステッドマンの方法は群全体を6連打の20個の類に分割し，それらを完全な鐘の旋律の群全体に結びつけるためにBを使います．この方法は伝統的に類の真ん中からはじまりますので，変換は12345という規準的な連打でなく，32415という連打から適用されます．囲みDはその結果を示してます．

ちょうど2つのシングルズがあり，2つとも巡回置換Dを使います．2つのDのあいだに位置する置換は，鐘の偶数のペアを代えるペアの置換であり，それらの集合はまたA_5で記される"交代群"という群を作ります*24．2つのシングルズがなければ，連打の半分しか鳴らすことができません．ステッドマンのダブルスの方法は鐘の旋律のルールをひじょうに重視し，すばらしくて複雑な群の理論的構造をもっています」

ジェーンはつけくわえていった．

「古い時代の鳴鐘家たちは，強力な数学者だったにちがいないですね」

カジモデュロはいった．

「それだけではありません．置換に関する最初の

D. ステッドマンズ・ダブルス

数列の欄を読むこと．アンダーラインは類を区別する．最後の類は最初の類で閉じる．（訳注；イタリック体は訂正済）

連打	置換	連打	置換	連打	置換	連打	置換
12345	I						
21354	C						
23145	A						
32415	B	52341	B	31425	B	51342	B
23451	C	53214	A	13452	C	53124	A
24315	A	35241	C	14325	A	35142	C
42351	C	32514	A	41352	C	31524	A
43215	A	23541	C	43125	A	13542	C
34251	C	25314	A	34152	C	15324	A
43521	B	52134	B	43512	B	51234	B
45312	A	25143	C	45321	A	15243	C
54312	D	21534	A	54321	D	12534	A
53421	A	12543	C	53412	A	21543	C
35412	C	15234	A	35421	C	25134	A
34521	A	51243	C	34512	A	52143	C
43251	B	15423	B	43152	B	25413	B
34215	C	14532	A	34125	C	24531	A
32451	A	41523	C	31452	A	42513	C
23415	C	45132	A	13425	C	45231	A
24351	A	54123	C	14352	A	54213	C
42315	C	51432	A	41325	C	52431	A
24135	B	15342	B	14235	B	25341	B
21453	A	51324	C	12453	A	52314	C
12435	C	53142	A	21435	C	53241	A
14253	A	35124	C	24153	A	35214	C
41235	C	31542	A	42135	C	32541	A
42153	A	13524	C	41253	A	23514	C
24513	B	31254	B	14523	B	32154	B
42531	C	32145	A	41532	C	31245	A
45213	A	23154	C	45123	A	13254	C
54231	C	21345	A	54132	C	12345	A
52413	A	12354	C	51423	A		
25431	C	13245	A	15432	C		

研究はジョゼフ・ルイ・ラグランジュ[25]によって1770年に，またパオロ・ルッフィーニ[26]によって1799年に紹介されました．彼らは代数方程式の解を研究したんです．そのようなものとしての置換群は，1815年ごろにオーギュスタン＝ルイ・コーシー[27]に発見されました．彼はこの主題について大部の論文を書きました．ステッドマンのダブルスは，だれが考えついたのですか」
「ファビアン・ステッドマンが自分の方法を『ティンティナロジア』で発表したんです」
「何年ごろですか」
　ジェーンが答えた．
「1668年ですよ」[28]

▶訳注

*1 本パートの下敷きとなっているのは，フランスの文豪ヴィクトル・ユーゴーの小説『ノートルダム・ド・パリ』(Notre-Dame de Paris, 邦題「ノートルダムの鐘」)(1831年刊行)である．ここでの主人公名のカジモデュロは，カジモドとモデュロの合成から．何度か映画化されただけではなく，ディズニーがアニメーションにもしている．ここでの相手役がエスメラルダではなく，『ターザン』のジェーンが出てくるのは，ディズニー映画のつながりか．

*2 Quasi (準，擬)＋modulo (法，モデュロ)．原作の主人公カジモドから翻案してつくったもの．原作では寺院下に捨てられていたのを，聖職者に拾われて，鐘つきとなる．

*3 原作中のヒロインの名前．ロマの娘として生まれた美女だが，薄幸の運命をたどる．カジモドと心を通じ合い，助けたり，助けられたりする．

*4 ここでは，カジモドをターザンに，ジェーンをエスメラルダ，寺院の鐘塔を密林の木々に，それぞれなぞらえている．

*5 鐘は寺院の高い鐘塔にある (図2参照)

*6 原作でカジモドは，鐘を鳴らすうちに盲目となる．

*7 campanologie．鐘を鋳造し調律し鳴らす専門技術．

*8 ロンドンのセントポール寺院の大聖堂など．文中2箇所の「イギリスでは…」の文脈から，鳴鐘術がもはやイギリスが本場であることの自負がうかがえる．

*9 カリヨン，チャイムを思い浮かべるとよい．

*10 以下，波動の数学的研究分野をさし，「スペクトル」「ラプラシアンの固有値」「ベッセル関数」は，それぞれ波動の波形の基本パターン，その微分方程式 (ラプラス方程式) の解が求まるための基本定数をさす．言外に，これは直接には役に立たなかったこともいっている．

*11 この章全体がイギリス人の貢献を強調している．ただし，スペクトル (フーリエ解析) のフーリエ，ラプラス，ベッセルはいずれもフランス，ドイツ人でもあった．

*12 旋律は各連打の組合せ．「連打」は各鐘の組合せからなる．$(n!)!$ は小さな n でも膨大な大きさとなる．たとえば，$n=3$ でも $(3!)!=6!=720$．

*13 cater (11) の語源はフランス語 quatre (4) であり，cinques (12) は，これ自体フランス語 (5) であるから，鳴鐘術にフランス起源の要素もある．

*14 ここに見るように，一つの鐘でも非常に大きい．したがって，鳴らし方にも自然とルールが成り立つ．

*15 一般に permutation は，「順列」と訳す (たとえば，高校数学の P 記号) 場合と，置換と訳す場合がある．「置き換え」は，一つの順列になるから，結局は同一内容である．

*16 与えられた有限個のすべての点をちょうど一回ずつ通り始点へ戻る回路．

*17 ハミルトン閉路の存在・非存在の決意を「ハミルトン閉路問題」といい，そのアルゴリズム (手続き) を見出す問題としては，未解決である．

*18 P は premier (最初)，D は derniere (最後) の略．

*19 わが国の伝統では「置換」を「あみだくじ」で説明するのがふつうである．

*20 群論の記号．一般に次数 n の対照群を S_n とする．

*21 群の部分集合で，それ自体 (元の算法で) 群になっている集合．

*22 ここだけの名称で，数学用語ではない．

*23 Fabian Stedman (1640-1713)．英国の指導的な鳴鐘家．必ずしもメロディを意識せず，数学的システムによる鳴鐘術「チェンジ・ギング」をはじめる．

*24 すなわち，代えるペアが，0個，2個，4個の場合，…をさす．A_5 は「5次の交代群」といわれ，S_5 の部分群．代数方程式の解法で，とくに重要な役割を果たす．

*25 Joseph-Louis Lagrange (1736-1813)．イタリアのトリノ生まれ，フランスで活動した数学者，天文学者．解析学，解析力学ではとくに知られるが，ここではガロアに先立って，代数方程式の根の置換に注目した．

*26 Paolo Ruffini (1765-1822)

*27 Augustin Louis Cauchy (1789-1857)．フランスの数学者．解析学では「コーシー列」(収束条件) で知られる．また，ガロアとのつながりも知られ，ガロアの生前の論文を「机の中にしまい忘れた」とされる．

*28 ガロア，ラグランジュ，コーシーらによる群論成立に先立つこと1世紀半であること (この分野でのイギリスの貢献であること) を強調している．

必勝戦略はある

―数学のおかげでリスクを冒さずに勝つこと
ができる．これは数学の栄光である―

「27」
　ガチョウの番人のヴルールがいった．4分の1回転まわされた（1面だけころがされた）サイコロは3を出した．ヒツジ飼いのアベル[*1]はしかめっつらをした．
「しまった！　勝ち目の4を出せないよ」
　ヴルールは勝ち誇っていった．
「だから私はあんな手を打ったのよ．最初に31をこえたほうが負けだもんね．サイコロをを4分の1回転しか回せないから，あなたは1，2，5，6しか出せない[*2]のよ．5か6なら合計が31をこえるから，あなたの負けだわ．あなたが1を出せば合計は28になり，そこで私が3を出せば私が勝つわけよ．あなたが2を出せば合計は29になって，私が1を出せば合計は30になる．あなたは1を出せないから私の勝ちね．つまり，私が勝ったのよ」（このゲームのルールは囲みA）
　アベルはため息をついて地面に寝そべった．彼はワラくずを嚙みながら認めた．

A．ヴルールとアベルのゲームのルール

　このゲームは2人で1個のサイコロを使う．
　最初のプレーヤーは1から6の目をもつ，ふつうの立方体のサイコロをテーブルの上におく．得点は出した目で決まる．
　プレーヤーはサイコロを4分の1回転させ，それまで垂直になっていた4つの面の1つを上に向けて，出た目を合計点に足す．
　合計が最初に31（または，それ以上のすべての数）をこえたプレーヤーは負ける

「おれはまた負けたんだな」
　ヴルールは大きな声でいった．
「あなたの先を読んだのよ．私の論理は冷酷だし，最初から勝つことがわかってたわ．あなたには最小のチャンスもなかったのよ．もう1度勝負してみる？」
「いや，結構だ．ゲームでどんな論理ができるんだよ．テニスじゃいつもおれが勝つじゃないか」
「テニスは身体的な活動だし，あなたは私より強いわ．でも，ここでは純粋な知能が関係するのよ．あなたに避けられない戦略を使うおかげで勝てるわけね」
「戦略だって……この言葉をよく聞くけど，ほんとうの意味がわかったことがないよ．ゲームをうまくやる方法のことだと思うけどね」
「この種のゲームでは，相手がどうでようと勝つ方法のことよ．ゲームのなかには最初のプレーヤーに必勝戦略があるものと，2番めのプレーヤーに必勝戦略があるものがあるんだよね．私の考えでは，テニスみたいなゲームには，絶対の必勝戦略はないわ．1つの論理があるときには，その論理が必勝戦略なのよ」

　ヴルールは日に焼けた細い足を草のなかにのばし，スカートを引っぱって，くるぶしを隠した．彼女はいった．
「問題のデータを検討してみようよ．そのためには，単純な4つのルールを立証するすべてのゲームを考えることね．
　1．有限個の可能な位置しかない．
　2．それぞれの勝負は有限回の手番の後に終

170　　　Ⅳ　プレーヤーのための数

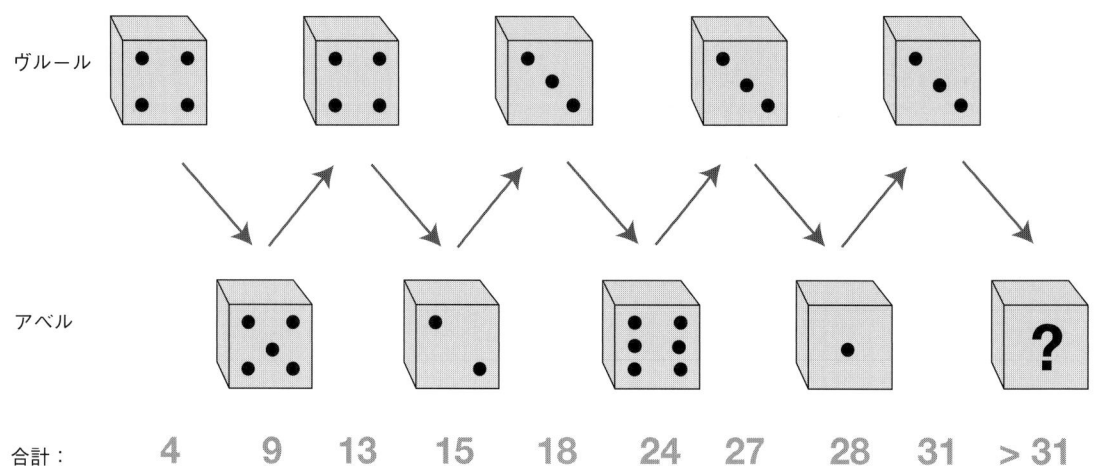

合計：　　4　9　13　15　18　24　27　28　31　>31

図1　勝負の1例．アベルが負ける．

わる．
3. ゲームはつねにどちらかのプレーヤーの勝ちで終わる（引き分けはない）．
4. 与えられた位置からスタートを許される手番は，2人のプレーヤーにとって同じである」

問1 あなたはヴルールとアベルのゲームで，上の4つのルールが満たされることを立証できますか．このゲームの「位置」は2つの数で構成されます．サイコロの上を向いた位置と，それ以前の手番の合計です．以上の4つのルールは，チェスでも立証されますか．

ヴルールはつづけていった．
「この種のゲームには，かならず必勝戦略があるのよ[3]．最初のプレーヤーが勝つか，2番めのプレーヤーが勝つかだわ．私は人がよくて可愛くて控えめだから，4つのルールを立証するすべてのゲームの勝ち方を教えてあげる．アイデアは勝つ位置からはじまるのよ．つまり，あなたが負ける位置にいれば負けるってこと．あなたの相手には，必勝戦略があるっていいたいわけよ．もちろん，ばかなことをして正しく勝負しなければだめだけど，完全な論理学者[4]のなかには……」
「わかったよ．でも……どうやって勝つ位置を知るんだよ」
「勝つ位置とは，相手を負ける位置にみちびく手番を選べる位置のことよ．その反対に負ける位置

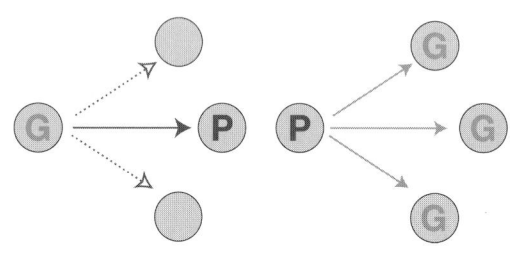

図2　勝つ位置（G）と負ける位置（P）．[5]

とは，どんな手を選んでも，相手を勝つ位置においてしまう位置のことね（図2）．あっ，最後の1点を忘れてたわ．つまりゲームのルール自体によって，最後の位置が勝敗を分ける位置として規定されてるってことよ（ルール3）．たとえば私たちのゲームでは，合計を31にするのが必勝の位置だわね」

アベルが話の腰をおった．
「よくわからないな．最初に『負ける位置』という面から『勝つ位置』を決め，つぎに『勝つ位置』という面から『負ける位置』を決めるんだな．そりゃ堂々めぐりだよ」

ヴルールが答えた．
「そうじゃないわ．でも，一見そうは見えるけれど……実際には，私は再帰性[6]を使ってるのよ．あなたが好きな位置からはじめて，手番の論理的筋道を追えば，結局は勝つか負けるかという最後の位置にたどりつくでしょうよ（ルール2）．1連の手番をさかのぼれば，勝つ位置と負ける位置が

図3 右下の灰色の四角いチョコレートを食べてはいけない！

決まるじゃない」

彼女はポケットから板チョコを出した（図3）．「灰色の四角いチョコレートは，いやな味—と外見—をもつ調合をされてるのよ．ゲームのルールはとても単純だわ．

1. プレーヤーは順番に板チョコを手にとり，方眼の線にそって一部を切り離す．彼らは切り離した1片を食べる．
2. 灰色の四角いチョコレートを食べたほうが負ける．

いまの場合，位置は残った板の大きさで決まってくるの．最初の位置は5×6だよね．はじめるわよ……」

「ふーん……このいまいましい四角い灰色が気になるなあ……」

「さっきいったように，時間をさかのぼってみるのよ．灰色の四角だけを手にとるなら，それは負ける位置でしょ．だから，一手で相手をそういう位置にしむける位置はみんな勝つ位置なのよ．それがどんな位置かというと，幅が1，つまり1×2とか1×3とか1×4とか，一般的にnに対して1×nという形のチョコレートの帯をもっている位置なの．わかる？　たとえば，あなたが1×5の帯を受けとったら，1×4の列を切り離して食べて，灰色の四角だけを残すでしょう（図4a）．それに一手で1×1の位置にできるのは1×nの位置だけなのよ」

「それじゃ，2×1や3×1という位置はどうなの……」

「もっともだわ．ここでは$a×b$と$b×a$を区別しないのよ」

「そうか．そうすると……ちょっと待って．最初の位置で考えること，それは1×「なにか」という形じゃない．だから，おれは負ける．ちがうか？　おまえはまた，ゲームをする前から，おれを負かすんだ」

「そうすぐには何もわからないわ．論理の鎖をもっと先までさかのぼらないと．もうひとつ前の段階をみましょ．どうしても相手を勝つ位置にみちびいてしまう位置は，負ける位置でしょ．1より大きいnに対してつねに相手を1×nという形式のなにかにみちびく，位置はわかる？」

「いや，だめだ，わからないよ」

「2×2じゃない」

「どうしてだよ」

「可能な唯一の手は，2つに切って1×2を残す回じゃない」（図4b）

「そのとおりだ」

「この段階では，ほかの負ける位置はわからないから，勝つ位置の検討にもどりましょう．勝つ位置は一手で2×2にできる位置よ．それを説明できる？」

「うーん……2×1で切り離すことができるから2×3（図4c），それに2×4，2×5……」

「あってるわ！　一般に2×nで，nは2より大きい．それ以外はだめね．それで，こんどは？」

「新しい負ける位置を探すことにしよう．勝つ位置であることが判明している位置にどうしても相手をみちびいてしまう位置……わかった3×3だ！」（図4d）

「そのとおりよ．アベル，ステキじゃない．するとこんどは3×3にみちびく勝つ位置，つまり3

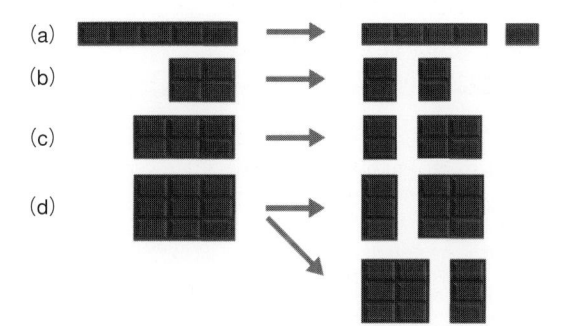

(a)
(b)
(c)
(d)

図4　一連の列をさかのぼって，戦略を立てる方法．

172　　　　　　　　　　　　　　　Ⅳ　プレーヤーのための数

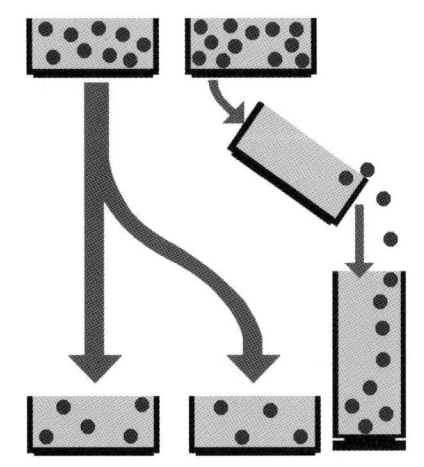

図5　「支配のための分割」ゲームの回数の例.

×4，3×5……が見つかるわ．一般に3より大きい n に対して $3×n$ ね」
「おれは一般的なルールを見きわめるよ……」
「私もやるわ」

　問2　そして，あなたもできますか？　このルールはどんなものでしょう．アベルは板チョコの5×6からはじめて，勝つことができるでしょうか．

　ヴルールはつづけた．
「それじゃ『支配のための分割』（P.176, 問3参照）という，おなじ種類の別のゲームを検討してみようよ（図5）．最初は2つの箱の両方にゼロじゃない数のチップが入っているのね．プレーヤーは順番にどちらか一方の箱の中身を捨てて，もう一方の箱の中身を2つの箱に入れ直すの．箱はそれぞれに少なくとも1枚のチップを受けとるわけ．どちらかのプレーヤーがこのルールを守れなくなって，ゲームが中断したら，このプレーヤーの負けになるの．このゲームの勝敗の位置はどこだろう．

　サイコロを回すゲームは，板チョコのゲームとして同じように研究できるわ．31という合計を選んだけど，それは特別な数じゃなくて，好きに決めた合計に対して必勝戦略を研究できたのよ．あなたも見たように，ゲームの位置は2つの数で表せる，つまりサイコロの上に向いた目と現時点の合計ね．説明を簡単にするために，2つの数を別の2つの数に代えるよ．

　最初に現時点の合計の代わりに，この合計と決められた限界値との差を使うことにするわ．つまり，プレーヤーの1人がこの限界値をこえるまでの残りの点数ということね．この数を"残りの合計"[*7] ということにしようよ．そのおかげで，論理の筋道をさかのぼりやすくなるでしょう？

　つぎに1の面が上になっているときに可能な動きは，2, 3, 4, 5を出すことだけど，これは6の面が上になったときとおなじことに気づくわね（反対側にある2つの面の点数の合計は7に等しい）．反対側どうしにある面を出発して次にさせる面は結局サイコロ上で同じリボン状になるから，上に1がこようが6がこようが，おなじなのよ．2と5についても，3と4についても，おなじことがいえるわけ．だから1/6, 2/5, 3/4という3つの位置しかないのよ」
「ちょっと待って！　おれが6を出せば，合計は6増えるじゃないか．1を出せば1増えるしさ」
「そうね．でも，そのときは位置じゃなくて手を問題にしているのよ．手についてならあなたのいうとおり反対側の面を区別しなくてはいけないわ」
「なるほど」
「勝ち負けの位置を見つけるのに，さかのぼる仕事は複雑だし，思い違いをしやすいわ．だから私は，小型のアナログ計算機を自分でつくるのよ」

　彼女はハサミをとりだして，図6aから6cに紹介するような3枚のカードを切りわけた．つぎに紙の切れ端に，6dに示すような3つの欄をつくった．
「この枠はゲームの可能な位置を示すのよ．3つの欄はサイコロの2つの等価な位置に対応してるし，それぞれの行は残りの合計に結びついている．ゼロの行はPで埋めたわ．残りの合計がゼロなら，勝負をする順番の人にたいして3つの位置は負けよ」
「その下のGはどんな意味だよ」
「これは約束事にすぎないんだけど，計算をしなくてもいいようにしてるのよ．わかるだろうけど，あなたがマイナスの合計を引き継げば，その前の回の相手は負けているから，あなたの勝ちね」
「わかった……」

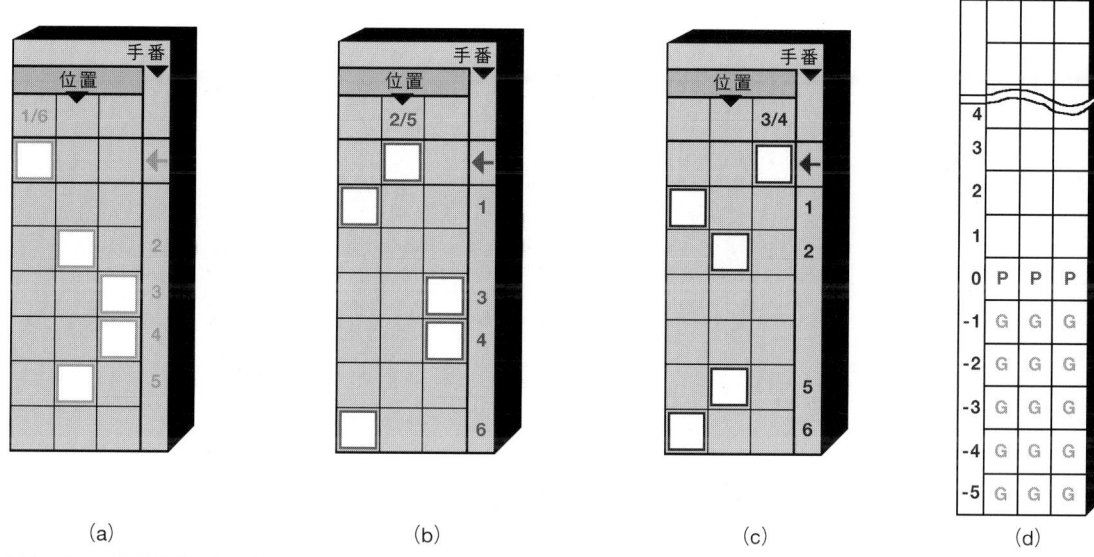

図6 (a-c) 戦略カード．白い四角のスペースで空欄を切り抜く（訳注；"窓"にする）．(d) 枠を埋める方法．

ヴルールがいった．

「一連の操作をよく見れば，道理にあってることがすぐにわかるでしょ．まだ，カードの役割を説明してなかったわね．1/6，2/5，3/4という可能な面ごとに，1枚のカードがあるのよ．1/6をとりあげてみるわね．1/6のすぐ下の空欄に，書くことができるわ．ほかの4つの空欄は，2，3，4，5という可能な4回が，どのように残りの合計を変えるかを示すのよ．あなたが2を出せば，残りの合計は2少なくなるし，対応する空欄はもっと下の2行になる，というふうになっていくわけね」

「わかったと思うけどね」

「ゲームを"さかのぼる"*8 ためにカードを使うことができるのよ．こんどはある与えられた行で勝つ手番を見つけるために，枠の上に順々に3枚のカードをおいてみるわ．そうすると矢印で示された書きこみのための窓は，この行にあわせるの．あるカードにたいして，4つの空欄のどこにもPが出現しなければ，それは私がどんな手を選ぼうと相手が勝つ位置だということになるわけ．これが負ける位置の定義だから，私は枠の書きこみのための窓にPを書くことになる．その反対に少なくとも1つのPが出現すれば，私は勝つ位置にいるわけだから，この場合は対応する手番を書くの．1行めと2行めを埋めるから見てよ（図7aと7b）．

この操作をつづければ，私たちはしだいに大きな残りの合計にさかのぼることになるわね（図8）．完全な戦略が見つかったのよ．与えられた位置，つまりある行とある列にたいして，枠はPかPでないかを示すでしょう．これがPなら，あなたは，おなじ枠を使って間違いなく手を進めるプレーヤーには負けるわけ．その反対にPでなければ，示されたなんらかの手番で勝負することができて，相手を負かす位置にみちびく目を知ることができるでしょうよ．

忘れてはいけない最後の点があるわ．勝負のときには，最初の位置と最初の手は任意に選べるってことよ．たとえば残りの合計31からはじめれば，囲みBに示すような位置がつくれるの．枠を見れば勝つ位置と負ける位置がわかるでしょ．最初の手番でサイコロのどの面を上にするかは，直前の位置によって決められていないから，任意に選べるの．31の行は4，4，Pになっているから勝つ位置は4なのよ．4の位置（と合計4）から勝負をはじめなければならない人は，相手がそこから先を正しくやれば負けるの．

私たちが勝負をしたとき（図1），残りの合計

ってたし，だから4を出すべきだって知ってたのよ．これで残りの合計は27になった．あなたは5を出したから，22になったわけね．枠によれば22の行の3/4の列は勝つ位置で，出すべき手番は4だった．私はもちろんそのとおりにしたわ！ あなたは2を返してきたから，私は16の行の2/5の列を思い出した．3か4を選ぶべきだったので，3を出した．あなたは6を出したから，私は7の行の1/6の列にみちびかれたのよ．そこでは2，3，4が勝ち目だったので，私はまた3を選んだ．これであなたは勝ち目の4を選べなくなり，1を選んだのよ．そこで私は最後の勝つ手番で，また3を出して，あなたは負けたわけね」

「ずるいよ！ でも，残りの合計がもっと大きければ，君はだいじなリストを思いださざるをえなかっただろうね」

「そんなことはないのよ．あなたはこのリストのおもしろさに気づいてないの？」

「いないよ」

問3 あなたは気づいていますか．このあとを読む前に考えてください．

「17以降の結果は，8以降から読みとれる結果のくり返しにすぎないのよ．つまり，枠は周期9の循環なんだ．8の行以降の行は，すべての9行めをくり返すってわけ．つまり残りの合計31を目指す戦略は，31−9=22や22−9=13なんかを目指す戦略と違わないの．1012にたいする戦略も，1012−(9×111)=13に

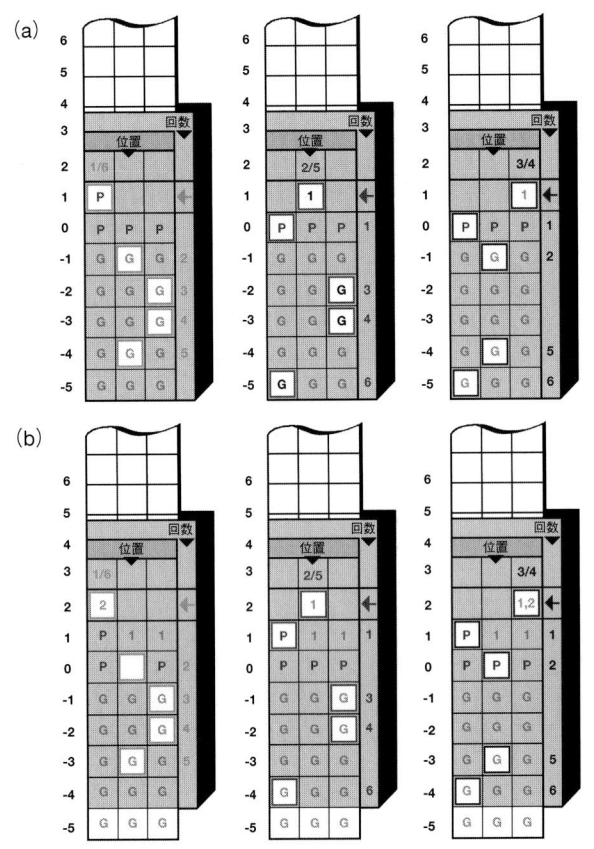

図7 (a) 1の行で使う戦略を決めるには，位置1/6のカードを1の行に従うように置いて下の窓を検討する．それらの窓はすべてGを示しているので，検討されている位置は負けの位置である．矢印の窓にPと書こう．2/5のカードでも，おなじようにしよう．こんどはPが「1を出す」ことに対応する窓にあらわれるので，「1を出す」は勝つ手番になる．矢印の窓に1と書こう．3/4のカードでも，おなじ操作をくり返そう．ここでも1が勝つ手番である．(b) こんどは2の行に移って，おなじようにしよう．好きなだけ先の枠までさかのぼることができる．

表1 はじめ方			
最初の手番	上を向く目	残りの合計	位置
1	1/6	30	G (3 か 4)
2	2/5	29	G (3)
3	3/4	28	G (1 か 5)
4	3/4	27	P
5	2/5	26	G (4)
6	1/6	25	G (2, 3 か 4)

必勝戦略はある　175

	1/6	2/5	3/4
31	4	4	P
30	3, 4	3, 4	P
29	2, 3	3	2
28	5	1	1, 5
27	P	P	P
26	4	4	P
25	2, 3, 4	3, 4	2
24	3	3, 6	6
23	5	P	5
22	4	4	P
21	3, 4	3, 4	P
20	2, 3	3	2
19	5	1	1, 5
18	P	P	P
17	4	4	P
16	2, 3, 4	3, 4	2
15	3	3, 6	6
14	5	P	5
13	4	4	P
12	3, 4	3, 4	P
11	2, 3	3	2
10	5	1	1, 5
9	P	P	P
8	4	4	P
7	2, 3, 4	3, 4, 6	2, 6
6	3	3, 6	6
5	5	P	5
4	4	4	P
3	3	3	P
2	2	1	1, 2
1	P	1	1
0	P	P	P
-1	G	G	G
-2	G	G	G
-3	G	G	G
-4	G	G	G
-5	G	G	G

（左軸：残りの合計）

図8 戦略の格子

たいする戦略とおなじなのよ．枠の最後の17行のリストを覚えておけばいいわけね」

アベルがため息をついた．

「それでも，ただ1つのリストを思いだすのがつらい仕事になる人間にとっちゃ，きびしいね…」

ヴルールがつけくわえた．

「ある数学者が，構造は9を法とした残りの合計で決まるといっているわ．つまり残りの合計を9で割った余りよ．余りが8かつ16の場合を別としてね．だって，ときどき起こるように，最初の行がこの構造を壊すことがあるからさ．要するに，以下のように操作するのよ．

・最初の（残りの）合計が8かそれ以下なら，それを維持する．

・そうでなければ，各桁の数字を足しできた数についてまたくり返す[*9]，これを1から9までの数が得られるまで続けて"数の根"をつくる．0のかわりに9になることを除けば，これで9で割った余りが得られる．

・この"根"が8か9なら，それを維持する．

・そうでなければ，9を加える．

つまり，10にたいする戦略は1にたいする戦略と異なるが，19にたいする戦略は10にたいする戦略とおなじなのよ．その結果で，この戦略を応用するために，どの行を使うかが決まるわね．

たとえば，1012という残りの合計からはじめるとしようよ．もちろん，8よりも大きいわ．その"数の根"は$1+0+1+2=4$．これは8でも9でもないので，9を足して13にする．つまり，1012という残りの合計にたいする必勝戦略は，さっきいったように枠の13の行で出るのよ」

「すごいなあ」

「あなたはやっと再帰性の力のすごさがわかったわね．私たちはそのおかげで，すべての『残りの合計』にたいする問題を解決したのよ．私たちの完全な戦略は，板チョコのゲームにたいする戦略より，全体としてはずっととらえにくいのね．あなたが1人だけで見つけられたとは思えないよ」

「君はおれのすごい能力を信じていないな，ヴルール」

「私だって考えつかなかったのよ，アベル．こん

どはあなたの理解力をテストするために，適切なカードのひとそろいを考えることと，おなじゲームにたいして支配的だが，1から4までの番号のついた面をもつ四面体で勝負する戦略を考えることを求めたいわね．ここでは上になる面がないので，合計に足せる面は少なくなるわ」

自分でも驚いたことに，アベルはこの難問を解決したのである．

問4 あなたも解決できますか．ここで手がかりをあたえましょう．四面体のサイコロにたいしては，構造は周期10で周期的です．番号のついたある物体が連続的に回転して合計を変えるようなゲームでも，戦略の枠はつねに周期的でしょうか．答えが「イエス」なら，つねに最初のすべての合計にたいして有効な戦略があり，最初の合計はかぎられた量の紙に書かれることができます．

▶解答と補足

問1 どのルールが成り立つか

(a) ヴルールとアベルのゲームの場合．31点の制限と六面体のサイコロでは，可能な位置の合計数は多くても $32 \times 6 = 192$ である（最初の合計は0で，許されるのは31までだから32）．だから，ルール1は成り立つ．毎回の合計が少なくとも1ずつ増えるので，ゲームは多くても32回おこなわれるが，実際には2回連続で1を出せないから32回より少ない．21項をもつ回数の順列 1, 2, 1, 2 ……1, 2, 1 は，認められる最長のゲームである．いずれにしても，ルール2は成り立つ．ルール3と4にたいしても，明らかにおなじことがいえる．

(b) チェスには引き分けがあるので，ルール3は重視されない．ルール4もおなじことである（だからチェスの問題の記述では，プレーヤーが白か黒かが明確にされる）．しかし，ルール4はペアとしての「位置」（P；Q）を規定しなおせば満たされる．そこでは P はチェス盤の駒の配置をあらわし，Q は次にささなければならない人を示す．ルール1は重視される．駒が32個で，位置が64個だから高々 65^{32} であり（チェス盤の外におかれる駒があるから65），ほぼ $1\,031 \times 10^{58}$ になる．ルール2は成立しないこともある．ルール上は，勝負を無限につづけることができる（許される2つの升目で，2つのキングを交互に動かせばいい．それでもチェスのルールの1つは，おなじ位置が3回くり返されると，両方のプレーヤーが引き分けを宣言してよいと定めている）．このルールでは，2人のプレーヤーの少なくとも1人が，引き分け宣言しなければならないとされていない．しかし，このようなとき，つねに引き分けを宣言しなければならないことにして，このルールを適用すれば，ゲームは有限数の動きで完了する．

問2 灰色のチョコレート

負ける位置は $1 \times 1, 2 \times 2 \cdots\cdots n \times n$ という正方形の形式であり，「長方形」というそのほかのすべての位置は勝つ位置である．最初の1回めだけで，すべての長方形を四角形に変えることができる（すべての勝つ位置は，うまく勝負すれば，相手の負ける位置にしむけられる）．それにたいして，四角形で展開されるすべての回数は長方形を残す（負ける位置は勝つ位置しかみちびくことはできない）．

たとえば，アベルが勝つ位置からはじめるとしよう．彼の最初の動きは 1×5 のチョコレート片を折り取って，5×5 という部分を残すものでなければならない．ヴルールがどんな選択をしようと，そのときからアベルはまた四角形を残し（より小さな四角形），ヴルールに灰色の四角形で終わらざるをえないようにすることができる．

問3 支配のための分割

私はキース・オースティンのこのゲームをする．

位置はゼロでない整数のペア (m, n) で定められ，それらは一方の箱のなかのチップの数 m と，べつの箱のなかのチップの数 n に相応する．勝つ位置は少なくとも m, n の1つが偶数である位置である．だから，負ける位置は m と n がともに奇数の位置になる．

検証してみよう．少なくとも数の1つが偶数という，つまり勝つ位置からはじめれば，以下のように勝負ができる．2つの箱のあいだの偶数のチップから再スタートするので（片方の箱をからっぽにしたあと），両方のプレーヤーは奇数のチップをもつことになる（たとえば，箱の1つに1枚だけのチップを入れる）．われわれは2つの奇数のチップをもつ（相手にたいして）負ける位置に立つ．

こんどは，このような位置からはじめよう．どちらの箱を選ぼうと，再スタートするチップの数は奇数だろう．2つの奇数を分ければ，一方は偶数で他方は奇数になる（偶数＋偶数とおなじく，奇数＋奇数は偶数になるから）．われわれはどんな場合にも勝つ位置に到達する．

問4 四面体のサイコロ

カードの集合は図9に示されており，得られた戦略は図10に示されている．矢印が示すように，この構造が10行めから周期的になることに注意しよう．

問5 周期的なゲームについて

2人が対戦し，番号つきの面をもつ多面体を回転させて，出た番号を足して合計していくゲームでは，答えはイエスである．面に書かれた最大の数を n としよう．戦略表のひとつづきになった n 行の組が1度反復されれば，表全体が循環的になる（戦略カードは n 行しかなく，n 手以上の連続は考えられていない）．このような明白な集合の数は，たとえひじょうに大きくても有限であり，だから反復を避けることができない．

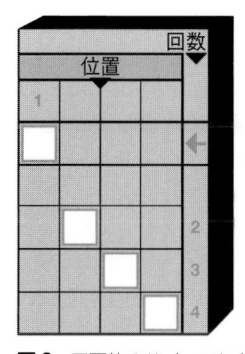

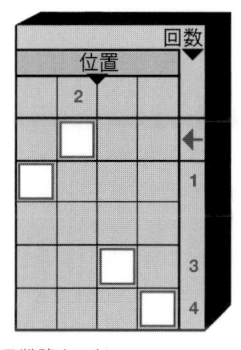

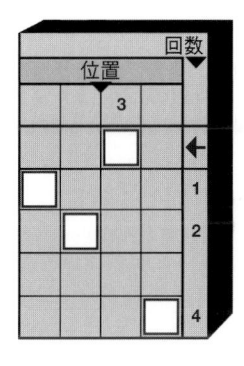

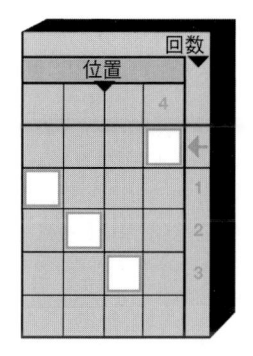

図9 四面体のサイコロにたいする戦略カード

図10 四面体のサイコロにたいする枠は，10行ごとに反復される（10が周期）．

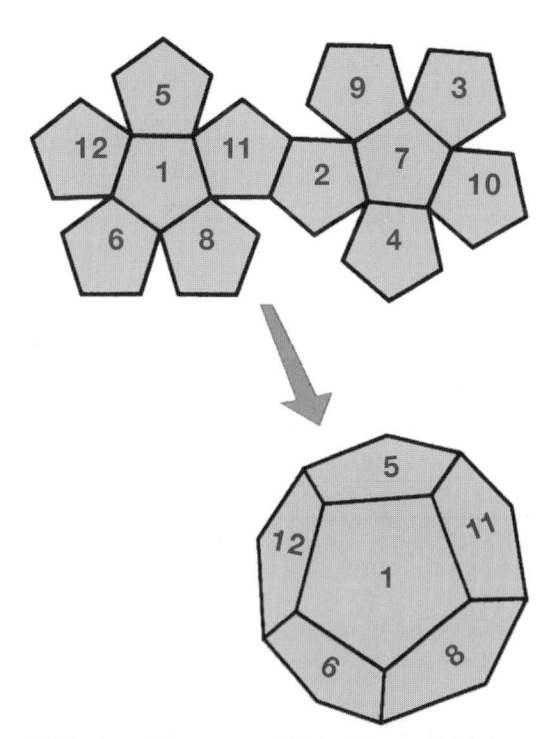

図11 十二面体のサイコロ．対応する枠は12の欄をもち，循環的であるにちがいない．しかし最初の1000行では，どのような反復も観察されない！

1000行を明確に記述しても，まったく反復を見つけることはできなかった．どのような戦略があろうと，それはかなりな情報記憶を要求するだろう．

▶訳注

*1 旧約聖書での最初の兄弟「カインとアベル」では，牧畜を営むアベルは神への供え物のことで農耕を営む兄カインと競ううちそのねたみをかい，殺される（最初の殺人）．このイメージを避けるため，男性を女性に，農耕ではなくガチョウの番人という組合せにしたものか．

私は「ダンジョンズ&ドラゴンズ」[*10]を楽しむときに使う十二面体のサイコロをもっている（図11）．このようなゲームを研究するためでなく，パソコンのプログラムのために戦略カードの使用を勧めたい．一般的結果によって，戦略的な枠は周期的でなければならない．しかし最初の

* 2 サイコロでは互いに対向する面を加えると7になる．
* 3 一般には必勝戦略は存在しにくい．ただし，数学ゲームは不確実性がないため，将来を見通すことができ，比較的存在が導きやすい．
* 4 いわゆる論理の「完全性」を意味しているものと思われるが，後続文がなく不明．
* 5 G，Pはそれぞれgagnant（勝つ），perdant（負ける）の頭文字．英語ではwinning，losingに相当．
* 6 英語でrecursive．ある段階の議論が一段階雨の結果にさかのぼって依存すること．数学では「漸化関係」，意思決定論・ゲーム理論では「逆向き推論」「ベルマンの最適原理」といわれる．「～となるためには，一段階前で…となっていなければならない」の類．
* 7 xを合計として$31-x$のこと．本章限りの用語．
* 8 *6の再帰性を参照のこと．
* 9 9で割り切れるか否かの判定は，各桁の和が9で割り切れるかによる．これは，9で割った余りについても一般化できる．
* 10 Dungeons & Dragons（D&D）は，アメリカのファンタジー・テーブル・トークRPG．1974年に制作・販売．世界最初で最大のロール・プレイング・ゲームとされる．

索 引

原書に照らして，フランス語の原語を併記した．通常の索引用語では拾わないような，数学の基本用語も加えた（ただし膨大になるので出現ページは省いた）．読者の参考になれば幸いである．また，人名などについてはフランス語を併記しないでまとめた．なお，用語集としても工夫したので，本文中の用法と必ずしも対応していない．

ア 行

アーベル多様体　variété abélienne　119
余り　reste　131
網の目　réseau　127
アルゴリズム　algorithme　107, 111, 130
アルファベット魔方陣　carrés alphamagiques　155, 157
暗号学　cryptographie　107

位相（トポロジー）　topologie　2, 118
位相面　surface topologique　118
位置（ポジション）　position　170
一意性　unicité　134
一意的　unique　77
一様確率　probabilité uniforme　72
一定，定数　constant　48
一定（の）基数　base constante　134
因数　facteur　94
　　因数の基底　base de facteurs　113
　　因数分解　factorisation　95, 96, 111, 141

エジプト分数　fractions egyptiennes　73
エラトステネスのふるい　crible d'Eratosthène　112
得る　atteindre
演繹（法）　déduction　78
円形　cercle　155

オイラー定数　constante d'Euler　64
黄金角　angle d'or　12, 13
黄金数（比）　nombre d'or　11, 12, 15
表か裏か（コインの）　à pile ou face　57
音階　gamme musicale　32

カ 行

カーマイケル数　nombres de Carmichael　109
解　solution
解決（分解）　résolution

階乗　factorielle　6
階乗関数　fonction factorielle　108
カオス理論　théorie du chaos　72
確率　chance, probabilité　57, 58, 68
確率論　théorie des probabilité　57
賭金　mise　143, 145
かけ算　multiplication　68
　　かけ算の表（乗積表）　table de multiplication　164
勝つ～（連体形）　gagnant
加法　addition
　　加法の意味で，加法の項　termes additifs（en～）
　　加法構造　structure additive　22
ガロア表現　représentations de Galois　115
完全数　nombre parfaits　88, 92
完全平方　carré parfait　4, 5
完全立方　cube parfait　116

幾何学的構成　construction géométrique　119
記号　symbole
奇数　nombres impairs　22, 81
　　奇数の完全数　nombre parfait impair　88
議席　sièges　44
擬素数　pseudo-premier, nombres pseudo-premiers　17, 109
期待値　espérance　67
基底　base
帰謬法　reductio ad absurdum　120
記法　notation
既約の　irréductible
逆　contraire, réciproque
逆元　inverse　162
逆数　inverse　75
ギャンブラー→プレーヤー
行　ligne
鏡映　réflexion　158
共変性　covariance　46
極限（値）　limite　12
極限で（に）　à la limite
距離　distance
近似（値）　approximation, valeur approchée　12, 38, 41

偶数　pair, nombres pairs　22
偶然の　aléatoire
偶然の一致　coïncidence　57
位取り　ordre
クラップス　craps　142
グラフ　graphe
　　グラフ理論　théorie des graphes
　　グラフ表現　représentation graphique
繰り上がり　retenue
群の表　table de groupe
群論　théorie des groupes　159

計算　compte
ゲーム　joueur　138
桁，数字　chiffres　19
決定辺　côté décisif
決定的　décisif
決定役割　rôle décisif
現代論理学　logique moderne　123
原点　origine　128
権力指数　indice de pouvoir　54

弧　arcs
項　terme
合計 → 和
高次元の　dimensions supérieures　6
合成数　nombre composé　17, 92
交代群　groupe alterné　167
合同の（な）　congru
恒等変換　trasformation identité　162
公約数　facteur commun
五角形　pentagone　47
5完全数　pentaparfaits　101
コサイン　cosinus
五次元　cinq dimensions　6
根　racine　114
混合基数　base mixte　133

サ 行

差　différence
再帰性　récursivité　174
サイコロ（賽）　dé　169
最大化する　maximiser
最大期待利得　profit espéré maximal　147
最大公約数　le plus grand diviseur commun de n　112
最適化　optimisation　10
サイン　sinus
作図　construction
座標　coordonnées
三角関数　fonction trigonométrique　119
三角形　triangle
三角数　nombre triangulaire　2, 3, 5

三完全数　triparfait　92, 99, 101
三次元（の）　tridimensionnel　3
3次多項式　polynôme de degré3　119
三乗数 → 完全平方
算法の基数　base arithmétique　133

シーケンス　séquence　162
四角数（平方数）　nombre carré　2, 3
式　formule
次元　dimension
事象　événement
二乗数 → 平方数
二乗より上の累乗　puissance supérieure à deux　116
指数　exposant
次数　degré
自然幾何学　géométrie naturelle　72
自然対数（ネーピア対数）　logarithmes naturels　28, 108
実験的ケース，理論的ケース　fois expérimentales et théoriques　71
実数　(nombre) réel
指標　indice
四辺形　quadrilatère
自明な　trivial
　　自明でない　non trivial
四面体　tétraèdre　5, 48
　　四面体サイコロ　dé tétraédrique　176, 177
射影　projection　39
周，周長　périmètre
十完全数　hectoparfait　101
周期　période
周期的な（に）　périodique (ment)
集合　rassemblement, ensemble
収束する　tendre vers, converger　62, 63
終点（端点）　extrémité
十二面体サイコロ　dé dodécaédrique　177
周波数　fréquences　35
主枝　branche principale
十進記法　notation décimale　84
十進数　chiffres décimaux　107
十進法　décimale　84
順列　permutation
商　quotient
定規とコンパス　règle et compas　37
証拠（証人）　témoin　109
勝利提携　coalition gagnante　52
乗数　multiplicateur　112
小定理　petit théorème　109
情報（科）学　informatique　111
乗法性　multiplicativité　91
乗法的に　multiplicatif　89
証明する　prouver
　　証明されていない　indémontré
勝利する　gagner　138

索　引

除数　diviseurs　45
真か偽か（真偽のほど）　vrai ou faux　123
人口統計の　démographique　44
振動数 → 周波数

垂線　perpendiculaire
水平の　horizontal
数学的期待値　espérance mathématique　144
数学的組合せ　mathématique combinatoire　160
数値解　racine numérique
数秘学　numerologie　150
数列　suite numérique　9, 15, 133
数論　théorie des nombres　21
スターリングの三角形　triangle de Stirling　24
スパイラル（らせん）　spirale　9
ずれ　déplacement

正規　normal
整係数の　coefficient entier
正三角形　triangle équilatéral　4, 15
正（標）準的　canonique
整除性　divisibilité　96
整数　nombre entier
整級数　série entière
整数部分　parties entières　45
正則な　regulier　113
正方形　carrée　2
正六角形　hexagone régulier　48
積　produit
積分　calcul intégral
線　ligne
漸近的近似（値）　approximation asymptotique　147
戦術　tactique　138

素因数　facteurs premiers　36, 92
素数　nombre premier　19, 38, 123, 141
　素数性　primalité　95, 108

タ　行

体　corps　114
対角線　diagonale
対称群　groupe symétrique　164
対称性　symétrie　161
対数　logarithme
　対数の底　base de logarithmes　65
　対数表　tables de logarithmes　68
　対数分布　distribution logarithmique　69
　対数らせん　spirale logarithmique　15
代数曲線　courbe algébrique　110
代数式　forme algébrique
代数的数　nombres algébriques　113
代数的ふるい　crible des algébriques　114

代数方程式　équation algébrique　117
代入　substitution
楕円曲線　courbe elliptique　95, 120
たがいに素　premier entre eux　89
多完全数　multiparfait　98
多完全性　mutiperfection　99
多項式　polynôme
多次元の　multidimensionnel
多重度　multiplicité
多数派　majorité　54
縦軸　axe des ordonnées
多面体数　nombre polyédrique　2
単純化する　simplifier（se）

近づく　tendre（vers, a）
置換（変換）　transformation　162
置換　permutation
中点　médiatrice
超越数　nombres transcendants　130
調和級数　série harmonique　62-64
超四面体　hypertétraèdre　5
超収斂性　superconvergente　130
長方形（の）　rectangulaire
超立方体　hypercube　55
調和関数　harmonique
調和数　nombre harmonique　63
調和らせん　spirale harmonieuse　15
直線，線分　droite
直角　angle droit
直角三角形　triangle rectangle
直観（主義）論理　logique intuitionniste　123

底　base
ディオファンタス方程式　équation diophantienne　76
提携　coalition　52
定常波　onde stationnaire　35
定数　constante　155
底，底面　base
定理　théorème
データ　données
手番　coups　138, 170
展開した　développé

度　degré
等差数列（算術数列）　progression arithmétique, suites arithmétiques　71, 156
等式　égalité　16
等比数列（幾何数列）　suite géométrique　71
等辺三角形　triangle équilatéral
等列率　équiprobable
度数　fréquence

ナ 行

長さ　longueur
7 完全数　heptaparfaits　101
波の腹　ventre　36

二項係数　coefficients du binôme, coefficient binominal　20
二進数の　binaire　84
二進（法）記法　notation binaire　84
任意の　arbitraire　26

ハ 行

場合（分け）　sous-cas　76
倍数　multiple　94, 123, 138
倍精度　double précision　130
背理法による証明　démonstration par l'absurde　120
破産　ruine　142
パスカルの三角形　triangle de Pascal　20, 22, 80
八角形　octogone　155
八面体　octaèdre　7
発散角　angle de divergence　11, 12
発散する　diverger
パドヴァン数　nombre Padovin　15
ハミルトン閉路　circuit hamiltonien　162
パラドックス　paradoxe　49
パリティ（偶奇性）　parité　84, 141
半安定　semi-stable　120
半音階　gamme chromatique　35
半直線　demi-droites　12
半波長　demi-longueurs d'onde　35
反例　contre-exemple　91

比　rapport　11
　（AとBの）比　rapport entre A et B
低い次元　dimension inférieure　6
非線型の　non linéaire
非素数性　non-primalité　17
必勝戦略　stratégie gagnante　138, 169
微分方程式　équation différentielle
ピュタゴラスの三角形　triangle pythagoricien　117
ピュタゴラスの方程式　équation pythagoricienne　116
表現の一意性　unicité de la représentation　134
表算法　algorithme tableau
ピラミッド数　nombre pyramidal　4
非連結の　non connexe　29
頻度 → 度数

負（数）の　négatif
フィボナッチ数　nombres Fibbonacci　15, 27
フィボナッチ数列　suite de Fibonacci　9, 16
フェルマー数　nombres de Fermat　111

フェルマーのクリスマス定理　théorème de Noël de Fermat　123
フェルマーの最終定理　dernier théorème de Fermat　115
不確定な真理　vérité indéterminée　123
複素解曲面　surface solution complexe　118
複素空間　espace complexe　118
複素数解の集合　ensemble des solutions complexes　118
符号（暗号）　codage　107
部分群　sous-groupe　166
部分集合　sous-ensemble　54
フラクタル　fractale　72, 81
フラクタル次元　dimension fractale　122
プラスチック数　nombres plastique　15
プレーヤー（ギャンブラー）の破産　ruine du joueur　144
分解　décomposition
分岐（現象）　bifurcations
分極した　polarisa
分数，小数　fraction
　○○分の 1　un sur ○○
　分母　dénominateur
　分子　numérateur

平均律音階　gamme tempérée　32, 36
平行四面体　parallélépipède　16
平行線図　parallélogramme　127　平行四辺形？
並置　juxtaposition　16
平方根　racine carrée
平方数（正方数）　nombres carrés　2, 104, 125, 126
平面幾何学　géométrie du plan　106
閉路　boucle fermée, cycle　29, 162
べき → 累乗
ベルヌーイの三角形　triangle de Bernoulli　24
辺　côté
変位　déplacement
変換　conversion
ベンフォードの法則　loi de Benford　68

法（として）　modulo　82, 95, 124
　n を法として（モジュロ n）　modulo n
方程式　équation　15
ホモグラフィ関数　fonction homographique　39, 40
本当らしい（真実味をおびた）　vraisemblable

マ 行

負け　perd　138
　負ける～　perdant　170
魔方陣　magique　155
魔法定数　constante magique　155

未解決の課題　question ouverte
未知数　151
三つ組　triplet　156

ミンコフスキ空間　espace de Minkowski　128
ミンコフスキの定理　théorème de Minkowski　128

無限（大）の　infini　147
無限　infinité
　無限に　à l'infini, indéfiniment
無限降下法　descente infinie　117
無理数　nombres irrationels　12, 37, 133

鳴鐘家　campanologie　159
メビウスの帯　rubans de Mobius　18, 122
メルセンヌ数　nombres de Mersenne　111
メルセンヌ素数　Mersenne premier, premiers de Mersenne　38, 90, 91

モジュロ→法
　モジュラ関数　fonction modulaire　119
　モジュラー形式　formes modulaires　115
　モジュラ方程式　équations modulaires　130

ヤ 行

約～　environ
約　proche
約数　diviseur

友愛数　paires amicables　102
ユークリッドのアルゴリズム　algorithme d'Euclide　96
有限個の　nombres fini de　76
有限（の）　fini　118
有理数　nombres rationnels　41

要素　élément
横軸　axe des abscisses
四次元　quatre dimensions, quatrième dimension　5
予想（予測）　conjecture
4完全数　tétraparfaits　99, 101
4乗　puissance quatrième　89
4平方数の定理　théorème des quatre carrés　129

ラ 行

らせん（スパイラル）　spirale　15
ラテン方陣　carré latin　158
ランダムに　aléatoirement　72

リーマン予想　hypothèse de Riemann　110
リスク　risque　169
理想数　nombres idéaux　118
立方（数）　cube　103, 104
立方体の倍積（問題）　duplication du cube　37
立法府　corps législatif　55

類（クラス）　classe
類似の　analogique
累乗　puissance　24, 28, 94
ルール　règle　138
ルドルフの数　nombre de Ludolph　133

列　colonne, rangée
連結（した）　connexe
連続する項（連続項）　termes successifs

6完全数　hexaparfaits　101
ロゴリズム（言数）　logorithme　155, 157
六角形　hexagone　47, 155
　六角形の　hexagonal　49

ワ

和　somme
割り当て　quota　47
割り算　division
　割り切る，割る　diviser
　割り切れる　divisible

欧 字

k乗　k-ième puissance　103
n番目の　n-ième

人名，そのほか

RSA符号化（暗号通信）システム　107

アダムズ（方式）　49
アピアヌス　21
アラバマ・パラドックス　49
イテルソン，G. ファン　11
ウィルソン（の定理）　108
エカテリーナ大帝　88
エラストテネス　112
オイラー，L　89, 124

クライチック，M.　112
コーシー，A.= L.　167
コール，F.　111

ザリン事件　146
ジェファーソン（方式）　48, 49
シェルピンスキー（の三角形，ギャスケット）　80, 81
シャローズ，リー　151, 155
シングマスター，D.　23
スターリング（の三角形）　24
ステッドマン，F.　167
ストレーレ，D　38-41

谷山・ヴェイユ予想（谷山・志村の定理） 119
チェイティン，G. 80
デカルト，ルネ 98
トンプキンズ・カウンティ 55, 56

ノートルダムの鐘（ノートルダム・ド・パリ） 160, 161

パスカル（の三角形） 22, 80, 81, 85
パドヴァン，R. 16
ハミルトン（方式） 47, 49
バリンスキー，M.L. 46
バンザフ（の権力指数） 54
ピサのレオナルド → フィボナッチ
ピュタゴラス派 34, 36
ビュフォン 9
ファゴット，J 39
フィボナッチ 9
フェラーの法則 147
フェルマー，P. 96, 109, 115
プトレマイオス 33

ブラヴェ兄弟 10, 11
ヘルムホルツ，H. フォン 36
ベンフォード（の法則） 68-71
ポメランス，C. 111

ミンコフスキー，H. 128
メルセンヌ，M. 99

ヤング，H.P. 46
ユークリッド 90

ラグランジェ，J.L. 167
ラマーヌジャン 130
リュカ，F.E.A.（の定理） 17, 84, 86
ルッフィーニ，P. 167
ルドルフ（数） 133

ワイルズ，A. 116
ワトソン，G.N. 4

監訳者あとがき

人気の女流文筆家林真理子が「数学のできる男はステキ」と週刊誌に書いていたが，これを浮いた話と考えるかどうか．多分，浮いた話ではあろうけれども，若干は数学は人間をして（男だけでなく）'シャン'とさせるものがあることもたしかである．「政治」も政局だけでなく政治哲学が語られてよい状況なのに，あまり'シャン'としていない．世の中はそれでも一足先に，「数学」にはどこか'イデア'に通じるものがあり，人の精神を潤すものと見出し，それを追求しだしたが，基本的には健全である．

イアン・スチュアートを知らない人は数学好きの中にはいないだろう．はっきり言ってマルチン・ガードナーよりは数段面白く，深い．イアンはガードナーに啓示を受けたというが，どうも私には，日本に紹介されたガードナーは，「ティー・タイムの数学」「余暇の数学」という感じで，趣味の域を出なかった．私の読みが甘かったのかもしれない．

イアンはカオス，複雑系では一流の業績をあげているが，数学全体に対する目くばり，造詣はまさに超人的である．と云っても，これだけ全世界に有名なら，帰納論理によって，本人は凄いに違いなく，逆にあまりおどろかないかもしれない．

藤野邦夫という超一流のフランス翻訳家の訳文に，修正を加えるのは不遜ではある．でも，数学の監修については数学周辺で生きている真骨頂を見せねばならないと考えたのが甘かった，というのが仕事の最初の感想である．数学のレベルは素人相手どころか相当に高い．だいたい数学科の3年位か．手加減はしてあるが，イアン自身相当に走っている．御多聞にもれず，数論が7割位の話題で，この方面のファンが根強く数学の顧客層（？）に多いことを示している．

問題というかすごいのは，文学・歴史・音楽・自然科学（生物学・化学・物理学），聖書に対する関心と言及で，ヨーロッパ的基準から見てさえ上を行っていて，それがベースになっている．云うなれば，これがピザのベース，数学がトッピングである．「はた…」と頭をかかえこみ，文献ととり組んだ苦闘は何ヵ月も何年も続いた．本訳書はそこを絶対おろそかにしなかった類稀なイアンの訳で，その意味で訳注がこの訳書のセールスポイントである．一例は

「ピラミッドの頂きから」（最初の章のタイトル）⇒'ピラミッドの高みより'というナポレオンのエジプト遠征時の演説．

「私は『ワン・パーソン―ワン・ヴォート』のほうがいいですね」（一人一票じゃなく，一個人一票で）」（「議員は代表しているか」，p.46）⇒「人」は文法上男性名詞だが，「個人」は両性で使われるフェミニストの主張．

「トルーダンリュルヌ大統領」（IIの「議員は…」と「選挙の政治権力…」の章）⇒語の構成を見ると，「穴」だらけの間抜け大統領が含意されている．

「ベッセル関数，ラプラシアンの固有値…」（「連打される鐘」，p.160）⇒振動の理論は役立たず，鐘鳴術の伝統が重要．

「1688年です」（「連打される鐘」，p.167）⇒ガロア群論よりずっと早い．

このように，到る所になぞとき，皮肉，ユーモア，揶揄がひそんでおり，監訳は「地雷原」を行く思いであったが，ほぼ掘り起こして正当に処置（訳）したつもりである．イアンの趣味がギターとエジプト考古学であったことから，楽音の数学的振動理論（平均律理論，鐘鳴術）が，またエジプト分数が出てきたことも，なぞときには役立った．文学は主として英文学（ディケンズ，ウェルズ），フランス文学（ユゴー）が主で，ドイツ文学は少ない．

監訳者あとがき

監訳者のフランス語は高校以来から進歩しておらず、教養学部時代の事実上の個人教師・前田陽一、朝倉李雄両先生（授業は一対一だった）には大変申し訳なく、名訳文は藤野氏に依っている。数学は、下手の横好きで、古屋茂、服部晶夫、木村俊房、斉藤正彦、野崎昭弘、村松寿延などの豪華版の先生の授業に出た割には「学力」が低く、昔のノートと首っ引きであった。読者のほうが専門的であるかもしれず、汗顔の到りである。

索引のフランス語の用語整理は、中村則子氏（上智大学外国語学部フランス科卒、御茶の水女子大学大学院博士課程修了、現在東京大学などにおいて日本語教育の非常勤講師）に大変にお世話になったことを記して謝意を表したい。

また朝倉書店編集部の協力はまさに絶大であった。5年以上もかかった監訳を忍耐強く支えてくれた。監訳者の怠慢のおわびを藤野氏およびこの編集部に申し上げ、お許し願いたい。

監訳に用いた参考文献は本書とほぼ同レベルのものであるが、読者の勉強を深めるために掲げておこう。なお、原著書は、イギリス人イアン・スチュアートのフランス語書き下しで、著書の仏訳ではない。原著者のこのような能力にもただおどろく他はなく、監訳者も得る所はまことに大であった。私の人生に華が添えられ、私も ε（エプシロン）程度は「ステキ」になれたらと思う次第である。読者にとっては、もっと大きな程度とは思うが。

監訳者識　松原　望
（主催 HP：http://www.qmss.jp/qmss）

▶参考文献

足立恒雄『フェルマーの大定理—整数論の源流』（ちくま学芸文庫，2006年）

藤崎源二郎・山本芳彦・森田康夫『数論への出発』（日本評論社，増補版 2004年）

藤原　良・神保雅一『符号と暗号の数理』（共立出版，1993年）

ガーレット・バーコフ，ソンダース・マクレーン（著），奥川光太郎，辻　吉雄（訳）『現代代数学概論』（白水社，改訂3版 1967年）

E. ハイラー & G. ワナー（著）蟹江幸博（訳）『解析教程』（シュプリンガー・フェアラーク東京，1997年）

一松　信『解析学序説』（裳華房，新版 1981/1987年）

笠原晧司『対話・微分積分学—数学解析へのいざない』（現代数学社，復刊版 2006）

笠井琢美『計算量の理論（コンピュータサイエンス大学講座）』（近代科学社，1987年）

小林良彰『公共選択』（東京大学出版会，1988年）

小島寛之『数学幻視行—誰も見たことのないダイスの7の目』（新評論，1994年）

松原　望『意思決定の基礎』（朝倉書店，2001年）

松原　望『計量社会科学』（東京大学出版会，1997年）

松原　望『社会を読み解く数学』（ベレ出版，2009年）

中村義作・阿部恵一『代数を図形で解く—直感でわかる数学の楽しみ』（講談社ブルーバックス，2000年）

J. フォン ノイマン，O. モルゲンシュテルン（著）著，銀林　浩，橋本和美，宮本敏雄（監訳）『ゲームの理論と経済行動 1〜3』（ちくま学芸文庫版，2009年）

野崎昭弘『πの話』（岩波書店，1974年）

R. リチャード（著）一松　信（訳）『数論における未解決問題集』（シュプリンガー・フェアラーク東京，1994年）

サイモン・シン（著），青木　薫（訳）『フェルマーの最終定理』（新潮文庫，2006年）

齋藤正彦『数学の基礎—集合・数・位相』（東京大学出版会，2002年）

高橋礼司『新版 複素解析』（東京大学出版会，1990年）

玉置光司『基本確率（経済の情報と数理）』（牧野書店，1992年）

鶴　浩二『Excel で学ぶ暗号技術入門』（オーム社，2006年）

『聖書』日本聖書協会

監訳者略歴	訳者略歴
松原　望（まつばら　のぞむ）	藤野　邦夫（ふじの　くにお）
1942年　東京都に生まれる	1935年　石川県に生まれる
1966年　東京大学教養学部基礎科学科（数学コース）卒業	1958年　早稲田大学大学院文学研究科中退
1972年　スタンフォード大学博士課程修了	出版社勤務などを経て
筑波大学助教授，東京大学教授，上智大学教授などを経て	現　在　翻訳家（英語，フランス語）
現　在　聖学院大学大学院政治政策学研究科教授	主な訳書
東京大学名誉教授	『精神発生と科学史』
Ph. D.	（新評論，1996）
主な著書	『頭をよくする面白・難問数学パズル160』（誠文堂新光社，2004）
『意思決定の基礎』（朝倉書店，2001）	『脳と無意識―ニューロンと可塑性』
『入門確率過程』（東京図書，2003）	（共訳，青土社，2006）
『入門ベイズ統計学』	『ゼロの迷宮』（角川グループパブリッシング，2008）
（東京図書，2008）	
『社会を読み解く数学』	
（ベレ出版，2009）	

数学のエッセンス 1
イアン・スチュアートの数の世界（すう）　　定価はカバーに表示

2009年10月30日　初版第1刷

監訳者　松　原　　　望
訳　者　藤　野　邦　夫
発行者　朝　倉　邦　造
発行所　株式会社　朝　倉　書　店
　　　　東京都新宿区新小川町6-29
　　　　郵便番号　162-8707
　　　　電　話　03(3260)0141
　　　　ＦＡＸ　03(3260)0180
　　　　http://www.asakura.co.jp

〈検印省略〉

© 2009 〈無断複写・転載を禁ず〉　　　　　新日本印刷・渡辺製本

ISBN 978-4-254-11811-7　C 3341　　　　Printed in Japan

T.H.サイドボサム著　前京大 一松　信訳

はじめからの すうがく事典

11098-2 C3541　　　　B5判 512頁 本体8800円

数学の基礎的な用語を収録した五十音順の辞典。図や例題を豊富に用いて初学者にもわかりやすく工夫した解説がされている。また，ふだん何気なく使用している用語の意味をあらためて確認・学習するのに好適の書である。大学生・研究者から中学・高校の教師，数学愛好家まであらゆるニーズに応える。巻末に索引を付して読者の便宜を図った。〔内容〕1次方程式, 因数分解, エラトステネスの篩, 円周率, オイラーの公式, 折れ線グラフ, 括弧の展開, 偶関数, 他

D.ウェルズ著　前京大 宮崎興二・京大 藤井道彦・京大 日置尋久・京大 山口　哲訳

不思議おもしろ幾何学事典

11089-0 C3541　　　　A5判 256頁 本体6500円

世界的に好評を博している幾何学事典の翻訳。円・長方形・3角形から始まりフラクタル・カオスに至るまでの幾何学251項目・428図を50音順に並べ魅力的に解説。高校生でも十分楽しめるようさまざまな工夫が見られ，従来にない"ふしぎ・おもしろ・びっくり"事典といえよう。〔内容〕アストロイド／アポロニウスのガスケット／アポロニウスの問題／アラベスク／アルキメデスの多面体／アルキメデスのらせん／……／60度で交わる弦／ロバの橋／ローマン曲面／和算の問題

J.スティルウェル著　前京大 上野健爾・前名大 浪川幸彦監訳　京大 田中紀子訳

数学のあゆみ（上）

11105-7 C3041　　　　A5判 288頁 本体5500円

中国・インドまで視野に入れて高校生から読める数学の歩み〔内容〕ピタゴラスの定理／ギリシャ幾何学／ギリシャ時代における数論および無限／アジアにおける数論／多項式／解析幾何学／射影幾何学／微分積分学／無限級数／蘇った数論

J.スティルウェル著　前京大 上野健爾・前名大 浪川幸彦監訳　京大 林　芳樹訳

数学のあゆみ（下）

11118-7 C3041　　　　A5判 328頁 本体5500円

上巻に続いて20世紀につながる数学の大きな流れを平易に解説。〔内容〕楕円関数／力学／代数の中の複素数／複素数と曲線／複素数と関数／微分幾何／非ユークリッド幾何学／群論／多元数／代数的整数論／トポロジー／集合・論理・計算

カリフォルニア大 D.C.ベンソン著　前慶大 柳井　浩訳

数学へのいざない（上）

11111-8 C3041　　　　A5判 176頁 本体3200円

魅力ある12の話題を紹介しながら数学の発展してきた道筋をたどり，読者を数学の本流へと導く楽しい数学書。上巻では数と幾何学の話題を紹介。〔内容〕古代の分数／ギリシャ人の贈り物／比と音楽／円環面国／眼が計算してくれる

カリフォルニア大 D.C.ベンソン著　前慶大 柳井　浩訳

数学へのいざない（下）

11112-5 C3041　　　　A5判 212頁 本体3500円

12の話題を紹介しながら読者を数学の本流へと導く楽しい数学書。下巻では代数学と微積分学の話題を紹介。〔内容〕代数の規則／問題の起源／対称性は怖くない／魔法の鏡／巨人の肩の上から／6分間の微積分学／ジェットコースターの科学

前東工大 志賀浩二著
はじめからの数学1

数　に　つ　い　て

11531-4 C3341　　　　B5判 152頁 本体4500円

数学をもう一度初めから学ぶとき"数"の理解が一番重要である。本書は自然数，整数，分数，小数さらには実数までを述べ，楽しく読み進むうちに十分深い理解が得られるように配慮した数学再生の一歩となる話題の書。【各巻本文二色刷】

前東工大 志賀浩二著
はじめからの数学2

式　に　つ　い　て

11532-1 C3341　　　　B5判 200頁 本体4500円

点を示す等式から，範囲を示す不等式へ，そして関数の世界へ導く「式」の世界を展開。〔内容〕文字と式／二項定理／数学的帰納法／恒等式と方程式／2次方程式／多項式と方程式／連立方程式／不等式／数列と級数／式の世界から関数の世界へ

前東工大 志賀浩二著
はじめからの数学3

関　数　に　つ　い　て

11533-8 C3341　　　　B5判 192頁 本体4500円

'動き'を表すためには，関数が必要となった。関数の導入から，さまざまな関数の意味とつながりを解説。〔内容〕式と関数／グラフと関数／実数, 変数, 関数／連続関数／指数関数／対数関数／微分の考え／微分の計算／積分の考え／積分と微分

J.-P.ドゥラエ著　京大 畑　政義訳

π　―　魅　惑　の　数

11086-9 C3041　　　　B5判 208頁 本体4600円

「πの探求，それは宇宙の探検だ」古代から現代まで，人々を魅了してきた神秘の数の世界を探る。〔内容〕πとの出会い／πマニア／幾何の時代／解析の時代／手計算からコンピュータへ／πを計算しよう／πは超越的か／πは乱数列か／付録／他

上記価格（税別）は 2009年9月現在